十年

新时代中国
生态环境保护故事

生态环境部　编

中国环境出版集团·北京

U0252155

图书在版编目（CIP）数据

十年：新时代中国生态环境保护故事 / 生态环境部编 . —北京：中国环境出版集团，2023.5

ISBN 978-7-5111-5511-5

Ⅰ.①十… Ⅱ.①生… Ⅲ.①生态环境建设—中国—文集 Ⅳ.①X321.2-53

中国国家版本馆 CIP 数据核字（2023）第 079506 号

出 版 人　武德凯
责任编辑　田　怡
封面设计　光大印艺

出版发行　中国环境出版集团
　　　　　（100062　北京市东城区广渠门内大街 16 号）
　　　　　网　　　址：http://www.cesp.com.cn
　　　　　电子邮箱：bjg1@cesp.com.cn
　　　　　联系电话：010-67112765（编辑管理部）
　　　　　　　　　　010-67112739（第六分社）
　　　　　发行热线：010-67125803，010-67113405（传真）
印　　刷　玖龙（天津）印刷有限公司
经　　销　各地新华书店
版　　次　2023 年 5 月第 1 版
印　　次　2023 年 5 月第 1 次印刷
开　　本　787×960　1/16
印　　张　27
字　　数　333 千字
定　　价　180.00 元

前言
FOREWORD

　　新时代十年，是党和国家事业取得历史性成就、发生历史性变革的十年，也是我国生态文明建设和生态环境保护认识最深、力度最大、举措最实、推进最快、成效最显著的十年。在此期间，社会各界齐心协力推动生态环境保护，涌现出大量的典型人物和感人事迹。

　　为深入学习宣传贯彻党的二十大精神，大力宣传习近平生态文明思想，讲好中国生态环保故事，生动反映党的十八大以来，我国生态环境保护事业发生的历史性、转折性、全局性变化，为持续深入打好蓝天、碧水、净土保卫战营造良好氛围，共同推进绿色发展，促进人与自然和谐共生，2022 年 11 月，生态环境部组织开展了"新时代中国生态环境保护故事"征集活动。生态环境部对征集活动高度重视，由宣传教育司统筹指导，《环境保护》杂志社作为活动承办单位，积极参与活动策划、故事征集、宣传调动、组织评审等工作，为保障活动顺利开展贡献了重要力量。

　　征集活动得到了社会各界的高度关注，各地精心组织、积极响应，投稿作品来源广泛、主题丰富多样。经初评、网络投票和复评，本次故事征集活动最终评选出 100 篇好故事。过程中，各组织推荐单位、故事作者纷纷转发，在全社会掀起看故事、品故事、选故事的热潮。

　　"新时代中国生态环境保护故事"以亲身经历、第一视角，传播生态文明理念，反映人民心声、书写时代进步。让我们共同跨越新时代的十年时空，聆听这些生态环境保护的故事。每一个人都是这个故事的主人公，每一个行动都将成就人与自然和谐共生的未来，让我们行动起来，共同绘就新时代我国生态文明建设和生态环境保护波澜壮阔的宏伟画卷。

目录

■ 一等奖

"绿水青山就是金山银山"理念指引下的余村蝶变…………俞小平　002

一生只做一件事……………………………………………柴发合　007

矿坑"整形"记………………………………………………张海霞　011

我和"红线"的故事…………………………………………邹长新　018

我用文学讲述美丽中国建设的动人故事…………………黄亮斌　022

我的"蓝天路"………………………………………………马　军　026

明天，水边会有更多白鹭…………………………………郑琼雅　030

向绿而行……………………………………………………许建华　035

我守护"绿"，她守护"我"……………………………………李松贵　040

用"青山计划"守护"绿水青山"………………………………管　沥　044

■ 二等奖

"鸟叔"的世外桃源……………………毛梓乙　罗洁琼　梁华坤　050

我是"第一破烂王"…………………………………………张　焯　055

我的"六五"情 ···杨 俊 060

10 天的冲刺 ···朱海涛 064

"神秘精灵"守护者 ···汪贤挺 069

为地球增添更多"中国蓝" ·································刘文清 074

从"灰漫天"到"花满园" ·······················余晓欢 兰 英 078

我的青春与野马相伴 ·······································张赫凡 083

把保卫蓝天绿水的责任扛在肩头 ···························张雪梅 087

"渣山"变青山 ···邢 凯 091

重大专项助力碧水长流 ·····································吴丰昌 096

环保监测人的"七十二变" ·································武中林 100

"孤岛"换"新颜" ···吴惠生 105

科技带动全民减排 ···陶 岚 109

约君切勿负初心,天上人间均一是 ·························王晓萌 112

两张水系图 ···邓 曦 115

蓝天日记 ···郭运洲 119

环保青年成长记 ···张 昕 124

首都碧水攻坚路上追逐青春之梦 ···························石 磊 129

和雪天的一场"浪漫约会" ·································杨 宇 133

三等奖

一起损害赔偿案件引起的蝶变效应 ·························赵建峰 138

核安全监督员的一日与十年 ·······················李 昊 蔡兴钢 142

"一微克"的奋斗 ···阚 霄 146

自动监控执法破案记 ·······································甄 硕 150

拯救"水中大熊猫" ·······································程 华 154

打通长江源头"最后一公里" ·······························贾小华 158

从微光到霞光·······································彭　奎　　163
　　——为了中国民间生态环境保护力量闪亮蒙特利尔COP15
集结力量　为爱奔跑·······························蒲冰梅　　167
从人民空军到环保"空军"···························房大梁　　171
我是贺兰山的守护人·······························郝小军　　175
轮椅上的"特别坚守"···········杨进举　叶相成　陈　霞　　179
追峰人·······························田相和　李妮斯　　182
当好"排雷手"　守护绿水青山·······················赵黎葵　　186
从一次"美丽行动"中感悟"全体人民自觉"···········陈元平　　190
北京也有了自己的"天鹅湖"·························潘清泉　　193
多收了"三五袋"·································周明助　　197
草原"阿茹嘎"···································哈斯巴根　　201
深夜探路记·····································李东阳　　205
我是小小生态环保志愿者·················吕小红　张　虞　　209
夜半铃声·······································徐晨曦　　213
在行走中记录生态文明的温度·······················张子俊　　217
我用十年记录下身边生态环境的美丽蜕变···············赵　璐　　220
一名检察官的生态环境保护故事·····················郭付明　　224
护一湾清水　惠一村百姓···························黄容文　　230
绿水青山的"法治卫士"···························张建立　　233
我和我的环境监测站·······························赵俊松　　237
我的"清清护河"生涯·····························王庄妹　　241
小信访大作用·····································彭　婧　　245
北境冰雪上的守"源"人···························丁德健　　248
汤河岸边的环保人和他们的"环二代"···············周嫣娜　　252

■ 优秀奖

"啰唆"的攻坚哲学…………………………葛宇翔　陈　怡　256

为鱼儿"让路"的桥…………………………………王　林　260

媒体眼中的江苏气质"变形记"……………………徐红艳　264

雷电防护的"全球先锋"……………………………童　充　267

"笨办法"却是"金钥匙"……………………………杨玉玲　272

我为克鲁伦河做全面体检…………………………谢成玉　277

发生在我们身边的应急监测故事…………………朱志国　281

六盘山务林人的独特"炫富"………………………郭志宏　285

守好母亲河的"长江哨兵"…………………………周爱华　288

被争抢的危险废物…………………………………单　舟　292

星海湖的浴火重生…………………………………童　芳　296

边坡上的匠人………………………………郭清梅　陈　垚　300

沙海变奏修复"黄河明珠"…………贾海元　王　强　王百川　305

我们的工作不再是"单打独斗"……………………张厚美　310

"黑练"变"白练"……………………………………吴　烁　314

沙漠变绿洲的奇迹如约而至………………………谭志发　319

挂职记忆：我在生态环境部这一年………………伦亚楠　323

这片荒山绿了………………………………………钟光彬　328
　　——我与福建电力林的故事

助力大气攻坚，守护一方蓝天……………………王彬彬　332

我们的低碳花园……………………………………何京洋　336

我与北京生态环境文化周那些年…………………秦芳芳　340

留住江豚的微笑……………………………………李华荣　344

为生态环境维权……………………………………贺　震　349

倾心讲好生态环保成都故事………………………熊中茂　353

生态环境应急"铁娘子"…………………………………陈思莉　357

高原承重任　铁军有担当………………………………赵生文　360

我与大气污染垂直监测的故事…………………………杨　帆　365

用艺术守护自然…………………………………………王　琳　369

见证执法力度与温度的变迁……………………………弥　艳　374

保障核与辐射安全，守护绿水青山画卷………………孔令丰　378

分级管控，为了更精准…………………………………展先辉　381

我与"一带一路"绿色发展国际联盟的故事…………田　舫　385

自豪了，我们的渝河！…………………………………李相保　391

幸福账单…………………………………………………隆　重　395

"典"清土壤家底　守护"齐鲁净土"………………刘　凯　398

开会也能碳中和…………………………………………姜艳华　403

守护"微笑天使"的长江汉子…………………………方盼亮　406

甘当一颗"螺丝钉"……………………………………李灿良　409

我的环保"武功秘籍"…………………………………张建伟　414

我是"白马雪山守护人"………………………………李　琴　418

一等奖│10篇

"绿水青山就是金山银山"理念指引下的余村蝶变

俞小平 ———

　　我叫俞小平，是浙江省安吉县余村的党支部副书记，担任村干部已经15 年了。

　　安吉余村是浙北的一个小山村，20 世纪七八十年代，余村人靠山吃山，开石矿、办水泥厂，成为全县有名的富裕村。我家就住在矿山下面，从小我就目睹了开山采矿造成的巨大的环境破坏：水土流失，河水被污染，山体被大面积破坏，满目疮痍。参加工作后，我的第一站就是水泥厂。3 个水泥厂建在村口的小山坡上，日夜生产，高耸的大烟囱排放的烟雾遮天蔽日，笼罩着村庄，那时的余村就是一幅"灰色调的画"。

▲余村矿山老照片

自 2001 年起，余村人响应建设"生态省""生态县"的号召，"壮士断腕"般关停矿山、水泥厂。关停矿山后，余村应该向哪里去？2005 年 8 月 15 日，时任浙江省委书记习近平同志到余村调研，充分肯定了余村关停矿山、水泥厂走绿色发展之路的做法，并在余村首次提出了"绿水青山就是金山银山"的发展理念。这一理念犹如一记重锤，敲醒了余村人；犹如一盏指路明灯，照亮了余村前行之路。

▲复垦后的矿山遗址

2008 年年初，我被村民推选为余村党支部委员，从此开始了我的村干部生涯。那时候，余村虽然关停了矿山，生态环境却不容乐观，矿山开采时期，大量的超载矿车压坏了村里唯一的道路，到处坑坑洼洼的，山上还是灰蒙蒙的一片，路边的垃圾池敞着口，传来一阵阵恶臭。几十家筷子厂、凉席厂等竹制品加工企业和小作坊生意红火。余村的田里、空地、路边晒着的是各个竹制品厂加工后的竹丝，一阵风吹过，路过的人身上全是竹屑和粉尘。村里仅有的几个农家乐却是门可罗雀、举步维艰。面对这一切，当初选择回来当村干部的我，手足无措，不知何去何从……

也就在这一年，安吉县提出了要建设"中国美丽乡村"，余村成为首批创建村，于是我们开始了以"村村优美、家家创业、处处和谐、人人幸福"为目标的创建之路。我当时负责的是村庄沿线的立面改造和围墙整治，经常一边跟随着老干部推进工作，一边心里犯着嘀咕：这样"涂脂抹粉"真的能给村民带来收入吗？在我的疑惑顾虑之中，污水纳管、改水改厕、庭院改造等美丽乡村各项建设"横到边、纵到底"地层层推进，村庄在慢慢发生着变化。

2012 年，村里对原来破损的村道进行了全面整修，进入余村的道路焕然一新。同时，余村大力推进浙江省委、省政府提出的以"三改一拆、四边三化、五水共治"为主要内容的区域环境综合整治。我和其他村干部们一起，一次次地上门做群众工作，在我们苦口婆心地劝说下，村内那一大批"低、小、散"竹制品加工企业关停了。我们全力整治违章建筑和违法用地，完成了对山塘水库、河道水域环境的逐步修复，对村庄沿线的节点景观进行了提升改造。

▲余村公园

2015年，在完成了村庄环境提升等工作后，村委班子提出要建设"村域化景区"，由我分管宣传和旅游。余村的旅游资源异常匮乏，没有名山大川和历史名人，也没有著名的文化遗迹，发展旅游产业谈何容易。千头万绪，无从下手，经过村"两委"班子几番讨论，我们积极探索出了一种"村景合一、全域经营、景区运作"的乡村旅游发展模式。

2016年，我牵头完成了国家3A级景区创建申报，不到一年时间，我们又提出申报国家4A级景区。之后两年，我们逐项对照考核标准，查漏补缺，规范整治，到了2018年，创建了国家4A级景区。余村逐渐形成了"旅游+农业""旅游+文化""旅游+互联网""旅游+研学"等融合发展的新兴业态。

良好的生态环境迅速产生了商机。村民开办的农家乐，成为深受上海、江苏等地游客欢迎的"养生乐园"；村里的河道漂流，成为了夏季各地游客的"欢乐海洋"；村里的农业采摘园中的绿色有机果蔬成了"香饽饽"。余村慢慢地形成了集河道漂流、户外拓展、休闲会务、登山垂钓、果蔬采摘、农事体验于一体的休闲旅游产业链，成为生态文明教育的鲜活样本和绿色发展理念传播的生动案例。原来"卖石头"的村庄，开始"卖风景"致富。

就在那几年，来余村旅游的人越来越多，很多游客、考察团非常好奇余村到底是怎么完成华丽"蝶变"的。于是，我们组建了一支"余村故事"宣讲团，我担任副团长，将党员干部、普通村民、青年创客、少先队员召集起来，共同讲述我们的故事。

我们邀请专业老师讲授宣讲方式和理论知识，培养更多村民、转型代表、在校学生参与到宣讲中。我们坚持"哪里有群众、哪里有需要、哪里就有宣讲"。自宣讲团成立以来，共开展志愿宣讲1500余场次，遍及8所高校，22个县（市、区）等50余个点。我们的宣讲团载誉满满，多次被

"绿水青山就是金山银山"理念指引下的余村蝶变

新华网、央视新闻、学习强国、浙江日报等媒体报道。宣讲团成员多次进高校、进社区、进礼堂进行宣讲，得到了各级领导、师生、党政团体的一致认可。

我们余村人民将牢记习近平总书记的嘱托，继续坚定不移沿着"绿水青山就是金山银山"理念指引的道路奋勇前行，围绕"村强、民富、景美、人和"的总体目标，拓展"两山"转化通道、扩大"两山"共享成果，努力贡献更多可复制、可推广的"余村方案""余村经验"，努力让绿水青山颜值更高、金山银山成色更足、百姓生活品质更好，实现人与自然和谐发展的现代化。

作者单位：浙江省湖州市安吉县天荒坪镇余村党支部

一生只做一件事

柴发合 ——

我是柴发合，来自中国环境科学研究院。参加工作 40 余年，这一辈子基本上只做了一件事，就是研究大气环境科学和区域大气污染调控技术，建立了以大气环境容量为基础的总量控制、以空气质量改善为核心的大气污染防治理论和技术体系，为支撑《中华人民共和国大气污染防治法》的修订，《大气污染防治行动计划》《酸雨控制区和二氧化硫污染控制区划分方案》等国家行动方案的制定和实施，京津冀区域和兰州等典型城市空气质量改善，以及火电行业污染防治做了一些事情。

初心不改，只为蓝天常驻

60 多岁，本是儿孙绕膝、颐养天年的好时光，但我是个闲不住的人。前些年，我国京津冀及周边地区重污染天气频发，特别是秋冬季多地空气质量指数频频"爆表"，常常让我食不知味。于是我继续投身大气污染防治工作中。

2017 年 4 月 26 日，国务院常务会议决定由环境保护部牵头，开展大气重污染成因与治理攻关项目。我受聘担任攻关项目总体专家组成员和国家大气污染防治攻关联合中心副主任，激动之余深感责任重大。

2017 年 10 月 9 日，在国家大气污染防治攻关联合中心第一次主任办公会上作汇报

　　我们面临的任务，不光是认清问题，还要提出解决问题的方案。要精准解决问题、科学提出方案，就要对整个京津冀及周边地区当时的大气污染控制水平、污染物排放水平，以及各个地方所采取措施的有效性进行系统评估。这不同于我们原来做科研，是"真刀实枪"把我们的科研成果应用到大气污染防治的行动中，要见实效。

　　攻关项目每一个技术细节都经过了再三思索和周全考虑。从最初组织编写方案，到确定技术路线和内容划分，再到项目启动，相继召开了几十次研讨会。同时，实时结合国家环境管理最新需求，及时调整研究思路，全力支撑管理决策。为最真实地了解各地大气污染现状和存在的问题，优化治理技术路线，让治理方案更"接地气"，我几乎跑遍了京津冀及周边6 个省级行政区的驻点城市，深入实地调研，掌握一线资料。

　　老舍先生曾经说过，秋天一定要住北平，由此可见北京秋天的美。而每年的秋天也是我们最忙碌的开端。受制于气候等多重因素，秋冬季节京津冀及周边地区大气污染比较严重。为提前应对污染，我会实时跟踪空气质量，研判污染形势，针对即将出现的重污染天气，及时组织各领域专家进行会商，共同研讨分析重污染成因，向管理部门提供有效的管控建议，并引导公众正确理解、科学参与、积极配合生态环境保护工作。

▲ 时刻琢磨大气污染防治知识，坚持理论与实践相结合

记得 2020 年春节期间，京津冀及周边地区污染持续加重，有关空气污染的话题满天飞，大家都在嘀咕"这些天的空气是怎么了"，都想了解污染原因到底是什么、污染什么时候结束。我紧急组织相关人员，连夜准备污染成因分析材料，第二天一早及时发布了重污染天气专家解读，为管理部门的决策提供了及时、有力的支撑，积极引导了舆情，回应了社会关切。

目前攻关项目已圆满完成，成果丰硕，也得到国家相关部门的充分肯定。2020 年 9 月 11 日，我受邀陪同部领导出席了国务院新闻办公室举行的科技助力打赢蓝天保卫战国务院政策例行吹风会。

在 3 年的不懈努力下，攻关项目组建了目前世界最大的区域综合研究观测网，创建了"大兵团联合作战"科技攻关模式、"一市一策"驻点跟踪研究工作机制以及数据共享平台，形成了科学高效的组织管理体系，促进了科学研究与管理治理的深度融合，破解了长期以来科研数据共享的难题。

京津冀及周边区域多地都在攻关项目的指导下，实现了空气质量"质"的飞跃。特别是近几年，蓝天天数大幅增多，朋友圈从"盼蓝天"

到"晒蓝天",人民群众的幸福感不断提升,这是让我最高兴的事情。为此,"攻关人"的夜以继日、埋头苦干都是值得的。

教人先正己,重研更重教

教人必先正己,我努力通过自己对工作认真负责的态度,影响着身边的每一个人。由于大气污染防治工作的特殊性,不分昼夜、工作日和节假日,组织城市重污染会商成了我的"家常便饭"。

40多年来我培养了几十名研究生,他们也已在自己的工作岗位上为大气污染防治工作发光发热。我总喜欢与大家聊一聊,不管是学生还是同事,从重大活动保障到大气治理经验,从科学问题研究到人生道路的感悟,我办公室的门总是敞开的。

2019年,我作为生态环境部唯一人选荣获"全国离退休干部先进个人"称号。这是荣誉,更是责任。我觉得身上更重的责任就是要再培养一些年轻的科学家,让所有的青年科技工作者团结起来,向着更高的目标共同努力。在大气污染防治这条道路上,没有任何停顿的理由。我们宁肯多加几天班,只要能换回一两分钟的蓝天,心里也是非常快乐的。只要有需要,我就不会离开这个岗位。

作者单位:中国环境科学研究院

矿坑"整形"记

张海霞————

9月，祁连山南麓的雪线开始下压。极目远眺，浅黄深绿交错，牛羊星星点点散落在木里草原上，一派养眼醒目的高原风光。

望着眼前生机盎然的景象，我的眼眶竟然有些发热。从青春年华到两鬓斑白，作为一名地质工作者，我将人生中三分之一的时光挥洒在了木里这片热土上。不知是巧合还是注定，我生命中最重要的时刻都在木里发生。在为共和国探明"家底"的历史时期，作为项目负责人，我和同事们在木里探明大量焦煤储量，钻获了可燃冰实物样品，今天又担起了"种草复绿，恢复生态"的使命。然而，无论是"大建设"时期捧出的一团团煤火，还是守护绿水青山，迈向高质量发展新轨道的今天，始终不变的是一名地质工作者的初心，是沉甸甸的信念与责任。

我迎着风平复了心中汹涌澎湃的情绪，俯身小心翼翼地拔起一簇草，查看出苗率和根系发育情况。在海拔4200米的高原特殊地貌上种草，是一项前无古人的尝试和探索，容不得半点马虎。

一番计算后，结果令人惊喜，出苗率达到设计量的10倍以上！那一刻，仿佛长时间压在心头的巨石终于落下，"把草原还给木里，我们兑现了承诺！"

▲俯身查看出苗率

　　我想今晚终于可以睡个好觉了。这一年多来，我们作为木里项目的主要参战单位之一，我又是公司的总工程师，承担着整个治理任务中破坏程度最为严峻、外界关注度最高、立体化交叉作战的五号井矿坑的修复治理任务。我深知五号井治理的成败影响着整个木里项目的恢复效果，治理好了可以成为样板工程，治理不好会影响其他治理项目的信心。从矿坑渣山"整形"到地表重构土壤，再到为土壤挑选合适的种子，经历了无数个顶风冒雪的日夜，终于换来了新绿盈盈、水系连通、沟谷梯田交相辉映的高原新貌。

　　脑海里一帧一帧的画面像一部刻骨铭心的电影，我回忆着，也被感动着。

　　时针拨回到2020年8月，一些不法分子对资源的掠夺式开采让曾经山清水秀、牛羊遍地的木里高原渣土飞扬，植被被破坏殆尽，取而代之的是11个露天矿坑、19座渣山。大地在"开膛破肚"之殇中死气沉沉，无声哽咽。生态的警钟敲响，"乱采之象必须制止，生态屏障必须守护"的共识让人们一时间将目光聚焦木里。政府雷霆行动，科学部署，打响了一场轰轰烈烈的高海拔"生态保卫战"，我公司有幸承担了集"急难险重"

于一体的木里矿区五号井项目修复治理。

　　所有人都知道，这是一场硬仗，而且这场仗必须要打好、打赢、打漂亮。

　　此时的高原已是寒风刺骨，要在两个多月的时间里完成正常情况下一年的渣山整治工作量，是对智力和体力的双重考验。然而，当强有力的"集结号"吹响，没有人退缩，只有一呼百应的坚定。天上，航遥直升机凌空展翅；地上，各路人马狂飙突进。原本已进入"冬眠期"的高原，夜间灯火通明，白天机器轰鸣、人头攒动，热火朝天的劳动场景震撼人心。

　　木里的深秋已像极了寒冬，冷风暴雪如魔鬼一样张狂，即使在板房里，电暖气的那点温度也像一根微弱的小火柴，人只能裹着棉衣勉强休息

▲ 木里矿区地貌重塑

三四个小时。在"高反"和"高压"的挑战面前，唯有迎难而上。我和项目团队成员有时一天要工作十五六个小时，白天巡山，夜间巡查，不断优化设计方案。那一段时间，回填平台、渣山现场都是我们的办公场所。为了夯实责任，我给每一座渣山、矿坑都指定了"责任人"，在艰苦的环境里，小伙子们的精气神一点儿都没有减弱，他们以"头号渣男""二号坑长"等称号相互调侃，苦中作乐的心态倒是传承了我们那一代地质工作者的工作作风。看着他们掉皮的嘴唇、开裂的手指，我想这一段"'渣男''坑长'复绿记"今后一定会成为他们人生中宝贵的财富。

▲黑夜中灯火通明的"大会战"

▲寒风中坚守岗位

经过两个多月的艰苦奋斗，中国煤炭地质总局带领10余家单位顺利完成了第一阶段采坑、渣山治理任务目标。累计渣山削坡、平整场地557.23万平方米，边坡整形485.82万平方米，采坑回填3389.64万平方米，相当于修了一道从黑龙江到海南岛的"万里长城"，并且创造了冬季高寒、高海拔施工无一起安全事故的好成绩。木里矿区综合整治项目被中国林业与环境促进会选入"2020年国土空间生态修复十件大事"。

2021年4月，南方已是鲜花盛放，木里高原还在冬日的沉睡中不肯醒来。山温水暖的好日子对高原来说转瞬即逝，从完成土壤重构到草籽播种完毕，只有两个月的窗口期。

来不及享受第一阶段胜利成果的喜悦，我和其他专家、项目成员就开始为种草复绿的土壤来源而绞尽脑汁。

木里是高原冻土区，土壤层薄，开采破坏已让大地渣石丛生。客土运输无论是时间还是资金人力都在短时间内难以实现。这可愁坏了大家。

"能否就地取材，将渣土变为能够生长植被的土壤？"工程技术人员将实验室搬到高原现场，通过 1000 多次土壤基质检验测试、测土配方、出苗试验等工作，终于取得了重大创新成果，研发出了覆土复绿的关键配方和工艺流程。

2021 年 6 月，第二阶段覆土与种草复绿工作如期完成，总面积 1363.43 万平方米，共计 20451.40 亩[*]。

经过一年的检验，木里复绿成效良好。2022 年 9 月 28 日，中央电视台在黄金档播出了《不负绿色青山——木里矿区非法采煤整治始末》纪录片。《人民日报》也以《木里新生》为题报道了该项目的始末。高原焕发生机，生灵重返草原，满目疮痍被丛丛新绿治愈。

作为亲历了整个生态恢复过程的一名地质工作者，我深知这一奇迹背后有着怎样超乎想象的艰辛付出。

在海拔 4000 多米的高原做生态修复工程，全世界没有成功的经验可供借鉴。

要在紧张的工期内完成地貌重塑、土壤重构、种草复绿等大型工程，是对项目组织管理和科学落实的巨大考验。

高海拔冬季施工，是对每一个人身体和精神的极限挑战。

面对无数的质疑，参与项目的每一个人用坚韧不拔的意志在高原大地上完成了一张生机盎然的答卷，用最纯挚的浪漫主义情怀描绘出了山青水

矿坑「整形」记

---

* 1 亩 ≈666.67 平方米。

▲木里矿区治理前后对比

绿的高原新景象，让祁连山这一生态屏障继续充当养育生灵草木、延续文明之光的保护伞。

那些黑夜中灯火通明的"会战"、雪地里艰难跋涉的测量、寒风中义无反顾的坚守、烈日下挥汗如雨的播种最终定格为一幅幅新时代"三光荣"精神的诠释画面。咆哮的狂风、漫天的大雪、瓢泼的大雨等考验了地质人打不垮、压不弯的脊梁。太阳暴晒过的"小丑红鼻子"、大风蹂躏过的流浪汉发型、高原反应折磨过的紫红色脸庞成为我们一生受用的"勋章"。让我无比欣慰的是，我们不仅为木里生态修复交上了一份满意的答卷，更为青藏高原锻造了一支铁骨铮铮的生态环境修复队伍。

天蓝地绿水清的生态之美从理想照进现实，这是生态中国的新"高度"，也是端好"生态饭碗"的新注解。党的二十大开启了又一个新征程，生态中国一定会成为又一张"中国名片"。

作者单位：青海中煤地质工程有限责任公司（青海煤炭地质局）

矿坑「整形」记

我和"红线"的故事

邹长新————

　　我是邹长新，是生态环境部南京环境科学研究所的一名科研人员。2003 年毕业后我就来到南京所工作，到今年已经整整 20 年了。如果有人问我这 20 年从事的主要工作是什么，我的回答一定是：生态保护红线。下面，就和大家分享一下我和"红线"的故事。

千里有缘一线牵

　　我和红线的"缘分"确实可以用"千里"来形容，因为北京和南京的距离大约是 1000 千米。我承担的红线工作是生态环境部的重点工作，与红线结缘后时常要往返于北京和南京之间，我还在部里的生态保护红线工作领导小组办公室（以下简称"红线办"）工作了两年多。

　　2011 年 10 月，国务院发布了《关于加强环境保护重点工作的意见》，其中明确提出要在重要生态功能区、陆地和海洋生态环境敏感区、脆弱区等区域划定生态红线，这是我第一次关注到生态红线。在这之前，我主要参与了全国生态环境状况调查、全国生态功能区划、区域生态规划与评价、生态安全预警等方面的研究课题。现在看来，这些前期工作为我从事生态保护红线研究打下了比较好的基础。2011 年年底，我有幸在所长的带领下，参与申报环保公益性行业科研专项项目"我国国土生态安全格局构建与保护战略研究"，可以说从这个项目开始，我和"红线"正式牵手而行。这个项目在 2012 年年初成功立项，项目目标就是通过研究建立生态保护红线划定技术方法和管控体系，构建适合我国国情的国土生态安全格局，这与党的十八大报告提出的"构建科学合理的城市化格局、农业发展格局、生态安全格局"十分契合。当看到党的十八大报告全文时，我的心情非常激动，一是因为生态文明纳入了我国"五位一体"总体布局，国家层面更加重视生态环保工作；二是我正在承担的研究工作成为了落实党的十八大报告重点任务的具体行动。我当时就暗下决心，一定要把红线工作做好，为生态文明建设作出自己的贡献。令人更加没想到的是，"划定生态保护红线"被纳入十八届三中全会生态文明体制改革的重点任务，写入了《中华人民共和国环境保护法》和《中华人民共和国国家安全法》，此后，有 30 多个国家层面的文件提及生态保护红线。2013 年 5 月 24 日，习近平总书记在十八届中央政治局第六次集体学习时强调，要牢固树立生态红线的观念。在生态环境保护问题上，就是要不能越雷池一步，否则就应该受到惩罚。时至今日，习近平总书记的重要讲话中有 20 余次提到生态红线，不仅成为红线工作的根本遵循和行动指南，也为所有红线工作者"撑腰打气"、坚定了信心。作为一名科技工作者，如果从事的研究工作能够为党中央的重大决策部署和生态文明建设的重点任务作支撑，那真的是非常幸运，也可以说是"赶上了大事"。

凡大事必作于细

生态保护红线是具有中国特色的工作，在国际上没有可以借鉴的成功经验。在从事红线工作之初，我的工作经验还不足，面对新时代赋予的历史使命，必须从点滴做起，脚踏实地，攻坚克难，担当作为。

从 2012 年开始，划定生态保护红线列入生态环境部的重点工作任务，这就要求我们项目组在最短的时间内先行拿出科学实用的红线划定技术方法。作为项目组的主要成员，我负责红线划定方法的技术集成，一方面要把每一个技术细节搞清楚，确保方法科学合理；另一方面要在生态环境部自然生态保护司（以下简称"生态司"）指导下，准确把握红线划定的工作思路和具体要求，使其在管理上可操作、可实施。要做到这两点确实不易，没有什么好办法，只能"撸起袖子加油干"，所以加班加点就自然成了"家常便饭"。记得当年为了推动生态保护红线划定工作，我和同事们

▲在"红线办"召开内部讨论会议

频繁往来于南京和北京，经常是在上车前加班形成文字报告，在车上准备好汇报 PPT，下车就参加部里的会议作汇报。当时我和同事们的身材与如今相比都很"苗条"，我们经常开玩笑地说，"干红线真减肥"。

在大家的共同努力下，2013 年，我们支撑生态司完成了内蒙古、湖北、江西、广西 4 个省级行政区的生态保护红线划定试点。作为试点技术负责人，我带领团队和地方代表深入研讨，到实地查看现场，反复验证划定方法可行性和结果合理性，顺利制订了试点划定方案，并在 2014 年制定了第一个生态保护红线划定的技术指南。随后，在所长的带领下，我们继续指导 10 多个省级行政区开展划定，优化划定方法，形成了新的划定指南和全国及各省级行政区生态保护红线分布意见建议，有力支撑了全国生态保护红线划定工作。

为加快推进生态保护红线工作，2017 年 8 月环境保护部专门设立红

线办。我被抽调到红线办担任划定技术组组长,这一干就是两年半。划定技术组在红线办的工作任务较重,而且经常会接到一些紧急任务。我深知在红线办承担的不仅是技术工作,更有一份沉甸甸的政治责任,所以无论多辛苦也要想方设法把工作任务完成好。看到一个个省级红线划定方案顺利完成,平日里再多的辛苦也值得。虽然两年多的专职工作取得了不少成绩,但对于家庭我却没作出什么贡献,这也让我心怀愧疚,我想这就是"舍小家顾大家"吧。

2019年,生态保护红线工作入选"庆祝中华人民共和国成立70周年大型成就展",我和同事专门到展板前拍下照片留念,以激励我们继续前行。如今,我国已经完成生态保护红线划定,在国际上得到了普遍认可和一致好评,成为其他国家可以借鉴的生态保护制度创新。下一步,生态保护红线的工作重心由"划定"转向"严守",我已经做好了新征程上续写红线故事的准备。初心不变,行将致远。

在庆祝中华人民共和国成立70周年大型成就展的生态保护红线展板前合影 ▲

作者单位:生态环境部南京环境科学研究所

我用文学讲述美丽中国建设的动人故事

黄亮斌————

2023 年 3 月 9 日，我第一次走进长沙市圭塘河畔的一所中学，尽管我每天都从它的校门前走过，但却从来没有踏进过校园。因为创作了《圭塘河岸》一书，校方邀请我与师生们一起开展以"流经你生命的河流"为主题的校园文学论坛，对于一个终身的环保宣传工作者和创作者来说，这样的邀请实在很难拒绝。

这次校园文化交流的热度远远超出我的想象：从校长到学生纷纷踊跃发言，大家畅谈文学作品增强了对生态的认知，对环境意识的唤醒，以及阅读带来的美好享受。好几位老师告诉我，《圭塘河岸》让他们想起了家乡的小河，如湘西的峒河、湘江的支流涓水等。一位同学说，《圭塘河岸》不仅让他爱上自然奔涌的河流，而且深受自然启迪，让他走出了曾经的失意与彷徨，就像书中写的："既不需要因为眼前的事瞻前顾后，也无须为未来的事患得患失。"

圭塘河是湘江的一条二级支流，也是过去 10 多年我每天上下班都必须跨过的一条城市内河。与这个时代所有的城市河流一样，它也在城市化快速发展过程中沦为"龙须沟"，2017 年被列入全国城市黑臭水体名单。过去几年来我目睹了它治理的全过程，感受了点点滴滴的变化，2020 年写成散文集《圭塘河岸》后顺利出版。书中详述了圭塘河岸的树木花草、鸟兽虫鱼以及相关生物治污措施，并将人与自然和谐共生的真谛提升为"简单生活"，意在以此展现美丽中国建设的伟大成就给人民群众带来的幸福感和获得感，同时提醒国人，小河流犹如长江和黄河的毛细血管，影响和决定着祖国母亲河的健康肌体，中国40多年经济发展虽然取得了辉煌成功，但付出了小河流从5万条锐减到3万条的沉重代价，这个巨大代价必须引起国人的警醒，中国的城市化不能重复历史的老路。我在写作中不断激励自己，既然梭罗能够在不到半平方千米的土地上写出不朽的《瓦尔登湖》，那么我也应该在这条小河流上写出无愧于时代的生态文学作品。这本书出版后得到了读者的认可，出版两年就加印4次，湖南还将该书列为全省农家书屋读本，一些中小学校把它当作习作和自然教学的范本。

作为文学新人，我在出版《圭塘河岸》后第二年，便开始创作长篇报告文学《湘江向北》，这是我参加"青山碧水新湖南"生态文学征文的作品。湘江是湖南的母亲河，同时湖南作为"有色金属之乡"，现代中国的矿产和冶炼都起步于此，流域内拥有"世界铅都""世界锑都"以及株洲清水塘等重点工业区，很早就出现了工业环境污染问题，湘江一度被称为"全国重金属污染最严重的河流"。2011年，湘江被列为区域性重金属污染治理试点，2013年，湘江保护与治理被列为省"一号重点工程"。但是在首届"青山碧水新湖南"征文活动中，一直都没有人报送这一创作选题，这让组织单位有些失望。我漫长的职业生涯几乎都在与这条河流打交道，是这条河流污染防治的参与者、见证者和记录者，我积累了多达几袋子的资料，甚至有30多年前的环境监测数据和重点企业污染物排放的基础数据，我曾经多次组织各级媒体沿湘江一线采访，新闻报道集都装订成了几本。而且这时我因为创作《圭塘河岸》获得了一些口碑，于是大家都希望我接过这一重任，《湘江向北》就是在这一背景下开始创作的。由于有着丰富的基础素材，我只花费了两个月的时间进行采访，就开始了全书的写作。《湘江向北》讲述了湘江百年自然生态史和社会经济史，真实记录了在湖南省委省政府领导下，全流域人民共同参与的"一号重点工程"。我希望通过自己对湘江百年历史的讲述，向世人揭橥其超出湘江和湖南本身的意义——工业文明何以最终走向现代生态文明，从湘江找寻人与自然关系的种种密码，探寻文明的流向。《湘江向北》出版后很快引起了国内环保同行和文学界的关注，不少评论家称，该书在记录从工业革命向生态文明过渡时期的历史性、转折性、全局性转变方面进行了有益的尝试，是研究中国生态文明建设和污染防治攻坚战的文学母本。由于这本书在社会上引起了较好的反响，出版当年就被列为湖南省新时期文学创作的重要作品，并在征文活动中获奖。

在创作《湘江向北》的同时，我开始写作另一本书——《以鸟兽虫鱼之名 走进〈诗经〉中的动物世界》。诗经名物学在古代是一门显学，是陆玑、欧阳修、苏辙、朱熹、李时珍等大师们研究过的学问，但这门学问在近代有些落寞，百年以来没有出版过一本完整的白话文动物名物学著作。我对这个题材的关注，与我《圭塘河岸》的写作有着很大的关系，因为这个散文集中我写了很多草木鸟兽虫鱼，引用了《诗经》中的很多名物，如"关关雎鸠""呦呦鹿鸣"等。我也认为，生态文明部分源头就在我们的传统文化中，努力挖掘国学经典精髓，从文史和生物学角度独辟蹊径写出这样一部作品，未必不是赓续中华民族优秀文化、服务当代生态文明建设的一次有益尝试。就这样，我认真撷取古代文献精华，梳理动物发展流变，融合科学人文认知，挖掘名物文化内涵，完成了《以鸟兽虫鱼之名 走进〈诗经〉中的动物世界》的写作并正式出版。

弱水三千我只取其一瓢。对于波澜壮阔生态环保故事积累的丰厚的文学素材，我仅仅写过几本小册子，但已经得到很多的掌声与鼓励。党的二十大召开前夕，全国首个生态文学分会——湖南省作家协会生态文学分会成立，任命我为这个组织的临时负责人，同时由湖南省生态环境厅、湖南省作家协会共同组织举办了我个人生态文学作品研讨会。举办研讨会是很多专业作家终生的梦想，我之所以能实现，只能说明文学这一人类最基本、最深沉、最持久的力量对我进行了强大的赋能，而环保这个终身职业给我的馈赠太过丰盈。

▲ 2022 年 9 月 30 日，黄亮斌生态文学作品研讨会现场

作者单位：湖南省生态环境厅

我的"蓝天路"

马军 ————

89.5，86，81，73，58，51，42，38，33，30……一个看似平常的降序数列，对我和我的环保同人们，却有着非同一般的意义。这些数字如实记录了我们的城市空气质量在 10 年中发生的巨大变化，每每看到就会回想起大气污染治理充满艰辛而又令人振奋的历程。

空气污染问题事关公众健康，加之与全球气候变化问题同根同源，因此成为全球关注的环境热点。十几年前，许多城市的雾霾污染频发，引发社会广泛关注，也就是在那时，我牵头开发了空气污染地图数据库。我国从 2013 年开始监测并发布 $PM_{2.5}$ 数据。那一年，北京的 $PM_{2.5}$ 年均浓度高达 89.5 微克／立方米，远远高于 35 微克／立方米的国家标准；也是在那一年，《大气污染防治行动计划》启动。

为促进公众参与和社会监督，26 家环保社会组织共同建言污染源信息全面公开。这些建言通过全国两会等渠道提交后，得到积极回应。2014 年，在环境保护部要求下，约 30 个省级行政区建立了空气质量监测平台，开启了全球首次空气质量在线监测数据的实时公开。那一年，北京的 $PM_{2.5}$ 年均浓度依然高达 86 微克／立方米。

为便于公众获取数据，我们开发了"蔚蓝地图"App，汇总逾 4000 个空气质量监测站点，以及上万家企业的自动监测数据。考虑到公众对排放标准缺乏了解，我们对数据进行了可视化处理：超标标注为红色，达标标注为蓝色。基于"蔚蓝地图"App，公众可便捷获取信息并一键转发。一批网友和伙伴机构，还在分享时同步"艾特"（@）当地的生态环境主管部门官方微博。

▲我与"蔚蓝地图"

这一形式后来被称为"微举报"，它与山东等地建立的省、市、县三级微博工作体系有效对接，助力政府部门和社会公众形成良性互动，推动数以千计的重点污染源公开回应数据超标问题。记得"蔚蓝地图"上线后，我们看到一家大型上市钢企的在线数据连续超标，尝试沟通但企业拒绝回应。不久，当地生态环境主管部门就跟进了居民和环保组织的"微举报"，并公开反馈查处结果：要求该企业淘汰落后产能，彻底关停3台球团竖炉，球团竖炉关停后将实现年减排二氧化硫2615吨，氮氧化物196吨，粉尘405吨。

2015年，新修订的《中华人民共和国环境保护法》（以下简称"新《环保法》"）在广泛征求社会意见后颁布实施。新《环保法》史无前例地用专章规定"信息公开和公众参与"，为多元参与奠定了法律基石，同时，还创造性地引入按日计罚和公益诉讼。我们看到自2015年起，自动监测数据因其数据连续性等特点，成为按日连续处罚的证据；同时，"蔚蓝地图"收集的企业自动监测数据，也在环保组织发起的公益诉讼中被法院采纳。那一年，北京$PM_{2.5}$年均浓度为81微克/立方米。

2016年，环保违法违规建设项目清理工作公开了数十万家企业出现的问题和整改进展。同年，中央环保督察正式启动，并在2017年覆盖

31 个省级行政区。通过发布举报热线，曝光典型案例，带动各地公开督察整改信息，"蔚蓝地图"数据库收录的环境违规监管记录数量大幅增加，且许多企业的严重污染问题被首次公布。2016 年，北京 $PM_{2.5}$ 年均浓度降至 73 微克 / 立方米，2017 年又降至 58 微克 / 立方米，曾被认为难以完成的"京 60"目标达成了。

环境信息的公开也为绿色供应链和绿色金融等基于市场的解决方案创造了重要条件。自 2014 年起，我们连续 9 年开展绿色供应链 CITI 指数评价，并开发蔚蓝生态链等数字化解决方案，协助中外品牌提升供应链环境管理水平，推动逾 20000 家供应商改善环境表现。随着国家绿色金融政策陆续出台，"蔚蓝地图"基于公开的环境数据开发了企业环境绩效动态评价工具，近年来也越来越多地服务于中国邮政储蓄银行、中国工商银行等多家大型国有银行和商业银行，协助梳理数十万家贷款企业的环境绩效。

2018 年，中国启动蓝天保卫战，誓言继续污染攻坚。那一年，中国环境新闻工作者协会与我们共同发起"指尖上的环保"公益活动，号召网友通过环保随手拍，参与污染监督，践行绿色生活。环保自媒体伙伴的加持，以及公益组织的支持，让"指尖上的环保"的参与面更加广泛，仅收集到的各地网友蓝天随手拍就达百万张。那一年，北京的 $PM_{2.5}$ 年均浓度下降至 51 微克 / 立方米。

2019 年六五环境日前夕，我接过了由生态环境部部长签署的特邀观察员证书。我和"指尖上的环保"的网友一起，坚持每天打卡，形成自己的空气日历。我们拍蓝天、拍污染，并附上实时空气质量水印，希望通过数据与实景相结合，让城市空气质量状况一目了然。从自动生成的一份份周历、月历乃至年历中，我们高兴地看到，在一个个城市和乡镇，蓝天逐步从奢望变为常态。

在这个过程中，北京 $PM_{2.5}$ 年均浓度也从 2019 年的 42 微克 / 立方米下降至 2020 年的 38 微克 / 立方米，2021 年又降至 33 微克 / 立方米，历史性地达到国家二级标准；2022 年再降至 30 微克 / 立方米。

▲ "指尖上的环保" 网友分享蓝天随手拍

十年非凡努力，成就举世瞩目。今天中国又站在深入打好蓝天保卫战的新起点。我们发布了《蓝天之路：十年巨变暨 2030 展望》，计划持续升级蔚蓝双碳地图，与合作伙伴完善区域和企业双碳指数，打造数字化企业碳核算与产品碳足迹工具，推动垃圾分类和减塑等绿色生活方式。我们希望助力社会各界抓住机遇，通过双碳行动实现结构调整和绿色发展，大幅改善环境质量，共建天蓝、地绿、水清、人与自然和谐共生的美丽中国。

作者单位：公众环境研究中心

明天，水边会有更多白鹭

郑琼雅————

　　小时候听妈妈说，过去城西有一道美丽的风景叫"清溪落雁"，可惜现在看不到了……如今当我初为人母的时候，终于看到了碧水绿荫和溪边飞舞的白鹭，偶然也能看到大雁从蓝天飞过。

　　始丰溪源于天台西部邻县的大盘山，一路向东，穿过县城，汇入临海的灵江。

　　我家住在城东的金盘大桥旁，工作单位在城西的落雁公园边，我每天骑单车上下班，会沿始丰溪走一段，这段路景色秀丽，闻到草木芬芳，又看到白鹭从树林中飞起，上起班来都感觉精神多了，回到家里也似乎忘记了疲惫。还有一点，就是看到始丰溪的美景，我心中会有一种自豪感。

　　2004年高考填志愿，父母给我选了几个当时比较热门的专业，而我自己只选了环境科学一个专业。可以说在学生时代，我对环保事业就充满了热情。

　　事实证明，我的选择没有错。随着时代的进步，国家对环保工作越来越重视，人民群众的环保意识也不断提高，而我作为一位坚守在环保一线岗位上的"铁军"，最大限度地实现了自身的人生价值，特别是在"五水共治"等大行动中，为天台县的生态环境建设作出了自己应尽的努力。

美丽的始丰溪是天台的母亲河，全县上百条溪流涧水汇入始丰溪，但由于河床采砂，生活废水和工业污水排入，始丰溪如在病痛中呻吟，水体被污染，时不时还闻到臭味。"五水共治"就是要还始丰溪美丽容颜，我和大家一样期待"清溪落雁"的美景再现。

　　作为生态环保执法队伍中的一员，我的工作重点是排查污染源，并依法取缔。而我们的工作职能又决定了我们的工作特点：机动性、突发性强，没有昼夜与节假日之分。有时候半夜一个电话，说去哪就去哪。

　　有一次我们凌晨四点钟出发，当时是冬天，天黑风急，冷风入骨。这次行动是查处一间豆制品小作坊，地点在始丰溪下游的一个小山村里。由于举报人要求匿名，更不敢带路，进村后，村民不愿提供线索，个别群众还为当事人开脱："人家做点小生意，七检八检，简直是不让人活了！"甚至还有人谩骂我们。面对群众的不理解与抵触情绪，我们从来都是耐心做思想工作，尽量安抚群众。我们在村庄四周找了一个下午，还是找不到窝点。举报人又多次打来电话，但就是不敢带路，说是怕被打击报复。那天在返回路上，一位老大爷走到我们身边悄悄说："你们五点钟之前守在路上，一定能碰上从山中下来送货的小四轮。"我们恍然大悟，真像一场伏击战！当时，队长考虑到我是女同志，不想让我去。我说："我年轻，应该锻炼锻炼。"

　　五点之前，我们赶到下山的路口守候，不一会儿，果然从山上下来一辆小四轮货车，我们拦住车，出示了证件。开始，他们很不配合，一直不肯下车，甚至还试图动武。好在队长始终沉住气，好言劝导。时间越拖越长，他们对我一个女同志说的话根本不理睬。我灵机一动，打开手电筒直照驾驶员的脸。这一招还真比打他一拳还有效。他开始求饶，下了车又说："我这辈子怎么就败在女人的手下？"这话把我们都逗笑了。在山上转了一个多小时，终于找到了小作坊。办完相关手续，回到局里，真想好好睡一觉，可是还没打个盹，又有举报电话来了……

对举报电话，我们是每天 24 小时接听，不管来的是不是时候。

2022 年下半年的一天下午，下着滂沱大雨，还夹着雷鸣闪电。就在刚下班的时候，我们接到了一个实名举报电话。举报人反映有人把养猪场建在平镇与新中交界的一个水库上方。举报人说："你们现在就来，我给你们带路。"碰到这样的坏天气，大家都有些犹豫。况且驾驶员执行任务还没回来。举报人也怕我们不去，焦急地说："你们今天不来，明天就处理不了了。"他还说："我以人格担保，你们现在来了如果处理不了，我这个村委员就不当了……"举报人有这样的底气，我们再犹豫岂不是失职?! 队长说："等车子一回来就去。"我说："不用等了，用我的私家车吧。"

说心里话，查处养猪场排污是大家最不愿意去的地方，主要原因是脏。这些养猪场都建在山旮旯里，没有排污设施，远远就能闻到一股猪粪与猪饲料腐烂混合的臭气，如果是夏天高温发酵更是臭得让人浑身不自在，进了猪棚那就更难受了，见陌生人进来，几百头猪在圈里跳动、嚎叫，猝不及防地把脏水溅到你身上，那情景真令人发毛。我第一次去养猪场后回家，洗了 3 次澡还感觉不干净，眼前老是浮现出又脏又臭的猪群，好久吃不下猪肉。

雨一直没停，而且越下越大。路上，我们又接到举报人的电话，当他确定我们已出发时，在电话里无意中漏出这么一句话："我赢定了!"我们感到纳闷，难道举报人搞什么恶作剧? 这样的情况，还是第一遭，我们心里都多了一份疑惑。

我们赶到那里，只见举报人穿着雨衣站在村口等候。他喜形于色，像迎接考察团一样热情地招呼我们。我们要他赶紧带路，他却笑眯眯地说："我们到办公室坐坐，他会主动下山请求宽大处理的。"

村委会办公室里坐着四五个村民，他们见到我们，把事情的原委说了出来。

原来，这养猪户是外村人，租用邻村的山地，污水却顺着山势排到了他们村，把村后的水源及村前的小溪都污染了。发现情况后，他

▲在畜禽养殖专项整治现场

们多次要求养猪户做好排污设施，可他一拖再拖。今天，他们上山与他作最后一次交涉：如果还是这个态度，他们立刻向生态环境局举报。这时开始下起大雨，那养猪户想了想，说："那些官衙门的人要是下午能冒雨赶来，我明天就挖排污池！"举报人忙说："男子汉讲话算数！我现在就打电话，生态环境局要是不来，我就任你排！"

"那我们打个赌吧！"

"不许后悔?！"

"不许后悔！"

"后悔天打雷劈！"

于是，就有了这场特别的经历。

我们听了缘由，都松了一口气。

接着，举报人打电话告诉那位养猪户生态环境局的同志到了。

对方当即表示愿赌服输！

这次查处是最顺利的，而且富有戏剧性，还真要感谢这场大雨呢！

在"五水共治"大行动中，我们执法队同心协力取得了一定的成绩，得到了领导的肯定。

在荣誉面前，我要感谢领导的关怀与大家的帮助，我也要感谢父母对

我工作的支持，同时我内心感到愧对年幼的女儿。女儿才读幼儿园，有一次她回到家里，扑在我怀里说："妈妈，别的同学都有妈妈送上学，您什么时候也送送我吧……"我含泪道："等你长大就会明白的。"

这个星期天，风和日丽。我问女儿想去哪里玩。女儿说："去看白鹭吧，白鹭飞起来太美了！"

湛蓝的天空下，宽阔的始丰溪碧波荡漾，公园里鸟语花香，五六只白鹭栖息在水边的一块景观石上，石头旁点缀着星星般的小菊花。我用手机拍下这一景致，从镜头中正看到女儿向白鹭跑去，白鹭优雅从容地伸伸脚，点点头。当女儿快靠近观景台时，它们又优雅地展开双翅飞向天空。

"两个黄鹂鸣翠柳，一行白鹭上青天。"女儿脱口而出。

我欣喜地抱住女儿，感到欠女儿的太多太多。我告诉女儿："妈妈今天要好好陪你玩。"女儿说："我们从这里一直向上走，走到您上班的地方。然后吃中饭，吃过中饭再去游乐园玩！"

可是，我们刚走到一半就接到了要去突击检查的电话通知。

女儿见我一脸沉重，小声地问："妈妈，您今天能不去吗？"

我心头一酸，想了想，微笑道："宝贝，你喜欢白鹭对吗？"女儿点点头。

我说："你想不想见到更多更多的白鹭？"

女儿说："想，我想明天就能见到更多更多的白鹭。"

我说："你现在让妈妈去，明天就会看到更多更多的白鹭……"

女儿又点点头说："我能跟妈妈一起去吗？我会听话的，我会帮助您的。"

我又紧紧抱住女儿，不让她看到我流出的热泪……

作者单位：浙江省台州市生态环境局天台分局

向绿而行

许建华————

时光荏苒，转眼我已探索绿色教育 20 年。2002 年 9 月，我从南通一所农村小学调到南京市凤凰花园城小学担任五年级语文老师兼班主任。当时的南京市凤凰花园城小学是一所刚刚创办的公办小学，东枕秦淮河，西依长江，有 500 名学生、30 多位老师。看着绿意盎然的凤凰园，我一头扎了进去。

来到学校不久，我就承担了绿色教育的任务，指导学生开展环保课题研究。接到任务后，我一脸茫然，无从下手。我虚心请教江苏省环保厅宣教中心的专家，在专家的指导下，我和孩子们一起确定了调查小区的垃圾分类情况、秦淮河水质、长江南京段岸边垃圾主要种类及产生原因 3 个研究课题。我们走进小区，访问居民、保洁员、垃圾清运工；来到秦淮河边，先用简易的水质检测仪检测秦淮河水质，再提取样本到大学实验室进行科学分析；利用周末到长江岸边统计垃圾的种类以及产生的原因……两个月的时间，孩子们学会了课题研究的方法，对环境保护有了更深的理解。作为指导老师，我为孩子们的成长喝彩，鼓励他们从身边力所能及的小事做起，爱护地球，保护环境。

环保小课题研究的经历深深触动了我。我开始主动利用班会时间，在班上开展环境保护主题教育活动。记得当时班上有个女生叫童童，对环境保护

特别感兴趣。她带领雏鹰假日小队的小伙伴们在小区里宣传环境保护知识，在自己的家里身体力行光盘行动、垃圾分类行动等。一年后，她以小学生身份当选为"南京环保好市民"。小学种下的环境保护种子在她心中萌发，逐渐生长，后来她被保送清华大学，学的就是与环境保护相关的专业。

3 年的环境保护实践，我从一名班主任成长为学校环保宣传教育的负责人，在学校、社区、社会有计划地开展了一系列环保宣传教育活动。带领学校骨干老师编辑出版了《绿色视野》一套共 7 本的小学生环境保护校本课程，创办了校刊《绿》……绿色教育在凤凰园轰轰烈烈地铺展开来。

记得那是 2007 年寒假的一天，我和核心组的 6 位小伙伴们约好一起到校研讨《绿色视野》的修订方案，但是前一天夜里，南京突降暴雪。一夜时间，地面积雪超过了 30 厘米。早晨开门一看，我不禁皱眉，这么大的雪，老师们还能到校吗？一早也没有老师打电话请假，带着疑惑，我步行来到了学校。进办公室没多久，老师们陆陆续续进来了。一问才知道，大家都是步行来的，最远的章老师住在朝天宫，步行了 4 千米才赶到学校。看着老师们冻得红扑扑的脸庞，我的眼泪不禁在眼眶里打转。正是因为热爱，我们的绿色教育才能蓬勃、持续地开展下去。那一天，我们就着干粮和热水，整整讨论了一天，商定了详细的《绿色视野》修订方案。7个月后，新版的《绿色视野》正式出版，并进入学校课程表，每周一节课，由学校老师、行业专家、学生、家长共同担任授课教师。多年来，我们一直坚持每周一节环保课，师生全员参与环保活动。《绿色视野》在每一个凤凰园的孩子心中种下了生态文明的种子。

2007年6月5日，作为全国绿色学校代表，我在人民大会堂参加了表彰活动。获得全国绿色学校荣誉后，我不断地问自己，绿色教育如何发展？如何进阶？我通过教育科研课题来解答内心的疑问。从"十一五"时期开始，我和小伙伴们围绕绿色教育开展了4个江苏省教育科学规划立项和重点课题研究。在刚刚过去的2022年，我们还成功被评为江苏省生态文明教育实践基地。这些研究构建了学校绿色教育体系，丰富了绿色教育内涵，变革了绿色课堂教与学模式，更加坚定了我们绿色教育的信心。

▲在人民大会堂参加表彰活动

2022年9月1日，中央电视台在学校开展"开学第一课：我们身边的生态文明"系列活动。接到这个任务时，离9月1日只剩下不到5天的时间了。当天，我组建了项目团队，商定了活动方案。我们以"绿润童心"为主题，在校园里布置了学生的环保诗歌、环保宣传画、废物利用作品等，还邀请部分学生一起向全国观众介绍他们暑假开展的"我是生态文明楼道长"活动，围绕长江大保护上了一节我们的《绿色视野》环保课，展示了学校生态文明教育馆里丰富多彩的学生活动……执教公开课的陈老师刚工作两年，接到这个任务后紧张地对我说："许校长，时间太紧了，我恐怕完成不了这个任务。"我鼓励她说："这就是一节常态的《绿色视野》课，只是听课的人群里多了一些领导，现场多了一些摄像机，我相信你有能力完成这个任务，我会是你坚强的后盾！"随后，我邀请校内骨干教师和她一起备课、磨课，短短两天时间，我们确定了这节课的框架，第三天就完成了课堂教学中视频资料的剪辑以及学生现场节目的排练。活动结束后，陈老师激动地告诉我，她准备做生态文明教育的志愿者，向更多的人宣传生态文明。

因为忙于整个活动的策划、组织，所以20分钟的直播我准备推荐一名年轻的老师出镜。但是央视的导演和我说："许校长，几天的接触让我们感受到了你对生态文明教育的热爱，也知道你对这所学校绿色教育的感情最深、情况最清楚，请你出镜介绍最合适。你不需要做准备，我们就讲最真实的生态文明教育故事。"20分钟的时间，我从校门口开始，和主持人边走边聊，介绍学校开展绿色教育的历程、独特的绿色教育课程和活动、学生成长的样态……新浪微博等多家平台也进行了图文直播，各平台总观看量超过1690万人次。学习强国、新华网等多家媒体同步宣传，形成了广泛的社会效应。

今天，沐浴着习近平生态文明思想的春风，环境保护工作取得了巨大的成就，绿满神州，绿润人心。作为一名基层的生态文明教育工作者，20年的环境保护宣传教育探索，让我对生态文明教育更加自信！我把绿色教育的一些实践与芬兰、英国、美国、新加坡等国家的友好学校师生一起分享，倡议他们一起做地球的守护者，得到了他们积极的响应。此外，我们还先后承办了生态环境部宣教中心、江苏省生态环境厅等单位组织的多场现场活动，介绍我们的生态文明教育。20年的绿色教育实践，自然、健

▲在现场活动介绍绿色教育

康、可持续发展成为我校学生成长的新样态，生态文明素养成为学生鲜明的教育印记；20年的绿色教育实践，一支具备绿色教育能力的教师队伍茁壮成长；20年的绿色教育实践，学校壮大为两个校区，学生人数达到了2300人，成为国内外有影响力的绿色学校。

20年，在绿色教育的沃土里，我沐绿成长，先后100多次向福建、重庆、广东等省级行政区的3000多人次宣传环境保护，介绍绿色教育理念。江苏省生态环境厅拍摄了我的绿色教育专题片《第一节课》，在全网宣传。20年，我坚守绿色教育初心不改，一路向绿而行。新的20年，我和小伙伴们将携手再出发，让绿色教育弦歌不断，赓续相传！

作者单位：江苏省南京市凤凰花园城小学

向绿而行

我守护"绿"，她守护"我"

李松贵————

　　我叫李松贵，今年73岁，是山西省长治市上党区南宋镇南宋村人。在我们南宋镇的八仙岭山，有一座高近30米的白色瞭望塔，那里就是我工作了12年的地方。

▲八仙岭山的瞭望塔

这 12 年来，每当清晨的第一缕阳光洒上山间，我和老伴儿就已伫立在瞭望塔上，每当人们在深夜安心入眠，我俩依然在瞭望塔上驻守。12 年的时光，两人、三餐、四季，我和老伴儿终日与群山为伴，与草木为友，只为护佑那里的一草一木。12 年来，我守护着家乡的绿，老伴儿守护着我。

我的家乡南宋镇面积 46 平方千米，森林覆盖率达 47%。众所周知，森林防火容不得丝毫马虎，如何发现起火点，那就离不开瞭望塔上护林员细致的观察了。2011 年，当地林业局在南宋村八仙岭山上修建了一座高近 30 米的瞭望塔。瞭望塔修好后，谁来承担瞭望塔上护林员的职责呢？这可成了当时的一大难题。因为瞭望塔上的护林员必须 24 小时坚守岗位，工资报酬也不高，别说年轻人不愿意干，就连附近村里的中年人，只要能出去打工的，也都不愿意干。

当时的南宋村村委会负责人找到了年过六旬的我，问我愿不愿意去山上的瞭望塔坚守。我想都没想就答应了，因为我是土生土长的南宋人，知道这里的树木长成今天这样有多不容易。自己上山看守瞭望塔，当护林员巡逻……能为家乡的树木好好生长出一份力，这让我觉得很值。

我是满口答应守护瞭望塔了，可回家跟老伴儿一说，她气不打一处来，大声嚷道："瞭望塔上去就得一直待在那，一个月才几百块钱，你图啥呢……""你上去家是顾不上了，一天三顿饭怎么弄？"面对老伴儿的"责骂"与担心，我也犹豫过。可不知为什么就想上山去看着那绿绿的树，特别是看着成片茂密的树林，绿油油的让人心情好，也想为家乡做点实实在在的事，为家乡生态环保事业出份力。见我如此执着，老伴儿不仅同意让我去做一名生态护林员，还收拾东西跟我一起上了山。就这样，2011 年 6 月，我们老两口"乔迁新居"，从山脚下搬到了山顶，小而简陋的瞭望塔成了我们的"新"家。从此，八仙岭瞭望塔也成了"夫妻瞭望塔"。

▲ 我和老伴儿简陋的住所　　　　　▲ 12 年来我俩的饮用水全靠我搬上去

　　12 年的瞭望塔生活是非常艰辛的，三层简易的瞭望塔内，一层有两张简易的单人床、一台经常收不到信号的老旧电视机、一架老式的铁炉子以及锅碗瓢盆，这便是我们老两口全部的家当。12 年来，我们洗菜、做饭、饮用水等生活用水和菜、米、油、盐等生活必需品都要从山脚下的家里背上山来。不仅用水困难，住的条件也简陋。瞭望塔建在四面不遮风的山顶上，而且四周安装的窗户多，夏天蚊子多，冬天北风寒。尽管冬天一层生个炭火，屋里还是冷得不行，得开个电暖气，盖上两床被子才能睡着。这些年，我们老两口与大山为伍，与森林为伴，吃住在瞭望塔里，与家人聚少离多。任由风吹、日晒、雨淋，始终坚守岗位，默默守护着那片青山，因为那片绿能使我心安。

　　生态护林员这个身份，让我活得体面，有价值。现在，我的年纪也大了，觉少了，每天天不亮我就起床进山溜达。北边遛遛，南边走走，不仅锻炼了身体，还干了工作。这些年，我每天巡山必带的"四件套"是，一副高倍望远镜、一个日常联络的对讲机、一部老年人手机、一条时刻紧随身后的黑狗，带着它们出门，我工作效率更高。

　　每年的 3 月底到 5 月初，是护林防火的关键时期，这段时期乡亲们都要收拾耕地，就怕大家烧秸秆、烧荒草，这个时候尤其得四处转转，给大家勤宣传不能焚烧秸秆之类的事项。除此之外，我还要操心是否有破坏林地的情况，要关注树木生长，看是否有虫害发生，这些树木，就像我的老朋友，时时刻刻在我心里。

这些年，大家的防火意识都增强了，身边的树木更绿了。未来，我还会坚守下去，陪着满山绿树，守护自己的家园，因为只有守好青山才能换来金山，这样的坚守让我的心里很踏实。

▲巡山　　　　　　　　　　　　▲我在瞭望塔上察看是否有火情

作者系山西省长治市上党区南宋村村民

我守护「绿」，她守护「我」

注：本文由李松贵口述、山西省长治市生态环境局上党分局整理、上党区融媒体中心白雪峰撰文。图片由上党区融媒体中心向峥拍摄。

用"青山计划"守护"绿水青山"

管沥————

2018 年的整个冬天，我都待在广州大学城旁边的垃圾站里，与垃圾为伍。

广州 12 月的中午依旧很热，吃剩的肠粉、叉烧饭、萝卜牛杂……外卖餐盒散发出的发酵味道令人掩鼻，而我们却从早晨 7 点待到晚上 9 点，调研外卖餐盒的来源、流向与处理方式，并乐此不疲地拦住收垃圾的小商贩问："外卖盒回收吗？"

得到的总是一个不理解的答复："咁个点（怎么）回收？"在他们眼里，我们可能是一群有点古怪的都市拾荒佬。

但我们不是拾荒佬。事实上，我们是青山计划项目组（以下简称"青山计划"）成员。我们想改变大众的固有认知——使用过的外卖餐盒没有用。而我们要做的是让使用过的外卖餐盒变废为宝，成为能循环利用的可回收物。

2017 年 8 月 31 日，青山计划项目成立，项目名称来自那句家喻户晓的话——绿水青山就是金山银山。为了实现这一目标，青山计划携手产业链上下游、青山环保顾问团等多方力量，共同推进全行业绿色低碳循环发展，与政府、社区、高校等主体合作，试点探索塑料餐盒分类回收与再生

▲青山计划系列文创

利用模式，并先后于北京、上海、广州等多个城市落地超过 1200 个垃圾分类及餐盒回收试点。

那个冬天，我们所在的垃圾站就是青山计划探索如何在广州大学城开展外卖餐盒回收试点的地方。通过资助增改扩建餐盒分拣设备等，促进餐盒回收常态化、规模化与规范化。

回收的塑料餐盒进行碎粒再造，即可实现餐盒废弃物的"重塑新生"，重绘"绿水青山"，为外卖行业的绿色发展持续助力。

废弃外卖盒，怎么"聚变"？

过年回老家，每当别人问及我工作的时候，我都会打趣回答说："我在青山计划收垃圾。"我们的工作表面上看确实是在和垃圾打交道，说通俗点就是希望把随手一丢的外卖餐盒变成和纸盒、泡沫箱这些可回收垃圾一样的"宝贝"。

历时多年，垃圾分类其实已经形成一套比较普及的体系，大家都知道哪些垃圾可以回收、卖钱。但是对这一套体系，很少有人问：还能更好吗？

在我国，每年有百亿级数量的塑料餐盒在短暂使用后被丢弃。它们被压缩、掩埋至土壤中，或直接进行焚烧处理，其归宿往往终结于漫长的土壤消解，或在焚烧炉里变成有害的黑烟。

为了让这些外卖餐盒"重获新生"，我们在不同的地方，与不同的专家、学者和协会工作人员，一起深入探索着更优化的解决方案。我们至今还记得，2019 年，白花花的塑料颗粒被装进大大的口袋里，在厂房里等待进一步加工的情景。这些颗粒经过回炉重塑，最终变身为单车崭新的挡泥板。

那一刻，我觉得自己像一个"拼积木的人"，那些白花花的塑料颗粒是积木零件，而最终的作品则可以依据我们的想象，拼凑成千变万化的形状。

这几年来，"拼积木"的工作一直都在进行：我们与做奶茶的企业合作，将奶茶杯回收后再生制成手机壳、环保袋；与文具公司合作，将外卖餐盒变为多种碳中和文具，包括笔盒、记号笔以及中性笔等。

随着"版图"慢慢变大，我们的脚印也从最初公司的垃圾桶，扩展到整个社区、街道乃至城市。再回想起之前最常听到的一句话——"外卖餐盒不在我们可回收的品类之中"的时候，庆幸自己勇于迈出了那一步。

外卖餐盒，怎么"自己变绿色"？

"纸吸管真的很环保，在我嘴里就降解了。"我们在做调研的时候，不少人都在抱怨一件事：环保的餐盒，往往都是相对不好用的那一个。

做餐盒回收这件事情久了，我们都养成了一个习惯：点了外卖，会将外卖包装翻到背面，寻找关于耐高温或者其他材质的信息；有的伙伴即便在其他城市休假，也会主动观察当地的餐盒回收情况，希望可以寻找到一个既环保又耐高温、耐油污的包装解决方案。

过去几年时间里，我们现场走访了 14 个城市、1193 个不同类型商家，跟千余个商户打交道，寻找能力范围内的最优解。最后，我们用了一年，联合产业链上多个包装厂商，为餐饮、鲜花、医药探索出环保的包装方案。我虽然大学学的并不是材料专业，但经过这几年的磨炼，已经对那些常用的材质了如指掌。

对于新成果我印象最深的有两个。一个是可降解的吸管，新的吸管不怕水泡，不容易变软，价格也在商家承受范围内，是我们期待的全能的"六边形战士"。另一个是鲜花包装袋，前几天情人节，送给家属的花正被我们设计的包装袋包裹着。骑手小哥还跟我聊了几句，说以前总得抱着、捧着，有了这个袋子就可以拎着，按电梯方便多了。

近年来，我国对塑料污染的治理手段逐渐完善，先后出台和修订了《中华人民共和国固体废物污染环境防治法》《关于进一步加强塑料污染治理的意见》《"十四五"塑料污染治理行动方案》，并大力推进"无废城市"建设试点。

"无废城市"建设需要社会各界共同参与，废弃餐盒回收是建设"无废城市"的一小步，我们在这条路上才刚刚启程，但我们坚信"无废"之路将越走越宽广。

▲青山计划的小伙伴们

作者单位：北京三快在线科技有限公司

二 等 奖 ｜20 篇

"鸟叔"的世外桃源

毛梓乙　罗洁琼　梁华坤————

初春三月，花开红树乱莺啼，草长平湖白鹭飞。田野、树林、池塘层层叠叠，在波光粼粼的水面和绿树环绕之间，白鹭们伴着一阵啼鸣振翅高飞。这是珠海市红旗镇三板村"鹭鸟天下"人工湿地，也是我的"世外桃源"。这里有我对家乡最深情的告白。

在这片 300 亩的湿地里，有超过 63 种鸟类，其中不乏夜鹭、斑嘴鸭等珍稀物种，常年栖息着 30 万只鸟，每年有超过 10 万只鹭鸟在此出生。

"鹭鸟们喜欢 12 月'拍拖'、1 月'闪婚'、2—3 月'添丁'……夜鹭喜欢躲在阴凉处，白天睡觉晚上活动……"无论在什么时候谈起鸟，我总是如数家珍、滔滔不绝，所以人们称我为"鸟叔"。

逆行返乡，梦想从种下第一棵树开始

我叫梁华坤，是一位来自三板村的疍家汉子，也是村里的第一个大学生。2009 年，大学毕业后就在外打拼的我在赚了"第一桶金"后回村探亲。当我走到三板河边，想看看孩童时代的"天然游乐场"，却惊讶地发现曾经的美景，已满目疮痍。放眼望去，岸边的参天大树已被砍去贩卖，草地也退化成了滩涂，整个河畔一片寂静。

▲ "鹭鸟天下"人工湿地

当时的我痛心疾首地说道："故乡不应该变成这个样子，需要有人站出来唤醒乡亲们保护家乡生态，让村子恢复绿水青山。"经过深思熟虑之后，我毅然决定返村，从种下第一棵树开始，让河塘、鸟鸣、绿荫重新回到这个温婉的岭南乡村。

当时城市化高速发展，大部分人选择留在城里，我却傻傻地成了"逆行者"。

百折不挠，从"书呆子"变"鸟叔"

我回村的举动，很多人都不理解，亲戚们建议我把地承包下来，挖鱼塘养鱼赚钱，而我却用来种树，就有人说我读书读傻了，是"书呆子"。那时我常一个人来到滩涂边，看着两岸荒芜的土地和一米多高的蚁丘发呆，心里满是孤独。

虽然孤独，但我内心笃定，在向家人坦言自己的想法后，就来到滩涂旁搭了个棚屋，启动湿地改造工程。整理滩涂，开沟挖塘，种植树木，疲惫却也充实。

半路出家的我开始学习种树，由于缺乏种植经验，一开始10棵中有6棵"夭折"。我把村民请到现场当面求教，跑遍珠海市的苗圃学艺，还把苗圃替换下的废弃树苗带回来练手。渐渐地，树的成活率高了，曾经的滩涂变成了小树林。鸟儿也慢慢回到这里落户，家人们开始认同我的坚持。

随着三板村恢复生机，新的麻烦来了。"鹭鸟天下"人工湿地初见成效，就被一些人盯上了，他们想把栖息在此的鹭鸟和田鸡抓了当野味。

为保护湿地生物，我从对村民的日常教育入手，一遍遍走访村里德高望重的老人，劝说村民改掉食用野生生物的陋习；同时邀请村民来参观，让他们亲眼看到从荒滩到湿地的变化，推心置腹，动员大家一起保护湿地。

到了鹭鸟繁殖的季节，为防止猎鸟者捕鸟，我几乎每晚都蹲点值守，守护小鸟的同时也"喂饱"了芦苇丛中的蚊子。有时，我还会沿着偷猎者的常用路线巡逻至清晨。我无数次苦口婆心地劝导偷猎者不要猎鸟，还曾与手握鸟铳和利刃的偷猎者正面交锋，直至将其逼退。精诚所至，金石为开，我竟成功说服了3名偷猎者加入了保护鹭鸟的队伍。

考验总是不期而至。2017—2018年，台风"天鸽"和"山竹"接踵而至，"鹭鸟天下"树木倒伏数千棵。看着自己种下的树横七竖八，我心疼万分。痛定思痛，我和年近八旬的老父亲两人实施灾后重建，共同补栽了超过2700棵树木，一起为鸟类清理消毒了超过1万个巢穴。

树木又逐渐成荫、鸟儿又逐渐成群，湿地让三板村日益美丽，村民们也逐渐被感化了。2020年初的某天清晨，我巡林完毕

▲ 灾后重建，补栽树木

发现湿地门口有个人，手里捧着小鹭鸟。我以为又是偷猎者，疾步冲过去，却见对方开心地把小鸟递到我手中，原来是村民发现小鹭鸟受伤了，便用毛巾裹起来抱在怀里，在寒风中等了我1个多小时，让我给小雏鸟治伤。

到了鹭鸟繁殖的季节，有些受伤的鹭鸟还会主动跑到我家门口寻求救

治。我想，这就是人与自然和谐共生最生动的诠释。

萤火聚星河，在人们心中种下诗和远方

从毫无生机的荒地滩涂，到万鸟归林的"世外桃源"。如今，"鹭鸟天下"已成为珠海重要的水鸟繁殖栖息湿地。

2017年，"鹭鸟天下"人工湿地被授予广东省环境保护责任示范单位，入选广东省自然学院选址分校，同时，还被广东省政府列为粤港澳大湾区种鸟繁育合作基地和湿地科普教育基地。2020年，中国科学院华南植物园在这里开展粤港澳大湾区水鸟栖息地示范区构建工作，集成水鸟栖息地优化配置技术，探索水鸟栖息地功能定向提升课题。2021年，"鹭鸟天下"获评广东省环境教育基地。我也获得了2022年百名最美生态环境志愿者、广东省最美生态环保志愿者的称号。现在，"鹭鸟天下"每年都会接待8000多位学生和志愿者，越来越多的人参与到了鹭鸟保育工作中，而公众助力和科研成果也在不断反哺这片湿地，促进了"鹭鸟天下"与人们和谐共生。

我希望能够把"鹭鸟天下"打造成"个人运营—政府帮扶—全民参与"模式发展的样板，吸引更多人加入生态保育工作中，也为以后的人工湿地建设提供更好的示范。

十年之计，莫如树木。一代人有一代人的使命。这片湿地初步建成，还不够漂亮，但我们一直在学习，一直在行动，用自己的行为一点点影响周围的人，一步一个脚印向前走。

作者单位：广东省珠海市生态环境局

我是"第一破烂王"

张焯 ————

我是云冈研究院院长张焯，但我还有另外一个被大家熟知的身份，那就是"第一破烂王"。能有这样的名号我很开心、很知足，看着身边的朋友和学生在我的带领下也成为一个个"小破烂王"，更是喜不自胜。

这一切还要从 2008 年大同市委市政府对云冈石窟进行 3 年综合治理说起。经此治理，云冈石窟景区面积扩大了 10 倍，面对如此庞大的规模，如何管理好、维护好景区的新形象，如何传承好、弘扬好绚丽多彩的云冈文化，如何"百尺竿头更进一步"，继续做好守护云冈石窟的工作，成为我心头苦苦追求的目标。

当时，全国正处于城市化高速发展的阶段，这一过程中，我看到大量建筑垃圾的产生、高碳的发展模式严重污染环境，这一切令我痛心。从那时起，我便立志要用实际行动把云冈景区变成全国节能减排、低碳环保、废物利用的典范。

兴旧利废　打造文化墙

在 2008 年的治理中，我们的办公区要修建围墙，当时设计师提出青砖墙方案，但是我认为只有石头墙才能与云冈景区产生和谐感。所以这一方案从专业设计角度挑不出任何毛病，但我总隐约觉得有些说不出的不足。

设计方案提出之后我特意来到景区走一走、看一看，观察一番，想到云冈石窟之所以能够经久不衰、历久弥新，其开凿之艰辛、保存之不易不言而喻。走到施工区联想到近日从同事口中听到的关于339省道改线工程的消息，于是当机立断用该工程留下的开山废石、废混凝土块、旧石板等材料修筑围墙。筑成后的"云冈文化墙"与云冈石窟景区融为一体，似互相"诉说"彼此的经历，墙垛为半柱体，弧形的黑褐色石块来自废弃工厂的旧烟囱，而墙面随机镶入旧石板，刻下题记，巧妙地点缀了整体墙面。有了这次的经验，我又将此法成功应用于云冈后山围墙、文保中心围墙、消防通道围墙，赢得大家的一致好评。

▲ 用废水泥块、碑首等二十余种回收废弃石料，加上绞轮、排风筒、煤气罐等废弃钢铁件修建成颇具异域风情的景观墙

零碳排放　打造"蜗牛公寓"

众所周知，大同作为工业基地，那些大型机具、设备随着煤矿、电厂的关停，被作为废钢铁卖掉，化为铁水，我觉得这可能导致我们这个城市一部分历史的消失，所以开始收集这些"宝贝"，不知不觉收了几千吨废

旧机具、钢材。现在，这些钢材在云冈低碳环保示范基地的各个角落，彰显独特的艺术内涵。

云冈石窟东山景区是"云冈"的一部分，为了提高游客兴趣，增加景区整体趣味性，我又在此打造了"蜗牛公寓"，这是我所有"变废为宝"的实践中最满意的作品。这个公寓本身是由一个个废旧水泥管、废旧钢铁等材料打造出来的。2017年，市政施工替换出硕大的排水管道，我便主动要了回来，这便是现在"蜗牛公寓"的雏形。在此基础上经过绘图、选料，紧盯现场施工，"蜗牛公寓"渐趋完善。

它的外观被设计成云冈的首字母"Y"形；房间正是利用废弃水泥管道改造而成；大厅内有会议厅、洗漱区、会客区、阅览角、公厕等设施；内顶系废木板架设；外顶铺设了太阳能发电板，用于支持公寓照明和冬季取暖，同时可向景区供电；公寓地下原来是矿山废弃菜窖，被改造成了公共休闲区，游客可以在此观影、打台球、喝茶品酒；公寓南门外是一组由废筛煤设备制作的佛灯塔，既兼具为地下休闲区的通风作用，又增加了观瞻性；公寓外还有用废旧锅炉改造而成的太空舱公寓，可为游客提供住宿。

如今，这里除了接待来云冈学术交流、研学、美院师生写生、夏令营活动外，还对游客开放。

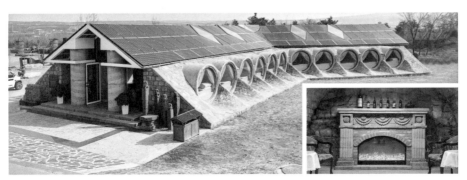

▲用废水泥管打造的网红打卡地——云冈蜗牛公寓

造就特色　注入新鲜内涵

低碳环保理念的实现途径数不胜数，我以变废为宝、兴旧利废为特色，打造出了属于云冈石窟景区的特色景观，注入了新鲜的文化内涵。

随着对低碳环保理念的深入实践，我回收了几千吨矿山废弃机械机具模板以及农耕时代留下的碾盘、碌碡、砖雕、瓦当、碑首和碑身等，重新组合后以艺术的形式重现，赋予了它们新的生命和功能。形成的作品包括太和塔、永宁塔、目莲亭、清思亭、养浩亭、天竺榭、喇嘛塔、白杨楼广场、曼荼罗广场等，它们的构造布局与自然环境、公共空间和谐共生、相得益彰。

▲利用厂矿废弃机具制作的宁永塔、太和塔、目莲亭和清思亭

景区内，随处可见用废木料做成的造型各异的秋千及随形制作的原木长凳（最长者达 13 米）、木屋、木椅和木桌等。早在 2015 年，我就利用云冈五华洞窟檐工程留下的大量废木料，在山堂水殿环湖铺设了观光步

道，令游客恍若画中游。

2020 年，为提升景区空气质量，我们把所有煤取暖改为电取暖，避免烧煤对石窟的污染，而烧煤锅炉则作为历史记忆被原貌留存；原有的锅炉房被改造为图书馆，向全社会免费开放。

▲通过规划、设计、合理利用，将废旧锅炉房改为免费向社会开放的图书馆

为深入推进"厕所革命"，我还利用废旧石料建厕所。新厕所外观为仿古式，墙体是废旧水泥块，廊柱用碌磗叠立，使用大窗户采光，冲便全部用中水，不仅改善了如厕环境还带来别样的体验。

现在，低碳环保理念早已深深印刻在我心里，无论大事小事，我都自觉地从绿色环保的角度出发，接下来，我会继续保持，做生态文化的践行者和传承者。

作者单位：云冈研究院

我的"六五"情

杨俊————

有一次听女儿不经意间说道:"我们班那些同学也太矫情了吧,过个生日还非要爸妈陪着做这做那,至于嘛!"我接不上话,甚至已经记不清哪一年给女儿庆祝过生日。女儿的生日是 5 月 31 日,紧挨着 6 月 5 日世界环境日,这是一个让环保人激情澎湃的日子。对我所在的生态环境部宣传教育中心社会宣传室来说,每到这个时候,全员都要拼尽全力来"擦亮"环境日品牌,让全国人民都能记住这个特殊的日子,也努力让全世界听到中国生态环境保护的声音。每年全身心地去组织六五环境日纪念宣传活动,也是我从未犹豫的选择。

2016 年以前,六五环境日纪念宣传活动由各地自行开展,宣传效果有限,并未形成合力。从 2017 年起,国家主场活动的概念被引入六五环境日宣传中。以六五环境日国家主场活动为核心的宣传活动充分发挥"部省联办"的资源优势,突出"主题、主场、主体"元素,扩大了六五环境日活动的引领力、辐射力和影响力。自此,在每年的国家主场活动中,我们顺应社会宣传潮流,持续自我创新,从大处着眼,从细微处着手,不断增添新的元素和内容。从南京、长沙到杭州、北京再到西宁、沈阳,我们不断强化国家主场活动的品牌影响力,打造六五环境日这一"超级 IP"。

2017年，六五环境日国家主场活动在江苏省南京市首次举办，在全国引发了同频共振宣传的"蝴蝶效应"；2018年，"美丽中国，我是行动者"主题实践活动正式启动，确定以"美丽中国，我是行动者"为连续三年的活动主题，各地方围绕主题积极动员、组织策划，呈现了一大批可直接参与的落地活动；2019年，环保歌曲《让中国更美丽》正式发布，"百名最美生态环保志愿者""十佳公众参与案例"推选活动首次开展，"生态环境特邀观察员"首次聘请，"美丽中国，我是行动者"这一主题逐渐深入人心，成为推动公众参与生态环境保护的重要品牌；2020年，六五环境日主题标识正式确定，《让中国更美丽》被确定为六五环境日主题歌，中国生态环境保护吉祥物"小山""小水"面向社会发布，六五环境日主题生态环境文化创意产品的形式及品类日益丰富，面向社会各层面的感召力不断增强。同年，《环保人之歌》在六五环境日国家主场活动中首次唱响，进一步鼓舞生态环保铁军士气，凝聚各界共识。

2021年，六五环境日国家主场活动的申办制度正式确立，六五环境日国家主场论坛首次举办，开启了"主会场活动＋系列专题论坛＋系列配套宣传活动"的"1+N"品牌模式，公众认知度和社会参与度持续提高。这一年的活动得到了上级的肯定，我本想跟家人分享喜悦，然而回到家中却发现空无一人，一问才知道，70多岁的父亲因为胆囊炎已经住院10多天，家人都去陪护了。当我赶到医院，正想说点儿什么时，老爸已经开口了："你们干得不错，我在电视上看到了。"老妈接话说："你爸说你太忙了，没大事儿就不告诉你了。"我很清楚，这几年家里大事小情我无力分担，错过了孩子的童年，亏欠太多对家人的陪伴。在愧疚和遗憾中转身，带着家人的支持，我又开始了2022年六五环境日活动的征程。

春节一过，我们就召开了全部门动员会，参加动员会的每一位同志心里都明白，这个会后大家就都要"变身"了，"做好节假日不能休息的准备，和家人提前打好招呼请求理解和支持"。我们将变成无法陪伴爸妈的孩子，变成不能陪伴孩子成长的爸爸妈妈。

我中心承担了大部分前期预热、筹备和现场保障协调的任务。我和同事们提前 20 天进驻沈阳，预热活动开展、现场计划、应急预案、设备调试……紧张而有序。一方面，准备工作的工作量巨大，当时的工作被拆解为 1300 多项，被大家惊为"工作计划天花板"；另一方面，疫情影响难以避免，给我们的工作带来很大的考验。为了提前增加活动热度，我们还组织开展了"相约 2022 六五环境日"网络宣传活动、拍摄制作回顾片等。不可避免地经历诸多调整、变化和挑战。为确保活动零失误，我和同事们坚守工作阵地，立足大局，不分昼夜全力备战，充分发扬生态环保宣教铁军"能吃苦、能战斗"的精神，像齿轮组合连接一样一环带动一环，齐心协力、紧密协作，完成了 2022 年六五环境日预热及主场活动"要创新、上台阶、能引领、有特色"的使命，将非同寻常的压力转化为来之不易的胜利。活动结束后，好几位领导同事都激动落泪，甚至相拥而泣。也是在这一年，六五环境日国家主场活动首次实现了碳中和。

"值此 2022 年六五环境日国家主场活动举办之际，我谨表示热烈的祝贺！"习近平总书记为六五环境日主场活动亲致贺信，韩正副总理出席开幕式、宣读贺信并讲话。贺信和讲话点燃了会场内外所有人的热情，在全社会引发了热烈反响，生态环保人备受鼓舞，更让我们生态环境宣教工作者无比自豪。

活动的第二天清早，我被一阵急促的敲门声惊醒。打开房门，第一次参加六五环境日筹备工作的小伙子站在门口着急地说："主任，咱们得赶紧出发了，要来不及了！"我急忙套上衣服出门，却没有看到摆渡车，这才反应过来，主场活动昨天已经结束了呀！两个人相视一笑，本来可以补一个懒觉也睡不成了，心里却仍是开心和满足。这几年，经常承诺大家活动之后补调休假，但忙起来就越欠越多，多到已经成了还不清的账，大家不计较没休上的假也成了我实在还不起的情。

一路荆棘，一路生花。六五环境日国家主场活动如今已经成为规格最高、影响力最大、参与度最广的生态环境保护社会动员平台。向世界传递着人与自然和谐共生的中国智慧，展示着保护自然减污降碳的中国决心，在全球环境治理史上必将留下浓墨重彩的一笔！

想到这些，我的自豪感油然而生。六五环境日活动一次次的成功突破厚植了我人生价值的底色，也是我们参与生态文明建设永不泯灭的情怀。我们要引领全社会行动起来，做生态文明理念的积极传播者和模范践行者。此时此刻，2023年六五环境日国家主场活动和系列宣传活动已经敲响了出征鼓，在生态环境部党组的领导下，在中心党委的带领下，我们全体参与六五环境日宣传活动筹备工作的同事们厉兵秣马，必将努力奋进，不辱使命，为新时代生态文明建设再添亮色！

作者单位：生态环境部宣传教育中心

10 天的冲刺

朱海涛————

时光飞逝，转眼已是 2023 年。当我重新翻开 4 年前的工作日志，一段特殊的回忆渐渐浮现在眼前……2018 年，入河排污口设置管理职责由水利部划转至生态环境部。为摸清入河入海排污口底数，生态环境部提前谋划，组织专家反复推演与多次实地调研，最终确定了"高科技＋笨功夫"的排污口"三级排查"模式，即无人机先飞一遍实现"应查范围"无死角；组织人员沿岸实地走一遍做到每段岸线全覆盖；专家最后质控核查确保每个排口不遗漏。

为了进一步验证排污口"三级排查"模式的有效性，2019 年 1 月 11 日，为期 15 天的唐山市黑沿子镇排污口"三级排查"试点正式启动。按照要求，生态环境部卫星环境应用中心（以下简称"卫星中心"）要在 10 天内完成排污口现场排查前的准备工作。

DAY.1　1 月 12 日

为做好排污口排查试点中的试点，卫星中心、生态环境部华南环境科学研究所、环境规划院、环境工程评估中心、国家海洋环境监测中心等专家组成了临时工作专班。依照"三级排查"模式，我们是这次试点打头阵的人。距离开展现场排查仅剩 10 天的时间，卫星中心需要完成黑沿子镇无人机航测、疑似排污口解译、排查 App 研发部署、数据发布等一系列准备工作。

时间紧、任务重，卫星中心航空遥感部统筹安排，定下了"边无人机飞行、边数据处理与解译、边研发排查 App"的工作原则。自今天起，包括我在内的所有航空部工作人员都要出发驻点唐山办公，与我同行的还有 3 架航测无人机和配套设备，以及 8 台图形工作站。

DAY.2　1 月 13 日

1 月的唐山，正是数九寒天，而海边的冬天又显得格外冷。为了克服气象条件保证进度，我们早上 6 点便起床前往飞行场地等待最佳飞行窗口。可是天公不作美，黑沿子镇今天起了大雾。我们蹲在岸边一天，吃饭也不敢离开，无奈无人机拍摄的照片中只有白色的雾气。

DAY.3　1 月 14 日

前一天晚上，我们一直盯着天气预报，希望今天的天气转晴。然而，今天黑沿子镇依然大雾。不死心的我，想去碰碰运气，但又在海边白蹲了一天。回来的路上，身上冻僵了，心里也是凉的，期待明天天气能转晴。

DAY.4　1 月 15 日

天气终于放晴，可时间却更紧迫了。

为了保进度，规划好航线后，我决定用 2 架无人机同时飞行，由于这是首次 2 架无人机同时飞行，飞行技术、工作程序等都是一次重大挑战。

好在天气晴好，完成了 90% 的排查区域航测飞行任务，心里高悬的石头终于落地了。

晚上回到驻地，数据处理小组拿到无人机航测原始数据，便开始连夜制作黑沿子镇高分辨率正射影像。因无人机影像还没出来，解译工作"无米下锅"，但为了团队更准、更快地完成任务，我们仔细浏览每一张照片，同时做好标记，以便快速寻找排污口解译标志。

趁无人机巡航的空档赶紧吃个简易午餐 ▲

DAY.5　1月16日

今天的风很凛冽，穿透羽绒服直达皮肤，让人不时打个寒战。为了逐个核实昨天晚上通过影像寻找的解译标志，今天我和解译小组成员兵分多路开展现场徒步核查工作，一天下来步行了 15 千米。零下 10 摄氏度的气温导致唐山河段结冰，出发前，我十分担忧这会影响解译质量，但通过实际核查我们得到了一个重要发现：废水排放的排污口两侧存在冰面融化的现象。为了证实排污口不受结冰影响的可靠性，我们又在现场踏勘了数十次，终于得到了验证，这为我们后续解译新增了一个明显的解译标志。

DAY.6～7　1月17—18日

功夫不负有心人，通过一天一夜的努力，解译小组终于建立了第一个排污口正射影像解译标志库。在此基础上，解译小组已划分好区域网格分工协作，关在宾馆房间开始了排污口识别与提取工作，饿了点外卖，困了就闭眼休息一下，已经分不清白天与黑夜，睡梦中都在盼着试点工作能够取得成功。

DAY.8　1月19日

今天注定是个不眠之夜。

自12日起，排查App研发小组全体成员便住进了办公室，夜以继日蹲守在办公室进行App设计和试点版本研发，一切都按照计划紧锣密鼓地实施着。然而就在最后发布影像底图时，却发现过去的卫星影像切片方法在大数据量的无人机影像面前毫无效率。距离现场试点排查仅剩2天时间了，最关键的底图还没有。

好在24点前，解译组那边完成了黑沿子镇所有疑似排污口的解译和质控审核，这意味着现场试点排查有了靶向目标。

DAY.9～10　1月20—21日

又是两个不眠之夜。

应对非常之时，唯有非常之举。为了解决底图的问题，我和开发小组多路人马多途径寻找方法：下载文献、网络搜索、电话咨询……

夜深了，城市睡了，灯光下，开发小组全体成员仍在各自忙碌着。最后终于突破了大数据量、高分辨率影像切片技术，圆满保障了22日开始

▲ 现场用脚步丈量海岸线，应查尽查每个排污口

的黑沿子镇排污口现场试点排查。

经过 10 天的冲刺准备和现场试点排查，基本摸清了黑沿子镇排污口底数，也证明了"三级排查"模式能够实现全覆盖无死角排查。在此基础上，也摸索出了一套排污口排查经验，形成了排污口无人机航测、资料整合分析、现场排查技术等一系列技术文件，指导全国开展入河入海排污口排查，确保"有口皆查、应查尽查"。

摸清排污口底数意义重大，是加强排污口监督管理以及改善水生态环境质量的基础，是支撑深入打好污染防治攻坚战的重要任务之一，有利于实现水陆统筹，以高水平保护创造高品质生活。作为新时代环保人，我们必须以习近平生态文明思想为指导，坚定意志、攻坚克难，推动建设人与自然和谐共生的美丽中国。

作者单位：生态环境部卫星环境应用中心

"神秘精灵"守护者

汪贤挺————

我是浙江省湖州市安吉县龙王山省级自然保护区的一名巡山人，名叫汪贤挺。与一代又一代的巡山人一样，我们除了做好自然保护区的管理工作以外，还有一项重要任务，就是守护好国家一级保护动物，大山中的神秘"精灵"——安吉小鲵。

2007年，我来到保护区的时候距离1992年首次发现"安吉小鲵"已经过去15个年头，当时的保护区条件还不是很好，前任队长"小鲵爸爸"俞立鹏已经在这里工作了12年，他说："这里的工作比较辛苦，也比较枯燥，但我们保护的，可是两栖界的'大熊猫'啊。"跟着俞队长一起，我们小鲵护卫队从最开始的两个人慢慢发展到10多个人，在海拔1350米的龙王山顶上，无论春夏秋冬，我们每天坚持巡山，把1.2公顷面积的高山沼泽地徒步走个遍。

不同于其他动物，安吉小鲵的繁殖期在冬季，因为其在野外有很多天敌，为了躲避天敌，安吉小鲵生活在不易被发现的沼泽里，终日不见阳光。只有在冬季产卵的季节，才会比较活跃，它之后的生长发育主要在水里。不良的环境影响，导致保护区内小鲵的繁殖速度很慢，从2005年开始，我们开始着手人工保育。

▲安吉小鲵

　　保育的工作十分艰难，尤其是对于这类濒危物种，再加上我们缺乏专业的知识和专门的条件，可以说，那时我们对安吉小鲵的生活习性几乎一无所知，也没有可供参考的历史资料，保育之路真是"摸着石头过河"。

　　2006 年，我们发现带回来的卵袋保育出几十条"蝌蚪"（安吉小鲵幼体），幼体数量每天都会减少，最终只有两三条存活，它们到哪儿去了呢？这成了困扰我们的一个谜题。通过白天、晚上不间断地观察，我们惊奇地发现，安吉小鲵种群之间存在相互捕杀的情况。原来，安吉小鲵极度濒危正由于它们要经历一个"噩梦"般的童年。每个卵袋内早孵化出来的"蝌蚪"为了成长快一些，会吃掉晚孵化出来的"小蝌蚪"，最后能存活下来的不足 5%。此后，阻止"蝌蚪"互相残杀，成了我们团队要解决的头等难题。

　　在俞立鹏队长的带领下，我们团队积极与浙江自然博物院和专业科研院校合作，根据专家们的建议，我们尝试采用隔离的方式进行人工保育。我们在一处由旧护林房改造成的保育室内，将一个大玻璃缸用筛网隔成了

300 个 25 厘米长、12 厘米宽的小格子，让安吉小鲵住上了"单间"，从而阻止它们互食，筛网既可以把它们隔开，也不影响水的流动和安吉小鲵进食，可以说环境还挺好的。通过我们的精心照料，安吉小鲵繁殖得很快，数量多的时候有 1000 余条。

人工保育的成功，让我们团队很有成就感，但最终这些"精灵"还是要回归大自然。于是我们联合浙江自然博物院，开始筹划把人工保育的安吉小鲵亚成体放归大自然。

▲将人工保育的安吉小鲵亚成体放归大自然

我们发现，经过人工繁殖的安吉小鲵亚成体放归大自然后，成活率极低。由于人工繁殖过程中，给幼体喂的是人工饲料，幼体变态成亚成体放归大自然后，不少安吉小鲵由于难以适应大自然环境和食物结构而死亡。为了使安吉小鲵能够适应野外环境，我们参阅了很多保护野生动物的资料后，萌生了一个想法：是不是可以在室内建立一个与野外相似的类野生环

「神秘精灵」守护者

境？于是，我们开始研究建立仿生环境，但这不是一件容易的事，需要经过大量的统计、测量以及数据分析。

我们团队整天泡在野外，不仅人工统计环境数据，还利用先进的科技设备采取栖息地环境因子监测、野外种群监测等综合分析措施。因为安吉小鲵的繁殖期在冬季，大雪时节才是我们研究的重点时间，于是安吉的雪地成了我们最熟悉的环境。通过近两年的实地研究，我们在室内建立起了温度、湿度都与野外保持相似的人工模拟生境池，以及符合野外生存的喂养方式。这样既方便保护，又能让我们更好地观测安吉小鲵从少年到成年的生活习性。

自 2010 年以来，我们开始把人工保育的亚成体安吉小鲵放归大自然。为了给它们的生存创造更多条件，我们还对安吉小鲵的栖息地进行适度的干预。通过对雨水囤积的天然水坑进行人工改造，扩大水域面积，创造更多适合安吉小鲵生长繁殖的环境。

为了提升整个自然保护区的生态环境质量，使之更适于安吉小鲵的生长繁殖，我们申请并划分了安吉小鲵特定保护区域，阻止非工作人员的人为干扰。同时，为了杜绝森林火灾等隐患，我们加强了日常巡查，尤其是在节假日期间，通过多方位宣传、联防联控，做到定点值守和机动巡查相结合，不留消防安全死角，力争防患于未然。在所有护卫队员的努力下，龙王山保护区自 1985 年成立以来，37 年未发生火情火警，这也为安吉小鲵的生存提供了保障。

截至目前，已经有 1500 余条安吉小鲵返回野外。根据每年的野外监测数据，安吉小鲵的存活率从 20 多年前的不足 5% 提高到现在的 70%。这也得益于安吉得天独厚的地理和生态环境，给了安吉小鲵繁衍和发展的保障。同时，为了让大家更关注安吉小鲵，我们开展了多种形式的科普教育活动，引导更多人参与到保护安吉小鲵、保护环境的行动中来。

良好的生态环境是保护生物多样性的前提，在这片绿林环绕的深山中，我们坚持守护着这些"神秘精灵"，我们有幸见证了它们的生存和成长。人与自然和谐共生的生动故事中，我们都是参与者。

▲日常巡查

作者单位：浙江省湖州市安吉小鲵国家级自然保护区管理中心

为地球增添更多"中国蓝"

刘文清————

　　环境监测技术装备是信息时代环境科学技术发展的源头，是科学研究的"先行官"，是我国绿色低碳发展的"倍增器"，也是国民生活中的"物化法官"。环境监测技术装备虽然与其他环保仪器装备有交叉的共性部分，但更有其特殊性，很难包含在已有的某个分支学科中，其特殊性主要体现在专用性强、使用场合复杂、环境背景条件多变。

　　过去的 10 年是我国大气污染防治的"黄金十年"。大气环境逐年好转用了 7 年（2013—2020 年）的时间，我国大气环境质量的改善程度相当于美国通过《清洁空气法案》之后 30 多年的成就。特别是 2022 年，全国 $PM_{2.5}$ 和 PM_{10} 平均浓度"双降"，全国空气质量优良天数比例为 86.5%，提前实现《关于深入打好污染防治攻坚战的意见》中提出的 2025 年空气优良天数目标。在取得的成就中，环境监测仪器发挥了"千里眼""顺风耳"的作用。

　　让绿色成为美丽中国最鲜明的底色，我有信心！

精准预警助力重点区域大气污染联防联控

　　2022 年冬奥会前夕，我和往常一样查看观测数据。突然，一组高空数据引起了我的注意。根据此前积累的科研经验,我初判冬奥会开幕第一天可能会出现污染天气。在进行多源数据比对后,我们团队向有关部门提供了空气污染监测预警报告,一批可能会导致重度污染的污染源被联防联控机制协调限制或停止运作。

此时,我舒了一口气。对于一个从事大气环境监测工作20多年的科研工作者来说,开展区域联防联控空气质量预警工作,已经不是第一次了。

重点区域大气污染联防联控的实践,推动我们先后研发出了空气、烟气、尾气、颗粒物等几十种大气污染自动监测仪器,实现了从单点观测到区域及跨区监测,从地基平台到机载、星载平台的转变,大幅提高了环境监测技术水平,丰富了监测成分,使立体化、区域化数据更好地支撑环境管理,提高了防治决策的精准性。

自主研发提升监测自主性和可控性

在大气环境监测中,超光谱卫星遥感是获取多种污染气体成分大范围空间分布信息的重要技术,在大气污染成因机制研究和污染防治工作中发挥着不可替代的作用。然而,我国的大气环境超光谱卫星遥感长期依赖欧美卫星载荷,无法从源头把控数据质量,存在一定的决策风险。

为实现大气环境卫星遥感领域的自主可控,我们通过多年的潜心研究,在关键部件遭国际禁运的不利条件下,成功研制了我国首个用于污染气体监测的紫外—可见超光谱载荷EMI(大气痕量气体差分吸收光谱仪),并于2018年随高分五号卫星成功发射。同时,针对国际禁运导致国产卫星载荷性能受限的不利条件,我们研发了从卫星载荷实验室定标、在轨超光谱二次定标到多组分污染气体反演的系列遥感算法,尤其是研发了星地联合的超光谱遥感算法,将自主研发的高性能地基超光谱遥感设备观测结果与卫星观测结果相结合，通过精度传输算法，最终 EMI 观测质量达到国际同类最新卫星载荷的同等水平。在此基础上，我们又陆续研制了 EMI 的多个后续载荷，遥感精度得到进一步提升。

通过国产超光谱卫星遥感技术与算法研究，我们突破了国际卫星不提供近实时光谱的制约，大幅提升了卫星遥感数据的时效性，成功为北京冬奥会、中国国际进口博览会提供了唯一的国产高光谱卫星遥感结果。

用行动响应碳达峰、碳中和

2021 年，中共中央、国务院印发了《关于深入打好污染防治攻坚战的意见》和《关于完整准确全面贯彻新发展理念 做好碳达峰碳中和工作的意见》，公布了碳达峰、碳中和的时间表和路线图，承诺要做污染防治和气候治理的"行动派"。

具有国际公信力的全球温室气体监测数据是"碳外交"中的科学话语。为了打破发达国家在碳源 / 碳汇监测技术体系中的垄断地位，我们在合肥建立了高分辨率 FTS 观测平台站点，突破了我国复杂大气环境下超光谱遥感信息不足、建模误差大的局限性，成为国家空间基础设施地面检验点和高分专项国家真实性检验站，并加入了全球总碳柱（TCCON）观测网，

▲ TCCON 观测网合肥站点

使我国在全球碳排放核算工作上有了科学的话语权和谈判的主动权。

2005 年我们开始研究星载大气痕量成分的反演算法，2018 年 5 月 9 日，搭载着我们自主研发的星载环境光学监测仪器设备的我国第一颗高光谱综合观测卫星高分五号在太原基地发射成功，并顺利进入轨道。有了卫星载荷设计的成功经验，历时两年，我们又发射了首颗温室气体监测卫星 TanSat，开发了涵盖算法、软件和数据的一系列原创性技术，反演的全球 CO_2 产品精度接近国际最先进水平，使我国成为继日本、美国之后，第三个可以独立自主提供全球碳产品的国家。

踏上新征程　增添更多蓝

2022 年 12 月，坐落于"中国环境谷"的合肥综合性国家科学中心环境研究院正式获批。对于我而言，这又是一段新征程。生态环境监测技术、温室气体监测技术和减排评估技术三大研究将同时迸发，"中国环境谷"也将努力成为国家生态环境科技产业的创新源头、重大关键装备来源中心，形成国家级战略新兴产业集群，引领国家环境高技术产业跨越式发展。

时间见证着时代的变革。我们这些中国环保事业发展的见证者、亲历者，以及更多年轻的环保工作者，将不断为中国环保事业的发展赋予了新的含义，在党的二十大擘画的蓝图上，增添更多"中国蓝"！

作者系中国工程院院士、中国科学院合肥物质科学研究院研究员

从"灰漫天"到"花满园"

[1] 余晓欢　[2] 兰英———

我是重庆市涪陵区生态环境局的一名执法员,本地化工公司搬迁是我环境执法生涯中遇到的最大困难。

2014年大学毕业后,我进入重庆市涪陵区环境监察支队工作。第一次到这家公司我就被眼前的景象所震撼,这个化肥生产企业占地面积有130多公顷,有7个分厂、15条生产线,破旧的厂房和生产装置杂乱地分布在长江边,生产工艺落后,烟(粉)尘、污水收集设施不全,副产物磷石膏因资源化利用程度不高,在长江边堆积形成1900万立方米、高达130米的"污染山"。最具视觉冲击力的还是那21个废气排放口,天气不好时,废气与天空中的乌云连成一片,堪比末日电影中的特效。

这样的画面常被群众发布到网络上,并成为热帖。负责处理投诉的我不得不经常跑去该企业,开展现场检查,而这也是让我最头痛的事,因为我无法给投诉的群众一个满意的答复。

该厂始建于1966年,是国家重点磷复肥企业,生产规模居国内同类企业前十,为地方经济发展作出了重要贡献。

2016年,习近平总书记在重庆召开推动长江经济带发展座谈会时指出，当前和今后相当长一个时期，要把修复长江生态环境摆在压倒性位置，共抓大保护，不搞大开发。同年11月，中央环保督察第五督察组进驻重庆，随后央视《经济半小时》报道该企业的污染问题。

在高质量发展的路上，该企业成了一大难题，但是这个"坎"必须跨过去！涪陵区委、区政府连夜召开会议进行专题研究，为保护好长江两岸生态环境，加快绿色发展步伐，做出了"壮士断腕"的决心，积极实施整改。在重庆市委、市政府的坚强领导和市生态环境局的指导下，一份涉及7个方面16项整改工作的"环保关停整改方案"迅速定稿，该方案要求3年内以技改搬迁方式实施老厂区的全面关停。

区生态环境局第一时间成立了专项整改工作小组，全面推进该企业环保搬迁和磷石膏库生态环境治理工程。3年时间好像很长，但要这个拥有53年历史、曾为地方经济发展作出重要贡献的企业顺利关停，仍然时间紧迫。居民搬迁、磷石膏堆场闭库、生产线逐步停产、渗滤液处理站建设运行、职工转岗分流……从中央到地方，从企业到群众，心往一处想，劲往一处使，该企业担起社会责任，投资近2亿元，完成磷石膏库52公顷覆膜、覆土、复绿和排洪疏水系统工程，磷石膏库及其渗滤液拦水坝安全评估，以及拦水坝、截洪沟加高、加宽、加固等工作。建成日处理3600吨磷石膏库渗滤液的污水处理站1座，这也实现了国内首次磷石膏库渗滤液连续稳定达标排放。

在这期间，我和同事到现场督促整改进展80余次，很多环保人将全部精力都投入到这块土地上，我们在烈日下早出晚归，身上的衣服湿了干、干了湿，析出了白色的渍印，大家开玩笑说化肥厂已经提前完成了"搬迁"，因为在现场的每一个环保人都化身成了一个尿素生产车间。

老厂区较计划时间提前两个月全面关停，曾经令人触目惊心的磷

▲环境执法人员在闭库前的磷石膏堆场检查

▲环境执法人员在闭库后的磷石膏堆场检查

石膏堆场改造成了石龙山市民休闲公园，使这个长江边的老厂彻底成为历史。

新厂区选址在"新材料科技城"，历经 27 个月，各装置全部建成，并一次性开车成功。

在废渣、废水、废气处理上，企业投了近2亿元，不仅达到了当前的排放标准，还着眼于长远，设计的排放指标都是高限。

在我们环保人的帮助下，该厂采用国内外最先进工艺，能耗更低，磷石膏实现全部综合利用，废水全封闭循环复用；旧设备经改造升级后再利用，对老厂区的设备和材料做到能搬尽搬、物尽其用，二次利用率占比40%左右，其中，合成氨装置实现原搬原建，仅在这一项目的建设上就节约了5亿元。

本次整体搬迁实现了产业转型升级、产品上档升级和绿色转型，提升了企业新的核心竞争力。依托绿色家底，实现了生态效益、经济效益、社会效益的同步提升。

实实在在的治理成果得到了广大群众的认可，也得到了领导的高度肯定。新华社、人民日报、光明日报、重庆日报等媒体对整改成效进行了专题报道。

化工企业的绿色蝶变是重庆积极推进生态环保督察，"不搞大开发，共抓大保护"守护绿色高质量发展的缩影，是在习近平生态文明思想指引下，全方位、全地域、全过程加强生态环境保护，用实际行动践行"绿水青山就是金山银山"的生动实践。

时代是出卷人，我们是答卷人，人民是阅卷人。有人说我们这一代环保人是"还账"的一代，其实，我们这一代环保人是逐梦的一代。看，这里"伤疤愈合"，成为了休闲公园，草木生姿，山花烂漫，躺在葱葱郁郁的草地上，微风拂面，阳光温暖，这就是人与自然的和谐相处。

当我带着家人走在公园里，看着纯真的孩子享受着蓝天白云下的绿水青山，曾经这个环境执法生涯最大的困难，成了我最大的骄傲。

▲修复前的磷石膏库

▲修复后的磷石膏库

作者单位：[1] 重庆市涪陵区生态环境局
[2] 中化重庆涪陵化工有限公司

注：兰英为本文提供了相关材料。

我的青春与野马相伴

张赫凡 ————

荒原是我心灵的故乡，使我能在纷繁的生活中真正获得心灵的宁静；野马精神是我灵魂的支撑，我愿生就一副野马魂，以马为梦，不负韶华，在准噶尔大漠与野马一起奔腾。

我叫张赫凡，是新疆野马繁殖研究中心正高级工程师，目前主要从事国家一级保护动物普氏野马的饲养、繁殖、疾病及野外放归等研究工作。1995 年，我从新疆农业大学毕业，来到新疆野马繁殖研究中心，叩开濒危物种保护的大门。这里地处戈壁荒漠深处，远离都市繁华，人迹罕至；这里酷暑寒冬，沙尘暴频发，令人望而生畏。刚开始，年仅 21 岁的我思想有过无数次动摇，但是在野马的真情陪伴下，我咬紧牙关，历经戈壁风霜的洗礼，最终选择留了下来，把根深深地扎在这片戈壁荒野。

野马是大自然中的一个古老物种。在中华人民共和国成立前，它被掠夺到欧洲，离开了原生地准噶尔盆地，成为被贵族豢养的笼中之物，野性逐渐丧失，面临种群灭绝的危机；在新中国日益强盛繁荣之时，野马终于回归，重建野外种群，成为国际公认的生物多样性保护成功典范。我觉得自己的心路，跟野马苦难命运的轨迹非常相似，都经历了绝地复生的过程。

28 年里，我走近这些从 6000 万年前进化到现在、地球上唯一存活的

▲张赫凡与她朝夕相处的野马朋友在一起

野生马种，把它们当作与人类和谐共生的命运共同体，与它们平等相处，并把与它们的相识、相知、相爱、相通，变成了自己的青春经历和生命中密不可分的部分。而自从我与野马结缘，便有了"野马公主""野马天使""野马女孩""戈壁女孩"等称号。

数十年如一日守护普氏野马，用青春书写野马重生之歌。我们野马保护工作者从住地窝子开始，冒着严寒酷暑，顶着刀霜风剑，以与旷世孤独作斗争的意志，将爱马与爱事业相统一、爱马与高尚追求相统一，在广袤的卡拉麦里留下了一串串闪光的足迹，奏响了野马回归故里的重生之歌，谱写出洋溢爱国主义情怀的人生之歌。

在与野马朝夕相处的日子里，我禁不住开始写日记，写养马人的寂寞，写野马家族的悲欢离合。多年来，我已写下数十万字的日记及观察记录。从中整理了野马家族及野马保护者的故事，出版成书，奉献给所有关爱野马的朋友们，将这些昔日在荒原上奔驰的神秘部落的生活呈现在读者面前。目前已出版了散文集《野马重返卡拉麦里》《野马回家》《新疆野马回归手记》《荒野归途——中国野马保护纪实》等10本书，用稚嫩的文字为野马发声，为野马代言，让世人了解野马保护工作的艰辛，让更多的人来关爱野生动物，关爱野马，以唤起人类的保护意识——懂得拯救和恢复一个物种需要比毁灭它付出更大的代价，从而更加珍爱野生动物、珍爱大自然，与野生动物及大自然和谐相处。

尤其是近 10 年里，自治区党委政府以及卡拉麦里保护区所在地各级党委政府高度重视野生动物保护工作，陆续实施了重返自然试验研究，采取了一系列有效举措助力野马种群复壮。为了避免人为活动对野生动物的影响，还野生动物一个宁静家园，卡拉麦里保护区内各种矿产的开发停了，人为活动少了。2022 年年初，保护区实现彻底禁牧。

自然保护区刚成立时只有 385 匹蒙古野驴，随着生态修复工作的完成，蒙古野驴已超过 3200 匹，鹅喉羚数量恢复到逾万只，呈现明显上升趋势。状态良好的不仅有蒙古野驴，普氏野马放归试验也在这里取得了探索性成功，成为我国濒危物种重新引入的成功典范，为我国其他物种的重新引入工作起到了借鉴和示范作用。

如今，野马已从我初来时的几十匹发展成 500 多匹，翻了 10 多倍，野马中心也从风沙弥漫的戈壁荒滩变成了绿树成荫、繁花似锦的一片绿洲。自首批 27 匹野马放归卡拉麦里自然保护区以来，我们先后将 140 匹野马放归自然，使曾在故土绝迹的野马野生种群得以恢复和重建，现野放野马达到 332 匹，野放试验取得了探索性成功。目前，我国野马种群数量现已突破 700 匹，占全球野马总数的近三分之一。而卡拉麦里越来越充满生机，成了名副其实的野生动物天堂，充分展示出它的野性之美，呈现出一幅幅壮丽的生态画卷。

2022 年 4 月，国家公园管理局批复同意开展卡拉麦里国家公园创建工作。此前，卡拉麦里山有蹄类野生动物自然保护区面积已经恢复到设立之初的 14856.48 平方千米，所有矿业开发活动全部退出，完成了 15717 亩地质和植被恢复。蒙古野驴、鹅喉羚等荒漠有蹄类野生动物的家园重归宁静，保护区生机勃勃。目前，卡拉麦里国家公园的创建取得突破性进展，正在全力打造美丽中国新地标，即将实现新疆国家公园的"零"突破。

当前，全球物种灭绝速度不断加快，生物多样性丧失和生态系统退化

▲工作人员正在给野马体检

对人类生存和发展构成重大风险，全球生物多样性保护需要各方合力推进。可以说，目前普氏野马保护是我国野生动物保护史上的一座丰碑，也是世界拯救濒危物种的成功典范，为构建地球生命共同体贡献了中国力量和中国智慧，让世界见证了中国野生动物保护的奇迹。

"野马呀，如果你是一首流动的旋律，我定是旋律中与你心脏一起跳动的音符，如果我是一个歌者，我会用我的一生为你歌唱……" 2022 年 8 月，入选中国作家协会会员后，我用这首诗分享喜悦的心情。加入中国作家协会，对我来说是文学创作的新起点，我期望通过自己稚嫩的文字擦亮野马这张新疆名片，通过生态文学作品让生物多样性保护理念深入人心。

作者单位：新疆维吾尔自治区野马繁殖研究中心

把保卫蓝天绿水的责任扛在肩头

张雪梅————

我叫张雪梅，今年 52 岁，现任包头市生态环境综合行政执法支队昆都仑大队大队长。我 25 岁走上包头市郊区环保局监测站的环监岗位，父母教导我"人一旦入了行，就应该认认真真去干好它"。这普普通通的一句话让我执着认真、踏踏实实干了整整 27 年环保。2022 年我被评为全国"人民满意的公务员"称号，受到习近平总书记等中央领导的接见，当时非常激动。这不仅是我个人的荣誉，更是对我们整个包头市生态环境工作的肯定。

———

大学毕业后我被分配到郊区环境监测站工作，刚开始搞化验，有时候一做就是八九个小时，最后却因为一点小疏忽要返工重来。我不气馁，也不感到辛苦，不会就重复做，下的全是笨功夫。渐渐地，功夫下得多了，对工作也就精通了。"多用点心、多用点时间"成为我工作的制胜法宝。

2013 年年初，我被组织任命为包头市生态环境综合行政执法支队昆都仑大队大队长，职位变了，作风没变，每去一处执法检查，我依然保持着"多学多问"的做法。有时候下现场检查对企业的工艺不了解，我就把问题带回去上网查，到处请教专家和老师傅，过几天再去现场沟通。如果还是不懂就再多方请教，直到把问题弄懂为止。

多年来，我不辞辛苦地奔波在企业之间，面对群众的每一个举报问题，我认真调查取证、积极协调处理，直到问题解决群众满意为止。我认为，穿上这身制服，就是把蓝天绿水扛在肩头。

我所在的执法大队每年要处理200多件环境信访，每一件都组织人员仔细研究处理，群众的满意就是我们最大的追求。一次下班回家途中，我接到关于发现非法倾倒稀土废渣的举报电话。我立即赶回单位，迅速上报相关情况，连夜制订处置方案。当时是盛夏，那个非法倾倒稀土废渣的小院地处村子深处，周围荒草丛生、垃圾遍地。50多个小时里，成群的蚊子不断袭来，我按照流程一车一车地装车、过泵，清理完毕后进行周边环境监测……困得实在受不了了就到车里躺一会儿，饿了就随便吃一口，就这样坚守了两天两夜。直至放射性废渣移送危险废物贮存库，公安机关取得全部违法证据后，我才拖着疲惫的身体回家。

还有一次，接到信访举报，一家鱼塘因邻避问题与电厂发生纠纷，处理起来比较棘手。考虑到社会影响，我主动接手此事件的处理，多次深入现场开展调查研究，走访周边村民，与信访人深入沟通，组织双方多次召开协调会化解矛盾，乡下泥泞崎岖的小路不知道跑了多少回。历时半年，双方终于达成谅解，百姓获得了应有的赔偿，企业也除了"心病"。

在一次次现场执法中，我常常身处险境。有一次在现场，企业硫酸罐阀门坏了发生硫酸泄漏，霎时酸雾喷射。我和同事们穿着最普通的制服，没有一点儿防护措施。幸亏一名小队员反应及时，第一时间冲过去将阀门摁下去，才避免了重大烧伤事故发生。还有一次，在企业执法时，由于一个排放口没有密闭，一位队员被烟气熏倒了，我立即组织吸氧抢救……看似平凡的工作，却常常与危险为伴，我们做的只是大环保事业中很小的一点工作。看到蓝天白云，闻到清新空气，我就觉得干得值。因为对环保事业的热爱，我把自己的网名改成了"蓝天"。

二

干环境执法工作容易得罪人，无论谁找过来求情，我都不敢忘记自己的责任，一律秉公处理。日子久了，大家都发现我就是"一根筋"，渐渐地也就照章办事了。

身处基层环保第一线，要在执法工作中"动真碰硬"，前提是"打铁还需自身硬"。我不仅坚持理论知识学习，提高服务指导能力，还带领队员集体学习讨论、研究法律法规和执法程序。为了规范处罚案件，深入现场核实违法行为、核实法律法规运用是否准确，把每一件执法案件都办成"铁案"。

对污染严重、影响范围大、矛盾突出、事件敏感易危害群众身体健康的企业，我绝不姑息迁就，顶住重重压力一查到底。在一次清理取缔违法企业专项行动的前一天，我接到匿名电话，声称清楚我的家庭住址、家人工作单位、孩子的生活规律。我没有退缩，在行动中将违法企业设备全部拆除，现场全部查封。

近年来，我们组织强制清理取缔行动 20 多次，清理取缔违法企业 500 多家，有力地震慑了环境违法行为。2015 年，被称为"史上最严"的《中华人民共和国环境保护法》出台，我积极与公安机关配合，向公安机关移送行政案件 53 件，行政拘留 53 人，移送涉嫌刑事犯罪 3 件。

三

有一天凌晨 1 点，我的手机铃声骤然响起，辖区内的一家污水处理厂厂长说，来水超标严重，请求帮助。我立即起身赶往现场，与队友仔细排查每一口井、每一家企业，终于在天亮时找到了原因，污水处理厂恢复了正常生产，企业人员很感动："你们为我们厂挽回了损失，太感谢了。"我们听了心里都热乎乎地。

这些年和企业打交道，我把解决企业的困难与需要看作自己的职责。我认为，环境执法工作一方面要让社会参与者不违法，另一方面还要努力让他们懂法。正是因为这样的信念，我认真研究相关企业生产工艺，想企业所想，急企业所急，更好地为企业提供服务。在企业检查时，对客观上存在的小问题，我会给企业留下整改时间；当企业遇到难解决的环保问题时，我也总是积极给予帮助。

一次，检查一家企业危险废物贮存库时，我发现企业危险废物管理存在问题，不及时整改可能会造成环境污染，我立即要求企业连夜整改。企业足足干了 48 个小时，我在现场整整盯了 48 个小时。在整改工作完成后，企业负责人感慨地说："有你在就知道该怎么做了，心里踏实。"

生活原本没有奇迹，任何奇迹都来源于日积月累的真诚付出。我带领队伍连续 3 年荣获全国环境执法大练兵先进集体；我个人也被授予"自治区先进工作者""自治区人民满意的公务员"等多项荣誉称号。

作者单位：内蒙古自治区包头市生态环境综合行政执法支队

"渣山"变青山

邢凯———

我是邢凯，一名扎根环保系统17年的"卫士"，四川什邡是我出生和成长的地方。在这里有两座山，一座是巍峨秀美的蓥华山，是什邡人心目中的"母亲山"，让人心旷神怡；而另一座，则是蓥华山脚下的灰色磷石膏"渣山"，令人谈之色变。

什邡磷矿资源丰富，磷化工企业曾经遍地开花，成为全国重要的磷化工生产基地，奠定了什邡的工业历史、产业基础，铸就了什邡曾连续13年位列四川十强县第二的辉煌历史。然而，在享受经济高速增长带来红利的同时，什邡区域环境也受到了不同程度的影响：由于涉磷企业粗放式发展，磷化工废弃物磷石膏逐年堆积，巨大体量的磷石膏堆场形成"山体"，不但漫天扬尘，散发刺鼻难闻的气味，而且灰白色的渗滤液裹挟着磷石膏四处漫流，造成周边环境污染。

2006年，我大学毕业后回到家乡，考入环保系统工作，对这座从小既怕又恨、更想征服的磷石膏"渣山"，始终记挂在心。习近平总书记提出，绿水青山就是金山银山。作为环保"卫士"，这更加坚定了我攻坚克难的决心和信心，时常思索着如何破题，用自己苦练的"环保内功"来战胜多年的梦魇。

▲曾经令人谈之色变的磷石膏"渣山"

　　2016 年，什邡市废弃磷石膏堆存量达到峰值 2380 万吨。这一年四川省全面打响污染防治"三大战役"，2017 年，中央环境保护督察组将磷石膏堆场作为"长江部分支流水环境形势依然严峻"的问题之一，明确提出了强化堆场规范化整治和力争实现磷石膏产销平衡的要求；四川省委省政府将磷石膏堆场环境问题列入了挂牌督办的"十大突出环境问题"之一。什邡市委市政府直面问题，以愚公移山的决心打响了以磷石膏堆场治理工程为重点的污染防治"战役"。

　　此时正在四川省生态环境厅挂职锻炼的我十分兴奋，立即主动向上级请缨担任这场"战役"的"主攻手"，牵头开展磷石膏堆场治理工作。我第一时间将了解到的情况向四川省生态环境厅作了详细汇报。省厅领导对我的工作态度和决心给予了肯定，并表示将从资金和技术方面给予大力支持，这些鼓励和支持，给了我足够的信心和攻坚力量。

　　磷石膏整治及综合利用问题是业内公认的世界性难题，几乎没有成功经验可循。回到什邡，我和同事们立即成立了磷石膏堆场攻坚小组，与此同时，省厅资金也很快下达什邡，还派来了四川省生态环境科学研究院（以下简称省环科院）的专家指导并编制治理方案。

"粮草"和"军师"都到位了，我的信心与决心也就更足了！那段时间里，我经常会同省环科院的专家一起爬"渣山"、走河滩、看现场、查资料、论方案，最终制定出了符合什邡现状的"将污染型堆场转变成污染衰减型堆场"治理思路，即对不再使用的磷石膏老堆场实施永久封场，采取削坡减压防风险、两布一膜防淋溶、雨污分流防污染、渗滤液收集防渗漏、覆土植绿变景观等措施，实现"渣山变公园"；对可能综合利用的部分堆场实施临时性封场，等待"变废为宝"。

由于早期的充足准备，对堆场的治理开始有条不紊地进行。然而事实证明，我还是高兴得太早，对治理的困难预估不足。

▲ 正在治理中的磷石膏堆场

有一次，磷石膏渗滤液收集管建好后，却迟迟收集不到渗滤液。渗滤液是磷石膏的主要污染因素，如果无法集中收集处置，仍像治理前一样四处漫流，那这次整治将宣告失败。为了找出症结，我在现场反复研究，同时请教了多位专家，和同事们做了多次尝试，终于发现问题所在。原来我们按照经验判断认为渗滤液从磷石膏堆体中间渗滤出来，却未曾料到这种老堆场与新堆放的磷石膏不同，其内部已经结晶板化，渗滤液主要来源于雨水进入堆体后再渗出，而不是新鲜磷石膏自带的外水，因此收集管插入堆体的深度不宜太深。经过重新铺设以后，终于看到渗滤液从管子里流出来了，我如释重负。

还有一次，在对磷石膏堆场削坡后没多久，深夜突然下起了暴雨，一下惊醒了睡梦中的我。由于磷石膏堆场刚做了堆体整型，堆体还不稳定，雨水的冲刷可能导致堆场垮塌。一旦磷石膏掉入旁边的石亭江，将造成严重的水体污染事件。我当机立断叫上同事驱车前往现场，直到确认没有滑坡风险时，压在心头的"大石"才终于放下。

如今，什邡鎣华镇穿心店磷石膏整治堆场，青山绿水映蓝天，一路清风入画笺。在堆场的正上方，木质的步道纵横交错。堆场的斜坡上，一条条挡墙将草地间隔开来，俨然一座修葺规整的绿色公园，洋溢着生机与活力。附近村民常常聚在此处聊天纳凉，学生也常来写生、运动，成为什邡休闲娱乐的"网红打卡地"。

"渣山"已变青山，成果来之不易。磷石膏整治堆场虽然完成了第一阶段的治理，但它只要存在一天，环境隐患就无法彻底消除，我的使命也没有结束。如何继续巩固治理成效，仍将是我以后很长一段时间的工作重点。我将以"功成不必在我，功成必定有我"的精神，大力开展磷石膏"清堆"行动，推进磷石膏综合利用，变废为宝，将"渣山"变青山再变"金山"。

▲治理后的"渣山"变青山

　　愚公移山精神是中国人的精神宝典。我愿一直做"移山"的愚公，让"渣山"成为一个时代的遥远记忆，让父老乡亲共享这片绿水青山。

作者单位：四川省德阳市生态环境局

重大专项助力碧水长流

吴丰昌————

碧波荡漾、水草丰美，壮美秀丽的湖光山色，在我和同事们的眼中，不仅仅是美丽的自然风景，更是我国水环境质量改善的真实写照。我跟水环境保护打了一辈子的交道，走过全国大大小小上百个湖泊。在我硕士、博士、博士后以及30多年的工作经历中，最刻骨铭心的还是担任"十三五"国家重大科技专项技术总师，与4万多名同事共同攻坚克难、奋斗拼搏的那些日子。

"水体污染控制与治理科技重大专项"（以下简称"重大专项"）是我国第一个系统解决环境污染问题的重大科技工程和民生工程，是党中央、国务院于2007年，面对河流湖泊水质不断恶化、水生态系统退化、社会经济发展面临重大风险的严峻形势，作出的科技先行的英明决策和重大战略部署，也由此开启了新型举国体制科学治污的先河。由于我国水污染积累的时间较长，同时受科技、管理和政策等因素制约，存在治理难度大、工作内容复杂等问题，所以重大专项体量之大、涉及领域之广、参加人员之多、遇见问题之复杂都是前所未有的，重大专项的组织与实施需要"摸着石头过河"。2017年，由于重大专项实施工作受到各种不利因素影响，整个科研团队处于心气低、信心不足的工作状态，致使项目攻关进入低谷期，甚至负面评价甚嚣尘上。在这样的背景下，原环境保护部、住房和城乡建设部任命我担任专项技术总师，而此时距离专项结束只有不到5年的时间。在重大专项收官的关键阶段，如何向党和人民交上一份满意的答卷？对此，我深感压力巨大，为此，部党组召开了党组专题会，部署工作，落实责任，为重大专项工作加油鼓劲。

5年多的时间里，我和总体专家组创建了月度联席会商推进制度，勇于直面问题和困难，以8个标志成果为抓手，形成合力推进、协同攻关的专项工作机制和创新环境，彻底扭转和改变了"散乱慢""上热下冷"的工作局面。我们坚持每月最后一周的周三定期举办总体专家组和水办联席月度会。5年间，我累计参加联席月度会、研讨推进会、学术研讨会、项目总结凝练会等各种会议900余次，形成5本厚厚的会议纪要，完成所有成果汇报三轮次和全覆盖，还建立了示范工程现场调研制度，抓落地、促应用，协助解决突出问题，推动解决科研与应用"两张皮"现象。同时，还以科技创新和综合集成为抓手，跟踪指导工程示范，筛选典型应用案例，让重大专项成果看得见、摸得着、有亮点。5年中，我和总体专家组的专家们跑遍了全国十大流域，累计现场调研100多个示范工程，每年将近有1/4的时间工作在一线，掌握专项成果、成效和问题等方面的一手资料，实地帮助凝练总结科技创新增量和示范效应。

2022年，重大专项科研攻关圆满收官，取得了丰硕成果，得到国家有关部门的高度认可，并获

▲吴丰昌院士工作照

得了党和国家领导人的充分肯定，并强调"要继续加大水污染防治力度，有效保障居民饮用水安全，持续开展城乡黑臭水体整治，着力改善大江大河水质"。

我任专项技术总师的 5 年间，重大专项打了一个漂亮的"翻身仗"。重大专项科研团队将重大专项精神概括为"攻坚克难、自立自强、协同攻关、创新奉献"十六个字。重大专项人发挥特别能吃苦、特别能战斗、特别能奉献的生态环保铁军精神，实施大兵团作战，集中攻关，一大批专家扎根一线，研发了一系列能够有效解决我国水环境污染问题的实用型技术，示范工程效果良好，切实为地方水环境质量改善发挥了科技支撑作用。

重大专项的实施汇聚了全国 500 多家优秀的科研单位、数百个科研团队和 4 万余名杰出的科研人员，涉及全国 22 个省市，抓住了科技创新的"牛鼻子"，助推我国水环境治理理念创新、科技创新和体制机制创新，对水环境治理做出了巨大贡献。重大专项研发 1400 余项技术，授权发明专利 2700 余项，发布标准规范指南 300 余项，先后荣获国家级科技奖励 20 项、国际奖励和称号 13 项，还培养了一批水环境科学研究中坚力量，打造了一批高层次创新人才，同时还为各流域培养省部级人才 200 余人。重大专项建成了可复制、可推广的工程示范 300 余项和综合示范区 20 个，还建立了国家水环境监测和饮用水安全监管业务平台，大幅提升了水污染综合治理效能和能力的现代化水平。

重大专项实施的 15 年，是我国对水环境认识不断深化、治理力度不断加强、水质改善速度最快、改善效果最显著的时期，也是科技投入力度最大、创新成果产出最多、科技支撑作用最为明显的时期。2022 年，全国国控断面水质 I～III 类水体断面比例从 2008 年的 55.0% 上升到 84.8%，劣 V 类水体从 20.8% 下降到 0.7%，全国城市供水水质抽查达标率从 2009 年的 58.2% 提高到 96% 以上，人民群众的幸福感和获得感显著增强。

当重大专项真正画上一个圆满句号的时候，我的心里百感交集：习近平总书记在中国科学院第二十次院士大会、中国工程院第十五次院士大会、中国科协第十次全国代表大会上的讲话中强调，要推进科技体制改革，形成支持全面创新的基础制度，推行技术总师负责制。首先，重大专项是探路者。其次，重大专项是中央前瞻性的英明决策，是践行新型举国体制和市场经济融合创新的先行者。再次，重大专项生逢盛世，赶上了一个最好的时代，环境问题从来没有像今天这样备受重视，生态文明建设和污染防治攻坚战为重大专项提供了广阔舞台，专项成果发挥了科技创新"四两拨千斤"的支撑和引领作用。最后，重大专项为环保事业培养了上万名专业水平强、综合素质高的科学研究人才、实用技术人才和领军人才，这是最宝贵的财富。很多年轻人经过十几年重大专项的锻炼和培养，已经成为我国水环境保护与管理的中流砥柱。

15年，凝聚了一代人的成果和心血、彰显了一代人的责任与担当。身在其中，我充分感受到了重大专项人精神的力量、重大专项成果的力量、科技创新的力量。

我认为，生态环境保护工作仍然面临诸多挑战，离真正实现人与自然和谐共生、环境与发展共赢还有不小的差距，尤其是保障人民群众生命健康，依旧需要持续发力。

未来，生态环境保护道路任重道远，只要国家需要，我时刻准备出发！

作者系中国工程院院士、中国环境科学研究院
环境基准与风险评估国家重点实验室主任

环保监测人的"七十二变"

武中林——

凌晨 1: 30，熟悉的手机铃声又一次把我叫醒。

"杨叔叔，现在又有噪声了吗？您别急，我马上到。"混沌的意识在讲话的那一瞬间变得清醒，我知道一定是杨叔叔家里再次出现了恼人的噪声。

穿好外套，拿起早早放在值班床边的监测仪器，动身出发……这些熟悉到不能再熟悉的流程已经连续上演了 6 天，而我在环保监测一线已经工作了 14 年。

"披星"测噪声，我是环境"测量员"

我叫武中林，是江苏省南京市环境监测中心现场监测科的一员。在我们单位，只要跟生态环境沾边的监测工作都与我有关。比如，监测和处理噪声就是我的日常工作之一。像杨叔叔的"噪声投诉"我不是第一次接到，但这次的噪声监测却让我花费了很大工夫。

用杨叔叔的话来说，他已经 3 年没有睡过一个安稳觉了。

每到半夜，卧室里"嗡嗡"的声音听似微弱，却打破了本该属于夜晚的宁静。"像在头上煮开水"，杨叔叔跟我描述道。但同事几次上门，都发现噪声数值没有超过 50 分贝，无法解决杨叔叔所面临的"达标却扰民"的问题。

根据之前的监测数据和现场检查记录，我对此的初步判断是"低频噪声"，其多数来自水泵、电梯或空调外机等机电设备。为减少干扰因素，让数据更加真实、准确，我与杨叔叔约定好，只要半夜听到噪声就给我打电话，我会马上赶来监测。

凌晨 1：50，窗外的夜静得出奇，卧室墙边的"嗡嗡"声听得格外清晰，杨叔叔也小心翼翼地等在门口，生怕自己会影响到监测数据的准确性。我举着用于测量低频噪声的声计仪，在床头的指定位置再次进行监测。通过对比前 6 天的监测数据，终于摸清了噪声的产生规律和位置。

经过排查发现，由于楼上的鱼缸水泵靠近墙面，其震动传导形成了楼下"低频噪声"，通过社区与楼上居民协商，最终更换了鱼缸的位置。困扰杨叔叔的 3 年"心病"终于被圆满解决了。

噪声污染与大家的日常生活息息相关，我经常会用"将心比心"的工作态度，设身处地地为群众着想，这也是我真正想做的——继续当好环境"测量员"，切实提高老百姓对美好生态环境获得感和满足感。

"登高"测废气，我是环境"监督员"

20 多公斤的监测仪器，20 米高的楼台，百十来步台阶，一人宽的距离……作为环保工作的"眼睛"，环境执法的"哨兵"，我们要在有限的时间里，伴着废气污染物的刺鼻味道，保持烟枪水平，"收获"精准的监测数据。

夏季是臭氧污染的高发季节，为了坚守环境空气质量"只能更好、不

▲ "登高"测废气

能变坏"的底线，我紧盯南京市的排放大户，针对重点生产装置、治污设施、物料储罐开展重点排查。同时，我还多次参加省里组织的污染防治攻坚帮扶工作。

在一次监测工作中，我发现虽然已经按照要求安装了达标排放的装置，但很多细节还是会被企业的工作人员忽略，而且也不知道在日常工作中应该如何自查。

为精准找出问题所在，我并没有走进企业的数据中控室而是选择利用走航车在厂区内进行巡航，一旦发现高值区域后迅速利用便携式检测设备精准溯源。通过这一方法，可以快速查出企业内的多处装置泄漏点。

除了环境"监督员"，我也会转换身份为"老师"，用我的专业知识，主动向企业介绍专业技术、国家最新的政策法规，帮助企业答疑解惑。曾经有一次为了帮助一家企业解决问题，我一直住在他们的值班室，直到问题全部解决。

2022年的夏天格外炎热，经常刚触摸到攀登梯时，汗水就已浸湿了制服衬衫，我总是在心中默默地为我的"每日工作勋章"打卡，我也将继续秉持环保铁军精神，用"工作勋章"画出最美的南京蓝。

"一线"护安全，我是环境"守护者"

　　将便携式多通道氨氮测定仪、便携式 GC-MS 等检测仪器与防护装置等设备装车完毕，此时的我已整装待发。就在 5 分钟前，突然接到应急事故电话，需马上赶往现场。

　　我已经记不清这是今年第几次的应急监测工作，但可以肯定的是，每次我都在。为避免紧急事故造成环境危害，除了第一时间赶赴现场外，还需制订监测方案，开展现场持续监测，并及时报送监测数据，直至空气、地表水监测数据恢复正常。我们经常忙得顾不上吃饭，困了就在车里小憩，甚至连续奋战三天三夜。

　　我始终怀揣着职业的坚守和对美好生态环境的期望，用实际行动守护企业安全生产。我见过这座城市的曙光和午夜的黑暗，体验过"会当凌绝顶"的高空监测，感受过群众对我们工作从误解到和解……虽然有时候会觉得辛苦，但呼吸着更清新的空气，拥有更干净的水源、更优质的生活，为百姓守护环境安全贡献自己的绵薄之力，所有的付出都是值得的。

　　我的角色时常会根据场景转变，但不变的是"生态环保铁军"的身份。为建设天蓝水碧、宁静和谐、如诗似画的美

▲工作人员现场监测

丽中国，我将继续奋斗在治污攻坚的"主战场"，以习近平生态文明思想为指导，用自己的专业技能坚决打好污染防治攻坚战，为实现最普惠的民生福祉贡献自己的力量。

　　清晨 7:00，一辆又一辆的环保监测车准时驶出单位大门，迎接我的是南京市的大街小巷、各行各业和每条河流，不知道今天的我又会"变身"什么角色……

作者单位：江苏省南京市环境监测中心

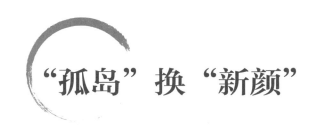

"孤岛"换"新颜"

吴惠生———

　　三山岛位于太湖之滨的江苏省苏州市吴中区东山镇，风光秀美、景色怡人，是年收入超千万元的"太湖蓬莱"，荣获国家 5A 级旅游景区、中国国家湿地公园、全国生态文化村等荣誉称号。殊不知曾经它是一座落魄贫穷的"孤岛"：岛上不通电，没有电话和公路，村民收入主要靠岛上的果树。

　　"孤岛"的逆袭离不开它独特的自然风光与丰富的生态资源，靠着这些"核心竞争力"，三山岛的生态旅游逐年壮大。然而逆袭之路绝非坦途。

　　1983 年，32 岁的我担任三山村主任，当时我就向村民们承诺："一定要让三山村富起来、美起来，让大家过上好日子。"任职近 40 年来，我时刻牢记自己的承诺，带领村民如"蚂蚁啃骨头"般闯出了一条湿地建设与生态保护的乡村振兴之路。

　　一开始，为了带动村民致富，村里办过玻璃钢厂、胶木厂、表壳厂、印刷厂和蜜饯厂，但由于交通和通信不便，自发电成本高等原因先后倒闭，村级经济负债累累，青壮年纷纷外迁，常住人口逐年下降。在屡遭挫折后，我痛定思痛，反问自己：为什么不就近取材，利用三山岛的好山好水呢？生态旅游业才是使三山岛富起来的最好出路。

　　1993 年，我当选为三山村党支部书记，干劲十足，上任仅 12 天，我便找到一家企业洽谈三山岛旅游开发合作事宜，同时一趟趟奔走于各级政府和相关职能部门，请求电力援助。终于在 2000 年 1 月 28 日，一条 1 万伏、3 千米长的水底电缆穿越太湖，让三山岛村民看到了希望。2001 年 9 月，三山旅游开发公司正式成立。从这一年起，三山岛的门票收入连年翻番：2002 年为 60 万元、2003 年为 120 万元、2004 年为 240 万元、2011 年突破千万元。

然而，在村民们欢庆之余，蓬勃的旅游业又给我带来了新的烦恼：一个仅住着 800 多人的小岛，一年游客量 30 多万，垃圾多了，污水也多了，最头疼的是太湖里逐渐肆虐的蓝藻，让我的心越来越沉，也鞭策我一定要有所行动了。

2007 年太湖蓝藻暴发。此前，我就开始着手带着村民在太湖拆围网，在三山岛内外打造生态湿地，这种按照湿地理念来退圩还湖、退渔还湿的行为在太湖流域还是首次，难免让人不理解。而且，湿地在岛上，岛在湖中，随时受到风浪冲击，水生植物、设备设施损耗大，湿地维护费用、人工费用较高，让一个仅靠旅游为生的村庄拿出这么多钱投入湿地建设，就像是把钱砸水里，在周围人看来，我简直疯了。面对质疑，我只说了一句话："为了绿水青山，也为了子孙后代，还是得这样干啊！"我咬牙坚持着……

一堆堆的蓝藻和淤泥被挖了出来，蓝藻被堆在岸上晾晒，淤泥通过底泥原位处理技术被堆在环岛的湖里，形成了多生境岛屿及防浪降藻复层围堰。再后来，芦苇、荷花、油菜、芡实、菱草、荻、柳树等被移栽过来，湖面和隔断上形成了美丽的湿地景观。

三山岛上没有工业，污染主要来自生活污水和农业面源。为解决三山岛污水分散、水质水量不稳定等问题，我多次邀请专家会诊，研究针对性措施。2010 年，三山岛建成了日处理能力约 1000 吨的污水处理站，在地势低洼相对独立的 3 个自然村的农家乐聚集区设置地埋式污水处理独立设施，生活污水通过管网实现全覆盖处理，解决了污水分散、水质水量不稳定的难题。

为进一步改善三山岛生态环境质量，我想到了湿地公园建设。我特地找到了湿地研究机构为三山岛制订规划，投资约 3500 万元，规划人工生态湿地建设与保护修复，两期工程总面积约 3000 亩。从环岛路到防洪水利工程，三山岛上的水经过 5 道防浪降藻复层围堰层层过滤，经过净化后流入太湖。通过对湿地人工修复的持续投入与保护保育工作的不懈努力，实现了自然生态的良好平衡。

▲ 湿地公园建设前

▲ 湿地公园建设后

2013 年，三山岛湿地公园晋升为国家级湿地公园，并创下全国湿地公园建设的三个"唯一"：太湖流域唯一的淡水岛屿型国家湿地、全国唯一一个以村级单位为主建设的国家湿地公园、全国唯一一个以整村规划社区与湿地共建的国家湿地公园。

在保护三山岛生态的同时，也促进了生态旅游业的发展。风光旖旎的湿地面貌是三山岛生态旅游践行"绿水青山就是金山银山"的生动写照，也让保护生态环境的理念直观、有效地根植于广大游客心中。

如今，看着这一道道围堰，满眼的青翠，碧绿的湖水微波粼粼，岛上的村民安居乐业，我深深觉得，湿地能拦截污染，成为鸟类的栖息地、鱼类的保护地，为旅游业发展增加看点。我一辈子做好这件事，值得！

我在太湖"孤岛"上从青春奋斗至白发，无怨无悔！因为我兑现了自己的承诺，成就了三山岛时下的别样精彩，为"孤岛"画上了圆满的句号，为"生态金银岛"书写出了省略号，让三山岛未来可期！

作者单位：江苏省苏州市吴中区生态环境保护局

科技带动全民减排

陶岚———

2022 年 8 月 26 日，尽管是出伏的第一天，但全国多地依旧烈日炎炎、酷暑难耐。这天上午 10：30，一位来自陕西的货车司机行驶在滚烫的高速公路上。经过收费站，在电子收费器发出"嘀"的一声后，他成功减少碳排放 299.2 克。与此同时，千里之外的一位北京市民头顶着烈日熟练地归还了一辆共享单车，他成功减少碳排放 337.5 克。262.5 克、112.5 克、299.2 克、337.5 克、299.2 克，在短短的 5 秒钟内，5 位分散在北京、陕西、甘肃等地的中国人在不经意间为实现碳中和愿景贡献了约 1.3 千克碳减排量，而这一切已被"碳减排数字账本"（以下简称"碳账本"）记录下来。就在这个再平凡不过的一天中，碳账本成功记录了第 10000242 位中国人的低碳行为，并为他核算了碳减排量。

与 14 亿中国人口基数相比，这 1000 万人的减排量真的是微不足道。然而，"双碳"目标事关每个人，节能减排不能以量小而不为。虽然每个人日常生活中的减排量很微小，但所有人的低碳行为叠加起来，积少成多，聚沙成塔，就会形成相当庞大的碳减排量。碳账本于 2021 年 8 月 25 日正式上线，截至 2022 年 12 月底，共量化并记录 1500 万人的约 4.55 亿次减排行为，累计减排量达 22.3 万吨。量化并记录这 1500 万人的减排行动，碳账本只用了一年多，而我却用了 6 年，甚至更久。

我叫陶岚，是碳账本的创始人，从事气候变化领域工作 20 余年。6 年前，大多数人的目光都聚焦在企业碳排放管理和企业碳减排项目开发上，鲜有人知道"碳普惠""碳账本"是什么，也很少有人关心消费侧的碳减排，而我深知生活方式的改变对于碳减排具有重要作用。所以，早在 2015 年我就开展了碳普惠的创新实践，从企业公益环保项目，到服务北京市碳普惠项目，再到创立公司开发产品，推广实践"数字碳中和"理念，参与发起"碳普惠合作网络"，打造"碳账本"。在推动消费端碳减排的路上，我一直奋勇前进，践行"科技带动全民减排"的使命。

根据中国科学院发布的研究报告，2019 年中国居民消费碳排放总量已达 37.24 亿吨，占全年碳排放总量的近 1/3。随着社会经济的发展、生活模式的改变及消费水平的提高，这个数字还有上升的空间，所以说覆盖衣食住行的居民消费碳排放是实现"双碳"目标路上必须要啃的"硬骨头"。建立个人碳账户就是用科技带动全民为实现"双碳"目标做出探索。

随着国家的重视，各类主体开发碳账户以及碳普惠平台的积极性逐渐提高，产品开发呈现出百花齐放的态势。我们的核心产品"碳账本"是一个底层平台，它搭建了一个体系，把互不隶属的政府、企业、金融机构，各种有效的资源及生产要素，以数字化的方式汇集起来，实现个人碳资产以及个人碳减排量的汇集、增值、流转，推动社会各参与方合作共赢、形成合力，以碳普惠机制推动全民绿色低碳行动，系统化、体系化地推进碳普惠平台建设，可以发挥各方优势，避免重复建设造成的浪费。

碳账本逐渐在国内外产生了一定的影响力。2022 年 11 月，我有幸参加了《联合国气候变化框架公约》第二十七次缔约方大会（COP 27），并在国际舞台上展示了我国在消费端碳减排解决方案方面的探索，引起了国际机构的关注。

▲在 COP27 作"多元化碳普惠机制创新实践"主旨演讲

　　碳账本也展现出了强大的社会动员力。要实现"双碳"目标需要凝聚强大的社会合力，通过调动外部力量，激活社会力量协同共治，形成社会良性互动。碳账本通过数字技术将政府、企业和个人等主体以及不同的社会资源连接起来，形成推动生活方式绿色化、低碳化的良性互动。从北京、山西等多地的实践中可以看出，各种社会主体都围绕绿色低碳生活这一主题在碳普惠平台上开展行动。

　　居民生活消费端碳减排潜力巨大，而潜力的释放需要一个过程，不可能一蹴而就。正如荀子所言"故不积跬步，无以至千里；不积小流，无以成江海"，我坚信碳账本可以将个人绿色行动的涓涓细流凝聚成低碳发展的洪流。我们会秉持初心，继续以体系化、标准化、平台化的方式，整合各方资源，调动公众参与碳减排的热情，推动多元化碳普惠机制的落地和实践，坚持用碳账本记录下每个人为实现碳中和愿景而作出的每一份贡献。

作者单位：北京绿普惠网络科技有限公司

科技带动全民减排

约君切勿负初心，
天上人间均一是

王晓萌————

"谁来解释解释，这是怎么回事？"我指着废气采样管问道。正如下图所示，此刻我正站在某焦化企业 60 米高的焦炉烟囱上，而采样管里明晃晃地堵着一个棉花，棉花已经发黑，看来堵塞的时间已经不短。

我叫王晓萌，来自生态环境部环境发展中心，参加环保工作 3 年。作为一名"90 后"，我的成长见证了中国工业的腾飞，却也目睹了"工业奇迹"背后的污染之殇。完成学业以后，我选择成为一名环保人，奔赴污染防治的"战场"，即使力量微弱，也志在守护人民对美好生活的向往。

2021 年 10 月，我中心受地方生态环境局委托开展重污染企业帮扶工作，由我带队到现场开展为期 2 个月的驻场工

▲ 工作人员在某焦化企业的焦炉烟囱上排查

作。第一次牵头一线工作，我的心情激动又忐忑，但没想到驻场第一天，就发生了让我始料未及的状况，正如故事开头所述。由于空气扩散条件差，工业企业众多导致当地大气污染严重，空气质量长期落后，地方政府迫切想要改善，却终不得其法，于是邀请我们作为技术帮扶团队，诊断排查影响当地空气质量的关键环节，不料第一天就暴露了严重的问题。当地早已实行焦化特别排放标准，但企业治污装备水平落后，无法达到排放标准，为了逃避处罚，就用棉花堵塞采样管道，同时将在线监测设备的进气口拧松，用空气替代废气进入数采仪，以此造成数据合格排放的假象。从未经历过此类事件的我有些慌神。现场除了我和技术专家，就是企业负责人和在线监测运维人员，见他们都支支吾吾说不出话，我也稳了稳心神，第一时间拍照、录像、固定证据。

走下烟囱，一屋子人早早等在了企业会议室，没了最初的笑脸，大家都一脸严肃、沉默不语，想必我们在烟囱上的一举一动早已在企业内部互通有无。我率先打破了沉默，指出了企业造假的行为，还未等我说完，企业人员就用各种理由打断我，并表示希望我们不要上报给当地生态环境局。我见状估计一时半会是无法离开了，只能找个理由离开了会议室，"刻不容缓，必须上报！"这是我脑海中唯一的想法，带着还未平复的心绪，我拨通了当地生态环境局的电话。最终我们将证据移交，并于第二天协助政府对企业进行了通报。

第一天就戳中了企业的痛点，接下来2个月的工作果不其然遭遇了各种阻碍，我们遇到了企业门前的闭门谢客，遇到了生产现场的放狗随行，遇到了会议室内的置之不理，遇到了企业人员的冷言冷语，甚至遇到了大半夜的宾馆敲门。但是我们从未退却，2个月的时间，团队共计58天都在企业现场排查，不怕苦、不怕累、爬烟囱、上焦炉，周末也持续开展工作。最终为地方政府提供整改建议300余条，形成近50份工作简报，为

约君切勿负初心，天上人间均一是

地方环境的监管与执法提供了指导依据。当地的空气质量改善效果明显，空气质量排名上升了 27 位，创造了历史性的好成绩。

项目结束回到家以后，和妈妈讲起我经历的事情，妈妈还心有余悸。作为一个女孩子，平常在外出差她就千叮咛万嘱咐，如今从事环保行业，和更多的重污染企业打交道，她更是少不了对我的担心。但是既然选择了踏入打好污染防治攻坚战、持续改善生态环境质量的"主战场"，就要高扬一名青年人的堂堂志气。回首百年，革命先辈面对强敌宁死不屈的浩气、面对牺牲不为所惧的骨气、面对违法刚正不阿的正气、面对困难逆流而上的锐气，是作为一名环保人应铭记在心、自觉践行的座右铭。

当前我国生态环境保护结构性、根源性、趋势性压力总体尚未缓解，下一阶段生态环境保护面临的形势、任务仍然非常严峻和艰巨。作为一名生态环保青年，我更要在实际工作中保持定力、攻坚克难、履职尽责，担负起生态文明建设的时代责任，牢记为人民群众守护优美环境的初心使命。约君切勿负初心，天上人间均一是，与每一位并肩同行的环保人共勉。

作者单位：中日友好环境保护中心（环境发展中心）

两张水系图

邓曦 ———

　　四川省眉山市仁寿县普宁街道生态环境办公室里挂着两张略显奇怪的水系图。第一张形似"闪电"，从西南方向朝东北方向折射而出，在白纸上硬生生"拉开"一道口子，这是宝马河水系图。第二张如卧龙盘踞，盘根错节，张牙舞爪，这是金马河水系图。走近一看，图上虚虚实实布满了各种线条，双横线代表河道，虚线代表排污管道，长条方块代表涵洞……再仔细一看，图中另有乾坤，密密麻麻的红色字体全是标注："此处有较差水流汇入""易污染区""污水溢流点"……原来这两张水系图都是人亲手绘制的。

宝马河流域手绘图　　　　金马河流域手绘图

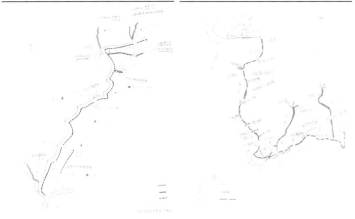

▲ 两张手绘水系图

我叫龙杰，是一名军转干部。万万没想到，从部队转业没两年，我竟然又"重回战场"。只是这次我已脱下了军装，离开了部队，踏上了污染防治攻坚战的"战场"，去守护"生态绿"。

2019 年，仁寿县进行乡镇行政区划调整，由 4 个乡镇划转组建普宁街道。作为全新的街道，人员、机构都从零开始。我也在这次改革中，从远在 30 千米外的汪洋镇来到普宁街道，成为街道办的一名工作人员。

为认真贯彻落实上级关于生态文明建设和生态环境保护系列重大决策部署，普宁街道党工委于 2021 年年初将街道安全和环保工作独立开来，正式成立了普宁街道生态环境办公室。就这样，我成为一名"环保新兵"。也就在那时，我感觉遭遇了人生的"滑铁卢"。

一开始，每当接到群众投诉，我就感到头疼。一来，一些群众发现环境问题往往不能给出准确的描述，尤其是涉水问题，接到投诉赶赴现场后污染物早已被河水稀释、冲淡，证据难以固定；二来，新成立的生态环境办公室的 6 名工作人员来自 5 个不同乡镇，大家对普宁街道辖区水环境污染底数不清、情况不明，即使找到了水质异常点，溯源又是难上加难。

几经辗转，同事们从相关部门拿到了县域水系图，望着像麻线一样缠绕交错的水系线条，宝马河、金马河在其中细得就像毛细血管，细化到普宁街道，尤其是各村各组，各个具体的涉水环境问题点，现有资料更是一片空白。

或许是军人的那股劲儿，既然现有的图纸不好用，那我们就自己画！说干就干，我和同是军转干部的同事一拍即合。我们决定通过摸排，把金马河和宝马河周边的污染源全部画下来！

说起来容易，做起来难。普宁辖区内金马河、宝马河全长超过 20 千米，地形复杂，支流繁多，并且分属 10 余个社区管辖。每到一处，我们都只能让熟悉当地地形的社区干部带路，一个支流一个支流地走、一个管道一个管道地摸排……有的支流深处杂草丛生、高度能没过行人，进去钻一圈出来，浑身又痒又疼，但大家都咬着牙坚持了下来，并于2022年3月将摸排情况手绘成图，不仅画出了河流的流向，还详细标注了周边的建筑物、污水管网、易污染区、问题易发生点等。

水系图成"作战图"，五级监管无盲区

时值眉山市深入推进网格化环境监管，普宁街道勇担属地责任，进一步延伸网格管理深度，在市、县、乡镇（街道）、社区四级网格管理的基础上，将社区网格员一并纳入环保工作管理体系，形成五级环保网格管理体系。水系图绘制完成后，迅速扩散到各级网格。同时，街道办联合相关职能部门、社区共同建立河段整治群，一旦发现环境问题，各级主体快速响应。

2022年年底，叶桥社区网格长在对辖区内宝马河段进行巡查时发现河水异常，他立刻将相关情况发送至宝马河整治群。"周边没有其他污染源"，他一边查看手绘图，一边在群里分享："高度怀疑上游污水处理厂出了问题。"

各级网格和相关部门迅速响应。20分钟内，县级相关部门、普宁街道办环保人员、社区网格员全部到达现场，通过摸排，发现系上游某污水处理厂污水提升泵发生了堵塞导致污水外流。在各级主体的通力协作下，不到1小时，就完成了对污染物的截流和提升泵的清淤、修复工作，有效保障了辖区环境安全。

这样的故事每天都在上演。两张水系图成了普宁街道水环境网格化监管的"作战图"，各级主体一旦发现问题、迅速响应、通力配合，相关职能部门第一时间到达现场，解决问题，大大提高了水环境管理的质量和效率。

两张水系图

117

水系图成"导航图"，污染源实时更新

为进一步做好水环境监管，我们委托第三方公司每月对辖区内河流断面水质开展监测，对照监测结果分断面排查问题。某天，监测结果异常，显示宝马河某断面总磷超标。这可把我和同事们愁坏了。根据手绘图情况，断面附近都是荒地，不应该出现总磷超标。我只好一边将水质异常情况向上级环保部门反映，一边和辖区网格员开展现场摸排。终于，在断面上游，我们发现了一处较隐蔽的屠宰场，屠宰废水通过暗管直排进入宝马河。按照相关法律法规，我们对该屠宰场进行了取缔，水质迅速恢复正常。

通过这件事，我和同事们都意识到，一个区域的水系分布是相对稳定的，但周边的污染源分布并不稳定。两张水系图不应该只是河水的流向图，更应该成为动态更新的污染源分布图。此后，每当发现环境问题点位，我们就会在水系图上进行标注，并随时根据实际情况对水系图上的标注进行修改和删减。对反复出现的问题，建立台账，将其列为重点巡查点位，加强现场排查监管。

在大家的共同努力下，辖区水环境投诉数量持续下降、水环境质量持续向好。2021年以来，金马河、宝马河年平均水质从地表水Ⅴ类提升到Ⅳ类，2022年第四季度达到地表水Ⅲ类。

如今，两张水系图仍然静静地悬挂在仁寿县普宁街道生态环境办公室的墙上，图上鲜红的标注时增时减，十分热闹，而金马河和宝马河，两条弯弯曲曲的深色实线，静静盘踞在图纸上，默默地看着两汪清水绵延向前，见证着基层生态环境人始终坚守水环境安全"最后一公里"。

作者单位：四川省眉山市生态环境局

蓝天日记

郭运洲 ————

"你说你，病才好就这么坚持。为了一张照片，老命都豁出去了！"老伴儿半是心疼半是开玩笑地说。

清晨，刚刚出院的我听到了手机定时铃声的呼唤，捋捋花白的头发，缓步来到阳台，打开窗户，按动相机快门，将湛蓝的天空定格在时光的长河中。

我叫王汝春，是一名普通的国企退休员工。工作期间，为了做好宣传工作，我练就了过硬的摄影技术。刚退休那几年，我常和老伴儿一起出游，踏青山，临碧水，观草原，赏花海，好不轻松惬意。

▲拍摄"蓝天日记"

情况在 2013 年出现了变化。那一年，华北地区频繁遭受雾霾侵袭，引起了社会各界的极大关注。政府为民解忧，打响了大气污染治理攻坚战。那时候我就琢磨，如何把个人的摄影爱好和环境保护工作结合起来，为保卫蓝天出份力，但要拍些什么、到底怎么做一时还拿不准。于是，我开始试着拍摄大雾迷城、丽日晴空等不同天气状况下的石家庄，为城市的变化留一份清晰记忆。

我陆续拍了一些照片，偶然一次把这些照片排在一起，醍醐灌顶似的，一下子找到了方向。2013 年 12 月底，我制订了一个拍摄计划，决定从 2014 年开启一个"蓝天日记"专题，连日进行拍照。

人有了目标，有了追求，就要在其他方面做出牺牲。自那时起，"每日一照"成了我心心念念的"大事"，和老伴儿携手出游的日子一去不复返了。有时候，老朋友们前来招呼我一块儿"云游天下"，看着老伴儿那渴望的眼神，我也只能强忍着内心的冲动。老伴儿最懂我，一如既往支持我的选择。

为了能够长期、客观地拍摄，我进行了精心策划，制定了"三不变"原则——拍照时间不变、地点不变、相机不变。地点选在室内，不受恶劣天气影响；时间选在上午 8 点到 8 点半，光线较好；相机是轻巧便携的卡片机，操作简单，偶尔自己顾不上，家人、亲戚也能帮忙拍照。

时光荏苒，岁月倥偬，9 年多的时间如长河奔流。时至今日，我只要在家，都会准时打开自家阳台窗户，拿起相机，对着西南方向拍下一张照片。

拍下一张照片，的确只是举手之劳，但九年如一日，坚持不懈，却并不容易。现在我已年近 80 岁，有时候身体不舒服，仍然咬牙坚持。遇到有事必须出门时，就嘱咐老伴儿替我拍摄；偶尔两人都要外出，就打电话叫来侄女帮忙。寒来暑往，冬去春归，一天一照，从未间断。

世间千万事，贵在守初心。9年多时间里，我共拍摄了3000多张照片，见证了石家庄大气环境治理带来的变化。最初的照片很多都是灰蒙蒙的，有时连近处的楼都看不清。最近几年蓝天越来越多，连远处的大厦都能拍得清清楚楚。在镜头中，"灰蒙蒙"渐行渐远，"蓝盈盈"已纷至沓来。看到这样的变化，我感到很欣慰。

年份越近，蓝天越多。看着曾经拍下的这些照片，这些透亮的蓝，看着就让人心里敞亮、舒服、高兴。

▲蓝天越来越多

我拍摄的每张照片上，都清清楚楚标注上时间、首要污染物及污染指数、空气质量等级。每天拍完照，我都会登录河北省空气质量自动监测及发布系统，将查询到的空气质量指数实时监测数据标注在挂历上，月底再一一标注到照片上。打开文件夹，当月的石家庄空气质量状况一目了然。

心中有梦想，浑身有力量。日常生活中大家都说我，举止文雅，声音洪亮，完全不像耄耋之年的老者。许多朋友询问我的身体保养秘诀，老伴儿总是笑着说："俺家老头子看到蓝天白云就精神抖擞，比吃补品可管用多了。"

▲ 与孩子们分享"蓝天日记"

随着时间的推移，我用镜头记录下的"蓝天日记"得到了越来越多的社会关注，我也被人们亲切地称为"天空摄影师"。石家庄市生态环境局的工作人员经常与我沟通交流，给予我多方面的支持和鼓励。在石家庄市生态摄影作品征集活动中，我的作品得到了评委和观众的一致肯定和好评，连续三届均获奖励。我还先后获评石家庄市"环保达人"和"'感动省城'十大人物"等荣誉称号。

在与石家庄市生态环境局工作人员的沟通交流中，我了解到石家庄市生态环境局为了加快空气质量改善步伐，统筹市、县两级生态环境执法队伍，利用走航监测、无人机飞检、污染源自动监控系统、高架源远程质控系统等科技手段，全面加大精准治污、科学治污、依法治污工作力度，严格监管与热情帮扶并行，坚守民生底线和生态红线，空气质量连续两年退出全国后十名，在实现稳定"退后十"的征途上披荆斩棘、克难前行。

精神和梦想是人们心中不灭的火炬，是执着前行的动力。我会继续跟踪大气污染治理成效，通过照片让大家清楚了解到良好的生态环境就是环保人一天天拼出来的！我还有一个梦想，那就是让所有市民都以不同方式投身蓝天保卫战，做改善大气环境质量的见证者、支持者、参与者。

作者单位：河北省石家庄市环境保护宣传教育中心

注：本文据王汝春口述整理。

环保青年成长记

张昕 ————

　　我走的是一条不同于大多数同龄人的路。我毕业于 2012 年，那时候很多人对环境保护的认识还很简单。毕业时我放弃不错的工作机会，选择专职从事环保公益事业，因积极参与环保志愿服务被评为西安市"首届十大杰出好青年"。我也很高兴地看到，现在越来越多的人开始将环保意识渗透到衣食住行中。比如，超市的产品有什么环保标识，穿哪种衣服是无毒环保的，给孩子买的绘本油墨合格不合格等，绿色发展越来越深入人心。

环保需要有无限热情的青年人

　　大学的时候，环保公益活动还很新潮，我有幸参与"地球一小时"活动在陕西省的推广，接触到了陕西青年与环境互助网络，这是由陕西各大高校的大学生组成的跨学校社团组织，主要工作就是号召大学生投入环保行动。

　　社团组织有做暑期调研的惯例。2010 年暑假，我在网上发布了一个帖子，征集一起做暑期调研的小伙伴，主题是西安浐灞生态区的环境改造宣传和调研。时值 2011 年，西安要举办世界园艺博览会，政府对此地做了大量的环境改造工作。

很快，16 位来自五湖四海的大学生组队成功：有来自山城重庆的文艺青年、来自武汉的社工专业"学霸"、来自西北农林大学园林设计专业"小霸王"等，个个"身怀绝技"。

炎炎夏日，16 个人冒着 35 摄氏度的高温来到浐灞。因为资金有限，我们租了两间将要拆迁的民房，大家挤在两个房间的大通铺上休息。根据计划，我们在西安世博园周边考察 10 天，最后完成一份调查报告，一个小型纪录片，一张"绿地图"，以及一张植物普查图。现在这张手绘植物普查图还挂在我的办公室，图中灞河横穿其间，石榴、棣棠、合欢等不同植物都通过形象的图标，镶嵌于河流两边。10 天的时间里，我们走遍了灞河世园会段，认识了这片土地，结识了这里的花花草草和山川水流。

在太阳的暴晒下，我的胳膊脱了三层皮。每天晚上 9 点才从调研现场赶回来，吃完饭就赶紧整理白天的调查数据。晚上 12 点以前大家几乎没有休息过。辛苦是真辛苦，但也锻炼了自己，收获很多。

这次调研让我感受最深的还是青年人参与环境保护的热情。虽然我们是无偿的，但是我们愿意付出比有偿更多的热情、精力和智慧。我们相信青年人的力量是推动生态环境变好的一大动力。

观念转变为行动，改变才真正开始

2012 年我大学毕业，学人力资源管理专业的我面临着选择，一边是待遇不错的工作机会，一边是自己投入了感情的环保事业。我最终遵从了内心，进入一家环保组织，继续从事环保工作，成了这个环保组织的第一个全职工作者。

刚刚走上新岗位的我对工作充满了期待，希望通过自己的努力组织更多青年人加入环保队伍。大学生节能宣传、节水宣传、低碳生活方式普及……活动组织了一场又一场，可是在现实生活中我观察到，青年人依然频繁使用一次性用品，出行很少考虑低碳方式，缺乏绿色消费选择意识。甚至相比老一辈，年轻一代由于物质生活的丰裕更缺乏节约资源的意识。

刚做志愿者的时候，我常跟同伴一起在校园里铲除小广告，去秦岭山里捡旅游垃圾。可是几年下来，新的困惑来了：秦岭这么大，垃圾能捡完吗？我们所做的真的有意义吗？问题到底出在哪里？

这样的挫败感也深深困扰着团队的其他志愿者。我们看到在实际生活中，人们对环保的支持大多停留在表态阶段，他们愿意在环保横幅上签字，却不愿意少用一个塑料袋。这些现状让我们渐渐明白从观念到行动的转变中间还横亘着一个鸿沟。我们希望搭建更多的桥梁，提供更多的创新模式，让青年人感受到环境与自身的利害关系，可以把环境保护这件事融入自己的生活。

我和小伙伴们带领青年大学生来到陕西的自然环境中，与他们一起调查本土环境，目睹日益恶化的生态。我们还与西安当地电视台合作，制作"西安山河调查"节目。通过电视台的摄录培训，组织大学生深入西安各个角落，拍摄环境纪录片。节

▲拍摄环境纪录片

目播出后，观众反响强烈，有人专门打电话到电视台表示关切——护城河在南边进进出出还都是清水，原来在东北段还有那么脏的一段河道。

这两年，经过环保部门的努力，这段河水水质已经有了很大改观。学生们拍摄的系列视频，一方面可以推动环境改善工作，另一方面也给古城留下了一份环境影像档案，让大家知道这里曾经发生过什么。这些活动让青年人看到了真实的环境面貌，使他们有动力采取行动。

用正能量吸引更多人承担社会责任

从 2009 年接触环保，到现在已经 10 多年。随着时间的推移和经验的积累，我深切体会到环境保护是一场"持久战"，人是社会行为的主体，只有当我们的行为发生改变才能影响环境的改变，才能赢得最后的胜利。

刚上大学的时候，我是偶然机会接触到环保事业的。我身边有的同学，除了上课其他时间基本就是打游戏、逛街、睡觉。可这些志愿者们不同，他们愿意花更多的时间、精力让这个世界变得更美好一些，这种积极的能量对我产生了很大的吸引力。于是，我成了这个社团的长期志愿者。

正是因为体会过"正能量"的吸引力，我和小伙伴们希望可以将这份力量传递，使更多人成为优秀的社会责任承担者。社会机构的责任就是引导他们成为环境的守护者和环保行动者。

怎么引导呢？团队经过商议，在网络上发起了一个"我能为环境做什么"的有奖活动。网络互动很活跃，有的人连续几天定点拍摄终南山的实景来检测空气可视度，有的人每天拍城墙看是否有垃圾。还有一位同学留言："今天我在食堂吃的饭，全部吃完了，没有打包带回宿舍，省了一个塑料袋。"看到这些留言，我有了更多的希望。很多人在用不同的方式保护我们的生态环境，这让我们有信心可以团结更多志同道合的人行动。

行动的人越多，力量就越大。身处环保一线，我们感受到了方方面面的改变。更多有想法的青年人已经行动起来，重复利用快递纸箱制作创意玩具。在社区，越来越多的志愿者督导群众进行垃圾分类和旧物回收。在企事业单位，大家通过各种方式为环境保护做贡献：包括环保低碳的生活方式、去做环保志愿者影响更多人或者支持环保志愿者的行动等。甚至有企业推动员工作为志愿者开展污染盯防志愿服务。一条环保的"小溪"在人群中逐渐壮大，更多行动在助力生态环境保护。

作者单位：陕西省西安市青益志愿服务发展中心

首都碧水攻坚路上追逐青春之梦

石磊————

　　我叫石磊，名字里面有四个"石"，注定一生与国家建设有着不解之缘，参加工作二十余年，一直从事水环境治理工作。一代人有一代人的使命，一代人有一代人的担当。回顾 20 多年来为践行生态文明建设付出的艰辛努力，作为首都水环境治理长征路上的一员，生逢其时、不负其时，为打赢首都碧水攻坚战，我始终在路上、一刻未停歇。

　　2008 年，参加工作 5 年的我接到紧急任务，负责北小河污水处理厂改造工程项目的组织实施。任务要求把北小河污水处理厂改造为当时国内最大规模的膜生物反应器（MBR）再生水厂，出水水质要达到北京密云水库水质标准，超高品质再生水直接输送给鸟巢、水立方等奥运场馆，以及周边的奥森公园龙形水系作为景观补充用水。当时国内没有可以借鉴的设计、建设、调试运行经验。"早晨会、晚总结""五加二、白加黑"，边建设、边总结、边优化，我带领团队追星逐月。直到腊月二十八深夜，经过紧锣密鼓的现场调试，盯着监控屏幕上不断变化的数据，终于在调试成功的那一刻我们才放下心来。我和我的团队终于不辱使命，以"世界极限"的速度交出了一份满意的答卷，北小河污水处理厂的反渗透出水水质可以让运动员亲身跳进龙形水系，北京成为奥运史上第一个以再生水作为奥林匹克中心区冲厕、景观、绿化用水的举办城市，践行了绿色奥运的承诺，向世界展示了中国水处理技术研究与应用的水平。

2013年起，我有幸参与了北京市的3个"污水治理三年行动方案"，坚持问题导向、靶向治理，首都水环境质量得到了显著改善，谱写了有河有水、有鱼有草、人水和谐的美丽画卷。

污水处理设施的建设是3个"污水治理三年行动方案"的重头戏，作为基建团队的负责人，我责无旁贷地冲在最前线。在一片垃圾荒芜、杂草丛生，相当于54个足球场大小的建筑垃圾堆上搭建起的移动房里我们团队秉烛夜谈，研究清河第二再生水厂项目方案，作为"污水治理三年行动方案"首个基建项目，在团队的通力合作下，仅用23个月完成了36个月的工程体量，提前实现通水目标。清河河道还清，再现水鸟嬉戏、野鸭栖息，该项目获得了北京市住房和城乡建设委员会的结构长城杯和竣工长城杯金奖，体现了首都工程速度和品质的双一流水平。

对黑臭水体的治理同样迫在眉睫。萧太后河是北京市历史最悠久的人工运河，随着城市建设进程，周边垃圾、污水直排入河，导致河道水体灰白，恶臭难闻，被百姓称为"牛奶河"。我当时沿着黑臭河道进行现场调查，一想到附近百姓日常与臭味相伴就难受。就这样，以黑臭河道为伴，奋战一年多，完成了16千米的管线建设任务，对入河污水进行了全部截流。定福庄再生水厂建成投运后，增加了对萧太后河的高品质再生水回补，使萧太后河重新焕发光芒，摘掉了"牛奶河"的帽子，旧貌换新颜。看到萧太后河现在已成为城市副中心一道历史文化

▲ 高品质再生水输送勘察现场

与现代景观交织的城市绿廊景观，周边百姓苦脸变笑颜，我由衷地感到欣慰。通过新建管线工程和应急工程双管齐下，我所在的企业治理河道排污口 180 余处，2017 年圆满实现了五环内污水全收集目标，解决了污水直排入河问题，完成了 33 段黑臭水体的治理任务。

▲治理前的萧太后河

▲治理后的萧太后河

进入"十四五"开局之年，国家制定了"双碳"战略目标，对水环境治理提出更高要求。我和我的同事在排水设施运维方面，不断优化污水设施运行管理的质量，加大臭气治理力度，同时不断提升再生水、污泥、沼气的利用效率。我提出了以"黑盒"科技赋能双碳建设的构想，并带领由"80后""90后"为主力的年轻研发团队，从小试平台测试、运行数据积累分析、控制模型的搭建到工程化应用，反复研究，不断试错，针对砂滤池一个运维控制单元设计约300个自控控制点，终于实现了"黑盒"科技的突破，为打造绿色低碳的企业发展格局迈出了坚实的一步。我们力争将高安屯再生水厂打造成为全国首个碳中和标杆水厂，2035年该厂处理每立方米污水耗电量较2020年将下降10%以上，水厂每年节约的电量可供1万户居民1个月生活使用。

参加工作20余年，我在首都碧水攻坚的道路上挥洒汗水，感受到首都碧水攻坚战的不易，见证了首都碧水保卫战的成果，实现了为生态环保贡献智慧的青春梦想。如今的首都，各条水系碧波荡漾、鱼翔浅底、鸭鹭嬉戏，生态环境更加宜居。我见证了从治污到供水再到供能的转变，从"水谷"到"能量谷"的又一次华丽转身。正值参加工作20年之际，本人获得了"北京市劳动模范"荣誉称号，这是对个人奋斗的肯定，更是对新时代生态环保工作的肯定。

党的二十大对生态环境保护工作提出了新的要求和部署，我们肩上的任务依然艰巨，我将继续在中国生态环保战线上，践行使命，贡献智慧，让人民群众在生态环境质量改善中获得更多幸福感、满足感。

作者单位：北京排水集团

和雪天的一场"浪漫约会"

杨宇————

"早上多吃点儿，午饭会很晚。"

"今天有大雪，把靴子和雨伞带上。"

"吴哥，把咱们的'大家伙'喂饱，一路上就靠它呢。"

我一边嘱咐着同事们，一边收拾行装，带好仪器设备，备好干粮，信心满满地与同伴们踏上了野外核查之路。

2022 年冬，我们再次迎来了全国生态遥感解译野外复核工作。冬雪初临，气温陡降，一路上道路两旁的田地盖上了一层厚厚的白雪"棉被"，远处的高山也已经变得朦朦胧胧，注定这将是一段充满艰辛的"旅程"。

我们驱车行驶了 1 个小时后，接近目的地，将车停在道路尽头。这里距离核查斑块中心还有近 1 千米的山路，我和同事两人穿好靴子，扎紧裤腿，手持 GPS 定位仪，向既定点位一步一步行进。真的是一步一步……

我们先要穿过一片收割完的玉米地，踩在田垄间深一脚浅一脚的感觉就像踩在棉花上，借不上力。收割完秸秆的土地上，还保留着尖锐的秸秆茬，像是在保卫它们所在的土地，时不时就扎一下我们这些"入侵者"的脚。有白雪的掩护，秸秆茬又在暗处，可想而知我们行进过程中的尴尬与艰难。

顶风冒雪蹚过玉米地后，等待我们的又是一片雪白的茂密丛林，考验这才真正开始。

踏进丛林，最大的"敌人"是方向感。周遭一片白色，原本的林间小路早已无法辨识，走着走着就会迷失方向，路只能靠自己用脚一步一步蹚出来。

▲生态遥感解译野外复核现场

漫天雪花"浪漫"地和我们跳舞，但却遮蔽了视线。厚厚的积雪没过了靴口，像是要看看我们今天穿的是什么颜色的袜子。树枝上抖落的大片落雪突然钻进脖颈里，像调皮的孩子非要和我们玩耍。这里不能"留恋"，我们要加快脚步了。

在山林里，唯一能帮我们辨别方向的是手中的 GPS 定位仪，而复杂的山路从来就不允许我们走地图上的直线导航，仅仅 500 米的山路足足走了 40 分钟。

到达目的地后的那份喜悦和成就感却是溢于言表的，也许这就是环保人身上坚韧与执着的原动力吧！

经过我和同事的反复寻点，认真核查，详细取证，终于又啃下了一块"硬骨头"。随后，我们立即原路返回，马不停蹄地踏上了新征程……

这只是我们环保人日常工作的一个缩影，在半个月的野外复核工作中，我们翻山、过沟、踏雪、涉水，我们下田地、穿密林，走过了旱地、农田、林地等几乎所有土地类型，遭遇过猎狗，也邂逅过野禽，经历了饥肠辘辘，也感受了生态系统多样之美。

最让我欣喜的是，看到了更多生态保护的影子。以往大片的砍伐林地补栽了各类树苗，多处耕地实现了退耕还林，正是由于生态环境保护工作

▲记录核查斑块现场环境信息

的持续深入推进，才还给大自然蓝天、碧水和净土。

这样的故事发生在我的身上，也发生在每一位环保人的身上，他们用铁军意志，践行着初心使命，彰显了忠诚担当与忘我情怀。未来，我们要继续践行绿水青山就是金山银山的新发展理念，持续推进生态环境保护工作。不断壮大的环保队伍，将在新时代用环保人的智慧与双手共同筑起一道绿色环保大堤，保卫我们的美丽家园。让我们踔厉奋发、勇毅前行，为建设美丽中国贡献一份力量！

作者单位：吉林省吉林生态环境监测中心

三等奖 ｜ 30 篇

一起损害赔偿案件引起的蝶变效应

赵建峰 ———

2023 年 1 月 4 日，《人民日报》刊发中央全面依法治国委员会办公室《关于第二批全国法治政府建设示范地区和项目命名的决定》，江苏省南通市：领先探索完善生态环境损害赔偿制度荣列其中。消息一公布，我难以抑制内心的喜悦。作为参与者，回想一路走来，这项工作充满机遇，又饱含一群基层生态环保人持之以恒的探索和付出。一如沈从文先生在《边城》中所言，"凡事都有偶然的凑巧，结果却又如宿命的必然。"

破局，摸着石头过河

2015 年，中共中央办公厅、国务院办公厅印发《生态环境损害赔偿制度改革试点方案》，部署开展生态环境损害赔偿试点工作。彼时，我刚从如东县人民法院遴选至南通市环保局，分配在法规处，跟着处长两人负责全市法治统筹指导工作。这项改革似乎与我们并无关联，我们谁也没有想到，日后南通市会成为这一领域的佼佼者。那时候，我和处长正在为一件环境违法案件而头疼。

2016 年 1 月 11 日，南通市下辖的启东市环保局执法人员检查发现，该市某固废处置公司场地内填埋有黑色不明物质。经鉴别，黑色物质为危险废物，总量约 4.77 吨。进一步调查发现，填埋危险废物的行为发生在十余年前，此后再无填埋行为。无论是从刑事角度还是从行政角度，相关责任追究都超过了追诉期。违法行为如此恶劣，却无法追究责任，违法行为人是否应该付出代价？受损的环境该如何修复？

面对这个棘手的案件，我和处长也是一筹莫展。一年间，我们多次组织参与部门联席会议，会商案件处理。在反复研讨中，我们接触了正在试点的生态损害赔偿制度，尽管当时大家还不了解"生态损害赔偿"这个概念，但"环境有价，损害担责"的理念谁都能明白。

为了系统处理类似问题，我们决定认真研究这项制度。2017 年 6 月，多部门组成的考察团赴此项工作起步较早的绍兴市调研。2017 年 9 月，《南通市生态环境损害赔偿制度改革试点实施方案》制定出台。就这样，棘手的案件迎刃而解，2017 年 12 月，环保部门与违法行为人签订生态损害修复协议，由赔偿责任方缴纳 1500 万元修复保证金，自行开展修复，案件得到妥善化解，南通生态损害赔偿自此也迈出了坚实的一步。

驭势，破解工作难题

以案为鉴，我们会同公检法等相关部门推进了一系列重大案件的办理，其中就包括后来被生态环境部评为全国第二批生态环境损害赔偿磋商十大典型案例的"江苏省南通市 33 家钢丝绳生产企业非法倾倒危险废物生态环境损害赔偿系列案"。到 2019 年，南通累计办理生态损害赔偿案件 78 件，积累了初步经验。

2018 年 1 月 1 日，《生态环境损害赔偿制度改革方案》施行。依托前期工作的基础，南通在省内生态损害赔偿工作方面逐渐有了一定影响。2019 年 3 月 15 日，生态环境部与江苏省政府签署合作框架协议，其中明确在南通推进生态环境损害赔偿制度实践引领区建设。2020 年 7 月，生态环境部将南通确定为生态环境损害赔偿制度改革基层联系点。南通生态损害赔偿工作有了一个更大的平台。在此基础上，我们起草了《南通市生态环境损害赔偿实践引领区建设方案》，制定了案源筛选等 7 个办法以及工作指南等 2 个手册，系统化、制度化推进这项工作。

在办理施某某生态损害赔偿案件时，我发现案件中的评估费用明显过高，企业累计损失 26 万元，但其中鉴定评估等费用就超过 19 万元，存在明显的鉴定、修复费用倒挂问题，此类问题在当时并不鲜见。为解决这个问题，我会同处室同事起草了《南通市生态环境损害评估专家库管理制度（试行）》，确定了首批 57 名专家，对小微案件实施简易评估，有效解决了评估难题，办案数量明显上升。截至 2022 年年底，南通办理损害赔偿案件 1100 余件，居全国前列。

笃行，谱写新的篇章

2022 年 4 月 26 日，《生态环境损害赔偿管理规定》发布，全国的生态损害赔偿工作逐渐步入正轨。根据组织安排，我从 2021 年 11 月开始负责处室工作。尽管前期参与办理了一些案件，但对于今后的工作仍然很茫然。因此，当省厅某处室联系我承担 2022 年惩罚性赔偿试点的时候，我内心的顾虑很多，除对于试点工作的无知外，更多源于前期工作的心理负担，但想到作为基层试点单位，为改革贡献更多经验自然是题中之义，即便这种"经验"在未来被证明是错的，也是为了改革探路。2022 年 3 月，我组织起草出台了《南通市生态环境局关于办理生态环境损害赔偿案件适用惩罚性赔偿的意见（试行）》，组织开展案例实践，被《新华日报》《中国环境报》等主流媒体报道，相关做法也获得了上级肯定。

在此期间，为了优化修复工作，我又与同事们共同策划了增殖放流、劳务代偿等修复方式，海门青龙港绿地的集体劳务代偿、海安青墩遗址的放养鱼苗等活动均受到广泛关注和报道。2022 年 9 月 28 日，生态环境部法规司安排我在第三期生态环境法治培训班上就生态损害赔偿工作与全国的同人进行了交流和分享。

近年来，"环境有价，损害担责"的理念正逐渐深入人心。回首来时路，有鲜花与掌声，也有挫折与失败，所取得的成果，除了一群人薪火相传的努力外，更多的是因机缘巧合立到了改革的潮头，从而有幸成为生态损害赔偿改革大浪中的一滴小水花，看到茧化彩蝶飞。

作者单位：江苏省南通市生态环境局

核安全监督员的一日与十年

李昊　蔡兴钢————

2022年3月一天的深夜。女儿发来的信息出现在我的手机屏幕上："爸爸，我明天要去参加演讲比赛啦，演讲题目是'我的父亲'。"而此时，作为生态环境部华东核与辐射安全监督站福清监督组组长的我，正在离家千里之外的通勤车上。夜色深沉，女儿明天要参加演讲比赛，紧张得睡不着觉，我又正要深夜前往现场监督选点试验，只能在路上为她加油鼓劲，安抚她的情绪。

随着轻微的刹车声，通勤车停在了核电机组前方。从生活区到核电厂区的一个小时车程今天觉得格外短暂。我依依不舍地结束和女儿的聊天后赶忙下车，拥有"国家名片"称号的"华龙一号"5号机组映入眼帘。这是我国具有自主知识产权的第三代核电技术，单机组年发电量近100亿千瓦时，与同等规模燃煤电厂相比，每年可减少标准煤消耗312万吨、减少二氧化碳排放816万吨，相当于植树7000万棵、造林3万公顷，对我国"双碳"目标的实现具有重要意义。

今晚在"华龙一号"有试验安排，我和同事们为保障核与辐射安全和履行监督职责，精心组织了选点监督。初春的夜晚寒风阵阵，我赶紧换上工作服，又仔细检查了一遍试验规程等技术文件后进入机组核岛厂房，和

142

同事们一起投入紧张的工作中。我们要做的工作有很多，包括开展监督准备、参加工前会、验证先决条件、试验过程监督等，每一项任务都非常重要，事关核与辐射安全，容不得半点马虎，大家都绷紧神经。等全部任务结束，我们走出厂房时，已经是艳阳高照了。

工作人员在核岛厂房内监督机组试验过程

2009 年入职以来，我经历了多个核电项目、多种核电堆型的现场监督工作，不断成长、积累，又在 2021 年来到福清核电基地，肩负起"华龙一号"全球首堆机组的监督职责。作为核设施现场监督员，开早会、现场巡视、定期试验监督、文件审查等工作使每一天都分外充实。无论严寒还是酷暑，我和同事们都得穿着厚实的工作服在高高低低的厂房内穿行，有时还得手脚并用，一遍遍俯身查验林林总总的设备，不知不觉间已度过10 余个春秋。随着福清核电 5 号机组和出口到巴基斯坦卡拉奇核电站 2 号机组相继投入商运，"华龙一号"实现了批量化和规模化建设，标志着我国真正自主掌握了三代核电技术，商业化核电技术水平跻身世界前列，我与有荣焉！

工作人员在仓库中查看设备情况
▲

　　这些年来，我和同事们早已习惯了爬穹顶、钻容器、看试验、查应急的工作方式，养成了"安全之事、丝发必究，隐患之处、毫末必去"的高度负责任的工作态度。2022年3月，上海新冠肺炎疫情给我们带来了极大的考验。一方面，同事们在上海以志愿者身份纷纷加入抗疫一线，与新冠病毒作斗争；另一方面，我在福清紧盯核电机组各项运行情况。我和同事们利用现场一线作业与网络会议、远程文件审查等信息化手段相结合的方式开展监督检查，这种"双线"监督方式确保了核安全监督力度不减、标准不降。在我们的通力合作下，顺利完成"华龙一号"首次大修监督、404大修临界控制点释放等重点工作。

　　工作起来时间总是过得飞快，下午又到了和福清核电同人党建共建的时间。华东监督站充分发挥党建引领作用，在开展监督工作的同时在福清等核电基地形成了可复制推广的"党建联建促监督"机制，促进监督工作开展，切实提升了监管效能。

　　"爸爸和我说，他是一名核安全监督员，他的工作就是守护核安全，也是守护我和妈妈的安全，守护大家的安全……"党建共建结束后，已是夜色朦胧，我乘坐返回生活区的通勤车，戴好耳机打开妻子白天发来的视频，观看起女儿演讲比赛的录像，一天的辛劳化为此刻的甜蜜温馨，"大家"与"小家"仿佛在这一刻被连通了起来。

十年如一日，一日复十年，这是我的一天，也是核安全监督员们数十年的坚守。我们亲眼见证、亲身参与祖国核电事业的安全发展。一直以来，我国始终以安全为前提发展核事业，核安全监督体系愈发完善，核电在建规模继续保持世界领先，在运在建核电装机容量跃居全球第二；从1991年我国首台核电机组并网发电算起，核能累计发电量已超过3.3万亿千瓦时，相当于减少二氧化碳排放24亿吨以上，我们正在生态优先、绿色低碳的高质量发展道路上昂首前行。

功成不必在我，功成必定有我。我们是核安全监督员，同样也是生态环保人。一枚党徽、一身工作服、一顶安全帽都是我们的"武器"；共产党人的初心使命、生态环保铁军精神是我们不竭的动力和源泉；始终坚守一线、了解第一手信息、守住核与辐射安全"阵地"是我们对自己最基本的要求。美丽中国梦终将在我们的接续奋斗中变为现实，核电强国路也将在一代代监督员的尽职守护中走得更稳、更远。

作者单位：生态环境部华东核与辐射安全监督站

注：本文根据司永杰口述整理。

"一微克"的奋斗

阚霄————

人生的挑战无处不在。

将扬州市区 $PM_{2.5}$ 从 2021 年的 33 微克 / 立方米降至 2022 年的 32 微克 / 立方米，仅仅 1 微克 / 立方米，对于我这个 2021 年 7 月才转任大气管理岗位的"新兵"来说，成了一道必须解答的难题。

在挑战面前，我选择迎难而上。

一

"阚处，我就想问你，我们的装置有没有问题？排放达不达标？"

"没问题，全部达到排放标准。"

听到我的回答，企业负责人的神情表露出的意思我最清楚不过。VOCs 已经达标排放了，何必再投资新的处理设备，增加负担。

"阚处，你跑了不止一两趟了，企业得把精力花在生产经营上。"

"李总，你别急。这样吧，我这里有个视频，你看一下，如果你还没有被触动，我保证这是最后一次。"视频里是南通的一家路桥公司，与该企业规模相当，是我特意从省里找来的。

视频播放完，我说道："李总，这家公司你也熟悉，你也看到了，涂装生产线废气治理已经升级改造过了。如果说过去你们两家公司是站在同一条起跑线上，现在，你觉得呢？"

李总沉默。我趁热打铁地劝说："大气环境质量改善只有通过污染物的减排才能实现，随着经济社会和科学技术的发展，污染物排放标准逐步提高已经是大势所趋，今天你们公司符合当前的政策，以后呢？标准提高你再响应就迟了。更何况，中央资金对企业购置先进的大气防治设备有扶持，环境税也有减免政策。李总，污染治理水平也是企业的硬实力啊！"

"阚处，早上早主动，我决定了，涂装生产线整体提升。我也是服了你。"李总打断了我的解释。

10多个月的时间，该企业新的涂装生产线经过改造投入使用，企业不仅拿到了720万元的扶持资金，而且项目建成后非甲烷总烃（NMHC）排放浓度低于45毫克/立方米。

与李总打交道，看得出他觉得我这个人"抠门"。我认为，只有一点点抠，才能从全市210家重点企业的提升改造中，抠出"一微克"的减量。

二

"老肖，你这台货车该淘汰了。"

"淘汰没有问题，补我多少钱？只要钱到位，我说话算话，立马扔了"

老肖这辆货车买了几年了，由于各种原因难以实现换新淘汰。在扬州与老肖情形一样的人不在少数，如何发挥政策的引导作用，让政策发挥出恰当激励作用，又符合扬州的实际，需要深入调研。没有调查就没有发言权，在对省内各个地级市进行详尽调研后，我花了一周的时间，起草了国三以下柴油货车淘汰奖补方案。

淘汰奖补方案一出，老肖就主动报名，而且向自己的"卡友"宣传政策。在大家的共同努力下，扬州 2022 年淘汰了国三以下柴油货车 8478 辆，提前超额完成省定 6500 辆的年度任务。

事实上，每一项大气污染防治政策出台，必须具有针对性，才能起到事半功倍的效果。

2022 年年初，大气防治压力非常大，2 月底 VOCs 排放同比上升 20%。在这样的情况下，不能有一点儿松懈与马虎。针对实际，我与处室的同志们起草并提请市政府印发攻坚争优行动方案、重污染天气应急预案等一系列文件。同时，督促全市火电、钢铁、化工、垃圾焚烧等 29 家企业落实最优排放浓度和深度减排浓度，制定落实"一企一策"深度减排措施。扬州重点涉气企业 2022 年以来烟尘排放总量同比下降 15%、氮氧化物同比下降 19%、二氧化硫同比下降 27%。

我始终坚信，"一微克"是多管齐下的政策一点点管出来的。

在现场查找污染原因 ▲

三

"老阚，人呢？说好一起去接儿子晚自习放学回家的呢？你还去吗？"

"哎呀，临时有事，我都忘了，你去接一下吧，我忙完马上回去。"

"老阚，我真是服了你，每次都这样！"

老婆似乎非常生气，我知道她只是嘴上生气，心里还是理解我的。进行大气管控，白天有做不完的行政工作，晚上夜查就成了家常便饭。

当天，扬州经济技术开发区 VOCs 出现了异常升高的现象。我第一时间找到污染源，跟着走航监测车来到现场查找原因。两三个小时过去，经排查是在线监测仪出现了故障。警报解除时已是深夜时分。

扬州作为经济快速发展和产业、人口、车辆高度集中区域，空气质量持续改善巩固难度极大。而像我一样的大气管控工作人员，只能每一天、每一个小时，从奋战中夺取"一微克"的胜利。

我们环保人是奋斗者，不仅仅是敢于接受挑战，更因为我们勇于奋斗，以奋斗者的精神追着 PM$_{2.5}$ 奔跑，用奋斗者的奉献，换来蓝天白云常驻。

作者单位：江苏省扬州市生态环境局

自动监控执法破案记

甄硕 ————

从事生态环境执法工作8年多，我已从一名"执法新兵"成长为一名业务骨干，这一路上我收获了很多，成长了很多，但让我最有成就感的要数自动监控执法业务能力的极大提升。无论何时何地，每当有同事谈起自动监控，都会引起我极大的兴趣，我喜欢听他们说今天在现场检查发现的自动监控数据如何、自动监测设备厂商是哪家、企业负责人现场针对超标数据是如何解释的等，并很快让自己的大脑进入一个数据分析、逻辑判断的情境。我也很喜欢和同事们讨论自动监控，分享自己在检查自动监控时的心得体会。

2014年8月刚参加工作时，我从事的是排污费征收稽查工作，那时已经用自动监控数据核定排污量，但当时我对自动监控设备了解得不多，现场检查自动监控设备时，也只是在一个当时自己还不知道叫什么名字的屏幕上（后来才知道叫工控机）看数据。数据种类多，导致现场检查进入站房我就发蒙，不知从何查起，一段时间内感觉自动监控太深奥，有些搞不懂。其实现在想想就觉得好笑，哪有什么搞不懂的东西，世上无难事，只要肯登攀。自2018年我正式从事自动监控执法工作，通过查阅专业书籍、深入现场一线学习自动监控设备的使用并开始破获自动监控弄虚作假环境违法案件后，我才豁然开朗，对自动监控有了更深层次的认识和理解。

"我们现场检查企业的自动监测设备，无论采用什么方法和技巧，最主要的目标就是对数据进行溯源，核实监测数据的真实性和准确性，但我们要具备'三心'品质，即专心、细心和耐心"，这是我在和同事们分享自动监控执法经验时经常说的一句话，这句话也确实是我有感而发。

天津市某企业采样平台上检查烟尘
自动监测设备现场
▲

自动监控执法技术性比较强，现场检查时，既要看硬件，又要看软件，既要消耗脑力，分析监测数据和生产设备、治污设备运行情况之间的逻辑一致性，又要消耗体力，现场需要登高爬梯、爬上爬下，种种因素导致部分执法人员不愿碰触自动监控执法领域。"现场看看屏幕上的数据达标不达标不就行了嘛""看看企业有没有备案，运维记录齐全就行"，也有同事跟我这么说，殊不知，这样的检查模式，很容易出现走过场、只看表面不看实质等情况，也正是这种对自动监控执法工作的不重视或认知空白，容易使部分企业滋生通过自动监测数据弄虚作假手段逃避监管的心理。

每当有现场检查企业自动监控任务时，我都会和同事笑一笑说："今天检查回来肯定晚，做好心理准备。"事实上也的确如此，每次外出检查自动监控设备，只要细查，肯定无法准点返程。我想只要我们具备过硬的业务素质，同时凭着专心、细心和耐心"三心"意志品质深入检查，必会有所收获。

5年来我共参与查处10余起自动监测数据弄虚作假案例，数量虽然不多，但每一个案例给我的印象都非常深刻。其中，有一个案例是我经历过的现场检查中最耗时的。那是2021年6月，我和同事作为生态环境部强化监督帮扶专业组人员进驻江苏省徐州市开展检查，现场检查某焦化厂时，破获了该企业通过修改校准曲线斜率篡改监测数据的违法行为，破获这个案子的过程非常曲折，但正是我们的专心、细心和耐心，让我们坚持到了最后，在这场与狡猾的犯罪分子的较量中赢得了胜利。

当天一早，我们驱车从酒店赶赴该企业现场，当时检查的是企业焦化炉监测点位。进入站房后，我发现设备中二氧化硫、氮氧化物和氧含量的实时数据和历史数据偏低，觉得不太正常。幸运的是，这台设备中的分析仪恰巧与前一天检查的水泥厂设备中的分析仪是一个型号，凭借对分析仪登录密码的记忆，我成功进入了眼前这台分析仪的管理员账号，查看相关参数设置，发现在"系数查看"界面中，二氧化硫、一氧化氮和氧含量的校准曲线斜率都特别低，超出日常校准逻辑。当下我就断定这家企业极有可能通过将高标气按低标浓度校准的方式，修改了校准曲线斜率。

但距离找到企业篡改数据的证据还差一步，就是需要通入标气进行核实，我要求企业现场负责人通知运维人员立即到现场配合检查，企业现场负责人开始拖延时间，称联系不上运维人员。我当时在站房的墙上找到了运维人员电话，随即与运维人员取得联系，前后共通了三四次电话，这名运维人员一开始表示同意到现场配合检查，但赶到现场需要一个多小时。一个小时之后，我打电话问他到哪儿了，他说有点其他事，需要晚到一会儿，又过了一个小时，我又打电话问他到哪儿了，他说到焦化厂门口了。但左等右等，运维人员迟迟不来，再打电话过去，他竟不接电话了，进入失联状态。

当时这种情况让我更加确定，企业现场负责人和运维人员已经串通，监测数据造假板上钉钉。后来，我自己联系了前一天检查水泥厂认识的一名运维人员，成功说服其驱车赶到现

▲在江苏监督帮扶期间现场破获某焦化厂自动监测数据造假违法行为，现场为属地公安讲解造假情况，并调取相关证据

场，携带标气配合检查，最终在企业和当地生态环境部门、公安部门的见证下，查实了企业修改校准曲线斜率的造假证据。当时已经是深夜，虽然身体已经很疲倦，但查实了案子，丰富了经验，让我感到十分欣慰！这个案例只不过是我们日常执法工作中的一个缩影，每次在外检查自动监控，时间肯定短不了，累是累，但总有收获。

作者单位：天津市生态环境保护综合行政执法总队

自动监控执法破案记

拯救"水中大熊猫"

程华————

　　每当巡逻至江边，我总会想起长江鲟，想起它们奋力跃入江中的样子。那一刻，重新回家的它们一定是喜悦的吧。

　　2021年冬季的一个凌晨，正在巡逻的我接到群众举报，重庆市南岸区哑巴洞江边有人非法捕捞，我立即带着几名民警赶去。

　　近年来，为保护生态资源，公安部在全国部署开展打击长江流域非法捕捞专项整治行动，重庆市政府也出台有关禁渔规定，但非法捕捞案件仍时有发生。在市公安局环保总队的统一指挥下，南岸区分局联合区级相关部门成立"长江流域非法捕捞治理专班"，依法对非法捕捞行为予以打击，我所在的南岸区分局食药环支队就是具体牵头部门。

　　赶到哑巴洞江边已是凌晨两点多。寒风中，我们隐蔽在草丛里，只见一点微光如鬼火明灭于远处江面，约40分钟后，一只橡皮艇鬼鬼祟祟划来，在离岸边七八米的一艘清漂船旁停下。一个黑影提着一只口袋，跳下橡皮艇上了清漂船，少顷又下了清漂船跳上橡皮艇。橡皮艇消失于江面迷雾中……

　　次日清晨，接到我的电话的南岸区农委渔政执法大队苏队长与长航公安分局民警上了那艘几乎废弃的清漂船。打开被铁丝拴着的船舱，12

条活鱼被惊得"哗啦"乱蹦。他们惊呼："好像有国家濒危珍稀动物长江鲟！"

我闻讯带着民警赶往哑巴洞，西南大学渔业资源环境研究中心的专家也在接到警方电话后赶来。这位渔业专家从事鱼类研究与保护多年，曾牵头起草《关于重庆市长江流域重点水域实行全面禁捕的通告》。经专家查看，除一条西伯利亚鲟、两条杂鲟外，其余 9 条身长三四十厘米，体色背部深腹部浅，流线型身体上长着 5 条坚硬的骨板——正是长江鲟！

长江鲟是国家一级保护动物，属于长江独有的珍稀野生动物，在地球上生活已超过 1.5 亿年，有"水中大熊猫"之称。前些年，过度捕捞、非法捕捞、环境污染等因素导致长江鲟已极其罕见。

"长江鲟对维护长江生态系统意义非凡，保护它们就是保护我们的母亲河，保护人类赖以生存的家园啊！这些非法捕捞者是在犯罪！"专家痛心疾首道。他戴上手套，小心地给鱼量身长、体重，消毒，拍照，记录数据……在留存资料后，这位专家轻轻捧起鱼，像捧着自己的孩子："回家啦，快回家吧……"

当天，由南岸区分局与长航分局组成的"2·6 非法猎捕珍贵濒危野生动物案专案组"成立。寻找非法捕捞者，从查找清漂船主开始。船主老吴当年做野生河鱼生意赚得盆满钵满，从 2020 年政府下达禁渔令后，老吴经营转向，清漂船失去了用场，就托给搞清漂的赵老头帮忙照看，而赵老头在案发时段回四川老家去了。紧接着我们围绕橡皮艇展开摸排，南岸沿江地带可能见过橡皮艇的人包括大量钓友被细细过滤，一周后，一名叫赵前的"80 后"男子进入我们的侦查视线。

一个月后，体格健壮的赵前被我们堵在家中。从他家里搜出的两张 100 多米长的拦河网、阳台上砖砌的大水池、多笔数百上千元的进账记录以及付款方证词足以说明，长期靠江吃江的赵前并未因禁渔令而收手。专案民警循着赵前的银行流水记录倒查 30 多人，对方多是他捕捞的野生鱼的买家。"我哪有野生鱼，都从三亚湾水产市场买来，再冒充野生鱼转卖给他们的！"赵前说了一串水产铺的名字，我们去三亚湾市场逐家了解，水产老板们一看照片纷纷摇头道："这谁啊？""没见过这人。"

直到我们出示了几段从赵前的同伙那里提取的视频，赵前才短暂地愣了一下。视频里，几条鱼在盆里徒劳地挣扎，伴着一群人得意的笑声，一条长江鲟被一只大手粗暴地倒提起来："嚯，这盆鱼要万把块哟！"

"啥长江鲟？我不晓得。"企图装傻的赵前很快被同伙的证词打了脸。

视频录制时间是去年一月，赵前与社会人员蒋二、刘桥等人准备喝酒。刘桥问赵前："有没有好鱼吃？"赵前便叫上刘桥划着橡皮艇上了那艘清漂船，从舱里抓出之前捕的一条长江鲟、一条水米子 *，随后他们去了一家农家乐。见一群人嚷嚷着围观刘桥杀鱼，赵前咋呼："这是国家一级保护动物，吃就吃，千万莫显摆莫发视频！"可还是有人把现场场面拍了下来。可怜长着坚硬骨板的长江鲟，终究成了一群饕餮之徒的下酒硬菜。

后经西南大学司法鉴定，那条被他们吃掉的长江鲟生态价值达 7.5 万元。渔业专家愤慨地说，这群人的野蛮行为，直接造成国家保护野生鱼类生态功能的永久性损害！

2021 年 12 月，人民法院以危害珍贵、濒危野生动物罪，非法捕捞水产品罪数罪并罚，判处赵前有期徒刑两年七个月，并处罚金。2022 年 4 月二审法院维持一审判决结果。刘桥、蒋二也因危害珍贵、濒危野生动物罪分别获刑并处罚金。

江边恢复了往日的宁静。

每当巡逻至江边，我总会想起长江鲟，想起它们奋力跃入江中的样

---

* 水米子为重庆方言，系一般野生鱼。

子。是的，对于人类，那叫远走，而对于鱼儿，那叫回家。作为一名长江生态环境守护者，我和我的同事们祈望长江鲟能快乐地生活在它们的家园里——那也是人类的家园、人与生灵共同的家园。

万物各得其和以生，各得其养以成。大江奔流，不舍昼夜……

作者单位：重庆市公安局

注：文中嫌疑人系化名。本文根据重庆市公安局南岸区分局蔡飞口述整理。

拯救「水中大熊猫」

打通长江源头"最后一公里"

贾小华————

工作中，我常对同事们说："作为一名生态环境监测工作者，应当感到无比光荣和骄傲，因为生态环境监测工作就像是在给大自然生态环境做体检，我们就是名副其实的环境医生。"

▲格拉丹东长江源头的"冰塔林"

勇于探索 把脉问诊长江源头

格拉丹东作为唐古拉山脉的主峰，是我国最具特色的冰川雪山之一，是长江源头、沱沱河正源的发源地，长江的第一滴水从这里涌出，正是这平凡的一滴水孕育出了伟大的母亲河长江。为深入贯彻落实习近平总书记对长江生态环境保护的重要指示批示精神，2021年，在西藏自治区生态环境厅党组的带领下，西藏自治区生态环境监测中心积极沟通对接生态环境部生态环境监测司和中国环境监测总站，中科院青藏所及河海大学，上海市、江苏省、江西省、辽宁省生态环境监测中心等单位，组成格拉丹东区域生态环境监测组，首次开展格拉丹东长江源区域生态环境质量状况专项调查。先后派出98人，经过30天的艰辛历程，数万公里的生命穿越，对格拉丹东长江源区域的枯水期、丰水期、平水期开展了首次环境"体检"。

▲监测组在长江源头合影留念

不畏挑战　践行环保初心使命

格拉丹东的姜根迪如冰川是此次监测的一个重点区域。这里自然要素丰富、生物种类多样，冰川、雪山，置身其中的藏羚羊、野牦牛等共同组成了绝美的天然画卷，正是山水林田湖草沙是生命共同体的真实写照。

河床中一座座隆起的冻胀丘吸引了大家的注意，经过仔细观察，发现它是由一层层自内向外的冰块组成的，里面充满了致密的气泡，专家根据经验判断其是由于丰富的地下水外溢冻结形成的。为进一步证实推测，监测组人员根据地表水和地下水的水温、电导率等特性，沿河床溯源而上，发现电导率由下游的超 2000 微秒／厘米逐渐升高至上游的数万微秒／厘米，说明姜根迪如区域地下水系丰富且互通互联，同时也证明了长江源在丰水期主要由冰雪融水和降水补给，在枯水期和平水期主要由地下水补给的复杂水源状况。

格拉丹东无人区常年冰封，零下 20 摄氏度的严寒，呼口气立刻能结成冰霜；这里的含氧量仅为内陆地区的四五成，严寒和稀薄的空气挑战着监测组每个人的身心极限。

监测组的同志们为了保证样品采集的精准性，赤手对接近冰点的河水进行样品采样、现场筛集、分瓶灌装、固定保存。由于气温过低，用胶布标记样品时，同志们的手指皮肤常被胶布撕扯得鲜血直流；为了防止水样采集瓶冻裂，大家两人一组，徒手对采集瓶进行保温，因为双手长时间接触冰冷的河水，十指被冻得通红，僵硬到无法弯曲，指尖处都挂着冰凌。

▲监测人员开展水生态和新污染物现场采样

笃定信念　争做监测逆行勇士

由于车辆无法抵达姜根迪如冰川冰湖源头的采样现场，监测组的同志们只能徒步前往。大家背着采样仪器设备，相互搀扶，小心翼翼地行走在脆薄的冰面上。徒步行进约 2 个小时后，终于看到了连绵成片的冰塔林。伴着冰下潺潺的流水声，监测人员按照分组进行采样、记录，迅速投入现场作业中。为了尽可能多地采集样品，为下一步指标检测做好支持，监测组成员不顾缺氧和寒冷对身体造成的不适，坚强地背起装满 30 千克水样的采样桶，在接近 5400 米海拔的高原上负重徒步 2 个小时，终于将水样完好无损地送上车，圆满完成采样任务。

▲监测人员徒步前行开展地表水采样

不惧风雪　彰显铁军忠诚担当

格拉丹东的岗加曲巴冰川是另一个重点监测区域。监测组披星戴月，经过近 4 个小时的路程，终于到达岗加曲巴冰川末端。岗加曲巴草甸丰茂，冰川、雪山也比姜根迪如雄伟得多，但却缺少地下水、戈壁、湖泊、沼泽等自然要素。难道这就是岗加曲巴冰川退缩远远超过姜根迪如的原因吗？要回答这个问题，需要科学的方法和准确的监测数据。于是，大家纷纷纷拿起监测仪器和采样工具，开始现场监测和样品采集。

正当大家全神贯注开展工作时，暴风雪说来就来。一阵狂风刮过，裹挟着密集的雪花，顷刻间遮天蔽日，能见度不足两米，大家互相招呼着，赶紧收拾仪器设备撤离。车队刚驶离冰川末端，积雪就淹没了来时的车辙。一旦迷路，救援的队伍进不来，车辆油箱里的汽油也所剩不多，暴风雪时间一长，后果将不堪设想。我心急如焚，仔细辨认着路上的车辙，40分钟后，车队终于驶出无人区，所有人忍不住欢呼起来。

在近一个月的监测工作中，有危险、有艰辛，有惊讶、有感叹，更多的是收获，收获的不仅有看得见的监测样品，也有看不见的精神财富——一种根植于环境监测科研人身上坚韧不拔、团结奋进的精神。此次专项调查共确定了16个地表水、16个生境调查、6个新污染物、14个水生态、2个土壤、3个冰雪和2个空气的监测点位，取得现场监测数据逾190个，样品1500份，完成现场记录62份，试验分析数据逾4000个，真正打通了长江源头"最后一公里"，填补了格拉丹东区域生态环境监测的空白。西藏自治区生态环境监测中心在2022年被生态环境部评为"第三届中国生态文明奖先进集体"。

进入新时代，西藏自治区生态环境监测中心主动作为、勇于担当、履职尽责，在保障国家污染防治攻坚战、国家及自治区两级生态环境保护考核以及典型区域、重大工程建设中形成了全区生态环境监测工作一盘棋的格局，西藏自治区生态环境监测能力得到了大幅提升，实现了与兄弟省市工作从"跟跑"到"并跑"，为筑牢国家生态安全屏障、创建生态文明高地以及保障经济社会高质量发展等方面提供了坚实的监测数据支撑和环境科研服务，展示了新时代高原生态环境监测人应有的价值。

作者单位：西藏自治区生态环境监测中心

从微光到霞光

——为了中国民间生态环境保护力量闪亮蒙特利尔 COP15

彭奎————

"'昆明—蒙特利尔全球生物多样性框架'通过！"北京时间 2022 年 12 月 19 日凌晨 3:30，联合国《生物多样性公约》（以下简称《公约》）第十五次缔约方大会（CBD COP15）主席、中国生态环境部部长黄润秋一锤定音。而我，一位来自中国民间环保组织的生态环境保护者，有幸亲历和见证了这一历史时刻。

2019 年 5 月，在生态环境部的支持下，我们作为社会组织力量之一，与其他 8 家机构携手发起了"公民生物多样性保护联盟"，为中国的社会组织、企业等民间机构搭建了参与 CBD COP15 的平台。2021 年 9 月，我们有幸作为承办单位之一参与助力了由《公约》秘书处、生态环境部和中联部联合举办的"COP15 NGO 平行论坛"。全球 249 个机构参加了论坛，论坛发起了三大行动倡议，推出了《生物多样性 100+ 全球案例》。在深度参与论坛的过程中，我还牵头组织策划并成功发起了"非国家主体自主承诺"行动，收集了 45 个民间生物多样性保护承诺并成功上线《公约》全球承诺数据库，其中包括推动中国民间做出了未来 10 年投入 25.5 亿元人民币的承诺，使中国一跃成为全球自主承诺最多的国家。

微光已成火炬，但我清楚地知道，尚未到我们庆功之时。关于全球生物多样性框架的谈判仍在紧张进行，将达成最终协议的 COP15 第二阶段会议（以下简称"COP15-2"）还未召开。2022 年 6 月，当我得知 COP15-2 将移师加拿大蒙特利尔后，心中不免有些担忧，甚至一度感到沮丧，此时距会议召开不足 6 个月，面对严峻的疫情形势，我们要不要参加？如果参加，是否重复去年的活动？应该如何在异国他乡与全球的民间组织、国际机构和政府打交道？中国民间机构会因为不熟悉程序而缺席这更重要的历史时刻吗？虽然萦绕着众多问号，但已来不及犹豫，我很快决定：全力参与，争取成行！但是要做不一样的事情——抓住历史机遇，协助中国环保社会组织在生物多样性领域发声。

我随即召集同事们制订参会策略：一是以全球关注的生态保护与社区发展的矛盾为焦点，设计主题边会和论坛；二是与《公约》秘书处紧密联系，争取获得主办权和场地；三是牵头组织 4 次培训会、交流会和行前会，为中国社会组织顺利赴加拿大举办活动提供充分信息；四是与生态环境部、《公约》秘书处和加拿大使馆等多方沟通，为中国民间机构和企业提供边会信息以及注册、签证等指引；五是积极促进中国民间机构与来自全球的非国家主体展开现场交流和互动，助力生物多样性谈判。

时间飞逝，COP15-2 召开在即。我们已成功申请主办一整天的非国家主体论坛、1 个中非沙龙和 2 个中国角边会，参与方拓展到全球 40 多家合作机构，这完全超出了我们的预想。作为这些活动的总负责人，我背负着巨大的任务压力，和同事提前 10 天抵达加拿大蒙特利尔，开始最后的准备工作。我们选择离《公约》秘书处和中国代表团办公区最近的地方作为临时办公点，以方便随时沟通并寻求帮助。在这 10 天中，我们起早贪黑，在临时办公点与合作方开会确定细节、完善日程、联络嘉宾、布置会场、预定后勤服务……努力将每个活动做到尽可能完美。

2022 年 12 月 9 日，20 多家机构联合举办的论坛——"加强非国家主体共同行动，支持生物多样性保护与绿色发展共赢"终于如期召开。论坛分为4个主题，来自全球58家国际组织、政府机构、NGO、企业、社区的代表参加了发言和讨论，《公约》秘书处为此进行了官方宣传。执行秘书穆雷玛率领5位官员出席论坛，在现场发表致辞并参与圆桌对话；生态环境部自然生态保护司领导在现场开幕致辞中表示，非国家主体利益攸关方在生物多样性保护进程中发挥了非常重要而独特的作用。论坛取得了"中非民间生物多样性对话平台"发布、"中国可持续农业委员会"成立等8项标志性成果，吸引了各方关注。12月9日，还举办了"共生的智慧"边会、"小农种子"边会等，诸多活动使这天成为中国NGO的"big day（大日子）"。

　　2022年12月12日傍晚，由我们和非洲野生动物基金会牵头的"中非生物多样性行动沙龙"顺利举办。40多位非洲代表和20余位中国代表就如何推进框架谈判、如何开展中国与非洲民间生物多样性保护合作展开对话交流。12月13日傍晚，我们还联合中华环保基金会在中国角举办了"非国家主体自主承诺助力全球生物多样性框架目标"主题边会。

▲ 活动海报

20 余天穿梭在蒙特利尔的会场，我常常忘记了时间，但却欣慰地看到更多中国民间生物多样性保护力量的协作之光在白雪皑皑的蒙特利尔分外闪耀。

中国民间行动的火炬变成了霞光，我相信，未来将呈燎原之势，加速中国民间机构走向世界的步伐，中国民间环保组织将深度参与全球生物多样性保护和治理，能为此贡献一份力量，我深感荣幸与自豪！

作者单位：永续全球环境研究所

集结力量　为爱奔跑

蒲冰梅————

　　"梅姐，梅联村海滩有一头鲸鱼搁浅，需要紧急救援！"2023年2月15日19：30，刚端起饭碗的我被一通求助电话打断。作为一个参与鲸豚救援工作十多年的人，我最怕的就是接到这样的求助电话，这意味着又有鲸豚搁浅，命悬一线。但同时又有点庆幸，这头鲸豚生命垂危之际，能够及时被发现并救治。没有过多思考，我赶紧放下碗筷，联系在场志愿者通过现场视频确认事件真实性，了解现场情况。通过视频我看到在三亚市崖州区角头湾海域有一头鲸鱼正在海水中随着海浪翻滚，用尾巴无力地拍打着海岸，呼吸孔不时有海水进入，情况危急。我立即将情况上报三亚市农业农村局，也顾不上吃饭，安顿好孩子、换好衣服，与生物保育中心、救援队的工作人员一起第一时间携带救护担架、药品等物资赶赴现场。

　　每一次的鲸豚救援都是一场与死神的时间赛跑。为了及时对搁浅鲸豚采取正确的基础救护，在路上我立即组建了一个由职能部门、专家、兽医、救援队、社会志愿者组成的"鲸豚救护群"。由职能部门监督救援过程，专家及兽医远程指导现场志愿者开展基础救护。由于海滩游人较多，为避免搁浅鲸鱼遭受周围嘈杂环境的惊扰，在我们的指导下，救援队队员和海岸派出所民警手牵手形成一道人墙，为搁浅鲸鱼树起安全屏障，同时调来水桶、毛巾为鲸鱼保湿。这些基础救护措施为后续救援工作的展开赢得了更大的救治机会。

20∶50，我们和兽医团队终于抵达现场，奋力穿过人群，看到了在志愿者围成的安全线内的鲸鱼。经过与专家的共同鉴别，初步判定这是一头侏儒抹香鲸，体长约 3 米，体重约 250 千克，体形消瘦，体表有多处达摩鲨咬痕和礁石刮蹭外伤，身体虚弱。经兽医初步判断，这头侏儒抹香鲸的身体状况不佳，无法直接放归大海，急需转运至救护站接受进一步治疗。根据路上的分工，我们开始各自行动：兽医团队负责给侏儒抹香鲸采血，静推生理盐水和激素，并对体表伤口进行消毒清理；救援队队长负责指导现场人员为搁浅的侏儒抹香鲸在海滩挖暂养池；我和同事负责联络社区渔民志愿者寻找合适的物料和车辆，为转运工作做好准备……一切工作都井然有序地进行。很快，社区渔民志愿者找来了 4 根较粗的钢管配合担架布搬抬鲸鱼，我也终于在货运平台找到了合适的转运车辆。随后，我们和现场警民合力将鲸鱼连夜转运至生物保育中心进行救治。

2 月 16 日 0∶30，搁浅的侏儒抹香鲸被成功转运至救助站。但因其身体虚弱，再加上严重的外伤，已无法自主游动，志愿者在水中一直托举着它，配合兽医团队为其止血，并及时补水和抗生素。我们为侏儒抹香鲸制作了浮漂以保证它能在水中正浮，同时由专人在旁边看护，避免其侧翻呛水。凌晨 2 点，在 22 摄氏度的海水中浸泡近 2 个小时的我们有些扛不住了，我只能在网络上发起求助。在距离救助点 80 多千米的万宁，一位潜水志愿者第一个联系我，但她住得太偏不能及时赶到，于是她又帮忙协调了 3 名附近的潜水员志愿者前来救急。第一夜总算平安度过。

为保证侏儒抹香鲸 24 小时有人守护，16 日一大早我联系了三亚市潜水协会寻求支援，很快一条潜水员志愿者爱心接力的招募信息在网络上迅速传播，引来 100 多名专业潜水员报名。志愿者每 4 人一组，每 6 小时一班，轮流值班。他们需要不时扶住浮漂，防止鲸鱼侧翻；不时托举鲸鱼头部，防止其呼吸孔进水；不时为鲸鱼洒水，保持其皮肤的湿润，同时协助兽医为鲸鱼输液、喂食等。然而，遗憾的是，这头搁浅的侏儒抹香鲸还是没能幸存。23：20，我怀着沉痛的心情宣布"侏儒抹香鲸已离世，值班取消"。那一夜，参与救援的志愿者们为侏儒抹香鲸命名"蓝宝"——蓝色星球的宝贝。

▲侏儒抹香鲸蓝宝救援

2月17日，我和中科院深海所专家团队以及两家救助站专业兽医团队共同对蓝宝的尸体进行解剖，寻找搁浅死亡的原因。经过约5个小时的解剖，我们发现，它的胃内有大量塑料垃圾，并且寄生大量线虫；心脏有瘀血块；肺部轻微病变并有少量积水。最让我们感到意外和难过的是，如此瘦弱的侏儒抹香鲸体内竟还孕有一头刚成型的雄性鲸宝宝，它还未曾来到这个世界就已随妈妈一同离去。

虽然28个小时、100多人次的接力救治未能挽救蓝宝和它宝宝的生命，但蓝宝的离去也让更多的公众开始反思，人与海洋如何和谐相处。蓝宝的全城接力救援也为海南鲸豚救援工作积累了更多宝贵的经验。我们要做的还有很多。

与蓝宝相比，2022年4月7日在昌江棋子湾搁浅获救的印太瓶鼻海豚Chess要幸运很多。经过11个月的救治，Chess身体基本恢复并于

▲印太瓶鼻海豚 Chess 成功放归大海

2023年3月1日上午成功回归大海！这也是我们开展鲸豚保护工作以来第一个成功放归的案例，意义重大！这也更加坚定了我们做好鲸豚保护工作的决心，我们期待人与海洋、人与自然和谐共生。

为了加强生物多样性保护工作，作为以海洋保护为主旨的民间公益组织，成立16年来，我所在的团队一直积极致力于海龟、鲸豚等水生野生动物保护工作。在主管部门的指导下，我们联合科研院所设计制作了"海南省重点水生野生动物保护手册"，走入渔村、社区、学校、企业开展水生野生动物保护科普宣传工作，截至目前，已在海口、三亚、乐东、万宁等地开展200余场生物多样性保护主题讲座，分发"海南省水生野生动物保护手册"5000余份，向25000余人普及了水生野生动物保护知识。

在有关部门的指导下，我们也联合各方在全岛初步建立了覆盖科研院所、海洋动物救护基地、社会组织、专业救护志愿者的鲸豚救护网络，并培育了专业的鲸豚救护志愿者队伍。一旦发生搁浅事件，我们能及时调动志愿者及网络资源参与全岛各地的鲸豚救护工作，为水生野生动物打通生命救护通道。截至目前，已累计救治海龟、鲸豚100余头。

海洋保护是一场没有终点的爱心接力，我们愿与更多关爱自然的人们一起继续为爱奔跑！

作者单位：蓝丝带海洋保护协会

从人民空军到环保"空军"

房大梁————

"油门减小，好，别给油了，打点左副翼，方向往左给点，镜头下调，对准目标，录像、推杆、变焦。"这是我在生态环境督察暗查时经常对操纵无人机航拍取证的新手同事说的话。

我曾在中国人民解放军空军某部队服役，作为飞行一线的地面保障人员，长期在指挥塔台工作。飞行对我而言，除了热爱和情怀，也有一丝遗憾——只能无数次抬头仰望"鲲鹏展翅"。

接触环保"空军"新领域

2019 年，我从空军部队转业至生态环境部华北督察局，踏上生态环境保护督察的新征程。刚来局里时，我看见同事从库房中拿出一个大箱子，再一打听，说是无人机。空军出身的我，不禁对这个新奇的事物充满好奇，原来这就是无人机，我能不能像飞行员一样驾驶它？当时，华北督察局按照"2345"工作思路，提出要建设"勤钻研、善创新、高标准、敢碰硬"的"四型"团队，其中无人机等各项新技术的实际应用，作为"四型"团队建设的一项重要内容被加紧推进。

没想到离开空军部队，还有机会接触飞行。对飞行的热爱，驱使我研究起这个新鲜事物。我不仅从网上查找操作手册，而且不放过任何一次出差督察"练手"的机会。

有一次，我尝试操作无人机，但由于操作不熟练以至于返航时被树枝刮落"炸机"。对于这次"炸机"事故，我所在处室的负责人并没有责备，而是鼓励道："看你对无人机这么感兴趣，你就在这方面多花点心思。最近，咱们处牵头组织局里进行无人机培训，你就负责联络相关事宜吧。"

激发环保"空军"新优势

2020年11月，我作为华北督察局第一批"飞手"，参加了无人机培训。有了上次"炸机"的前车之鉴，我在这次培训学习中格外用心，和参加培训的同事你追我赶，白天练习模拟机、外场飞行，晚上学习理论、复盘飞行过程，常常忙到凌晨一两点。为了能多约一次飞行课，我们天天追着教练加课。功夫不负有心人，我最终以优异成绩一次性通过考试，取得了中国民航局颁发的Ⅲ类多旋翼无人机视距内驾驶员资格。

为了推进无人机应用，华北督察局安排我联系采购了两台便携易操控的无人机。这两台无人机在随后开展的中央生态环境保护督察中发挥了重要作用。

2022年年初，在第二批第六轮中央生态环境保护督察中，我结合施工特点，利用无人机、卫星遥感技术，发现了多起隐蔽围挡"两高"项目未批先建的问题，固定了相应证据，充分发挥无人机效率高、定位准、视野广、影像全的优点，确保了环保督察的精准性和科学性。

无人机不光圆了我的飞行梦，也让我对生态环境保护督察工作方式方法的创新有了更深的理解。2021年以来，我与同事们通过"飞行"拍摄了很多媒体曝光的"典型案例"视频，一些"典型案例"在央视新闻中播

▲现场督察时操控无人机航拍取证

出，对生态环境违法行为形成强大震慑，推动破解了一些影响重大、久拖不决的难题，切实解决了一批群众身边的突出生态环境问题。

激活环保"空军"新动能

华北督察局高度重视新技术、新手段的应用，通过组织各类活动激发年轻同志对无人机等新技术应用的热情，打造出一支生态环境保护督察"空军"队伍。

为达到"以赛促学、以赛促练"的目的，2022年，我牵头组织了"华北督察局无人机大比武"活动，全局所有"飞手"通过理论、实操两部分考核，以贴近实际督察场景的实战化演练进行了一次"大练兵"。

为了提高新技术、新手段应用水平，华北督察局形成了"老飞"带"新飞"的帮带模式，同时关注无人机发展新动向，多次邀请无人机专业人员培训演示，采购了红外热成像无人机，极大地拓展了无人机在环保督察中的应用范围。

我的成长经历，是中央生态环境保护督察走向纵深的一个缩影，也是

▲华北督察局无人机大比武现场

在推动绿色发展、建设美丽中国的广阔舞台上施展才干、实现梦想的一段平凡的故事。进入新时代，我将继续探索创新，以饱满的精神状态、昂扬的奋斗姿态践行生态环保铁军的初心使命。

作者单位：生态环境部华北督察局

我是贺兰山的守护人

郝小军 ——

　　贺兰山位于宁夏与内蒙古的交界，是我国重要自然地理分界线和西北重要生态安全屏障，维系着西北至黄淮地区气候分布和生态格局。贺兰山是宁夏人的"父亲山"，曾遭遇过度无序开发，生态系统的完整性和稳定性遭受严重破坏，其防风固沙、涵养水源和生物多样性保护等生态功能降低，区域生态安全面临严重威胁。

▲还"父亲山"原貌，生态环境修复治理刻不容缓

　　一座山与一群人总是有感情、有记忆的。2017 年 5 月，宁夏大地上

打响了"贺兰山生态保卫战"。一群致力于贺兰山生态环境整治修复的"自然之子"以如山的责任许下承诺，顶风雪，冒严寒，抓整治，促修复，用脚步丈量、以生命履行，缀连起一道上下同心、全域一体的生态保护防线。我也是其中的一员，是这场刻骨铭心的"生态保卫战"的亲历者。

我叫郝小军，出生在贺兰山脚下，是贺兰山自然保护区管理局的一名护林员。在我儿时的记忆中，贺兰山是那样的令人神往，高耸的山峰，茂密的油松林，欢快的岩羊和马鹿在山涧嬉戏跳跃，大山宁静而安详。

参加工作后，我常年在山间巡护驻守，时常为贺兰山的美丽景象所折服，那里有油松、蒙古扁桃、蓝马鸡、岩羊……俨然是一个充满生机活力的自然之园。一路走来，在党组织的培养下，我先后担任护林组长、管理站副站长、站长等，也对这座令无数人向往的"父亲山"有了更深刻的了解。

2003年以后，一辆辆重型机械车轰隆作响地开进贺兰山，山上的一切发生"恶"变。大大小小的砂石场、密密麻麻的矿坑不断出现，山上不再是鸟语花香，取而代之的是各种机械的轰鸣声。望着生病的"父亲山"，我彻夜难眠。

2017年5月，宁夏回族自治区党委、人民政府以壮士断腕的坚定决心和铁拳治乱的顽强意志，打响"贺兰山生态保卫战"。我激动不已，并加入生态整治的队伍，和"战友"们把根扎在山上，加班加点摸排保护区内整治点位，掌握最基础的第一手材料，一点一册建档立案，夜以继日地实地核查整改卫星遥感监测点，化解整治现

▲在生态整治现场核查

场矛盾，啃下了一个又一个"硬骨头"。

2017 年 8 月中旬，正值整治现场大范围拆除清退，一位 70 岁的老人带着他的两个儿子堵在了我们面前。经了解，老人一家十几口就靠着在洗煤厂工作来维持生计，洗煤厂拆了，断了他们的生活来源，一家人抵触情绪非常大。在接下来的日子里，我和地方指挥部的负责同志陪着老人谈心，讲政策、想办法、谋未来，最后老人主动配合完成拆除清退。我们也不负老人一家的期望，为他们解决了生活和就业困难，老人说了一句话深深地感动了我们："感谢党、感谢政府、感谢你们，我这把老骨头也为绿水青山做贡献了。"

哺育我长大的贺兰山逐渐变绿了，陪伴我成长的野生动物们也逐渐回归，我们的"父亲山"身体康复了，昔日的鸟语花香、岩羊欢跳、金雕俯瞰的美景回来了。

如今，我最喜欢做的事就是踩着百踏不厌的巡护路，看着岩羊在崖间

▲ 变绿的贺兰山

欢跳、在溪边静饮，背靠灰榆，有花香绕鼻、鸟鸣盘耳，呼吸着清新的空气，感受着满山的绿意，感慨着大自然的馈赠。宁夏贺兰山生态环境整治和修复工作生动地诠释了绿水青山就是金山银山的理念，受到了中央生态环境保护督察办公室通报肯定，也被自然资源部列入全国生态保护和修复十大典型案例之一。

人不负青山，青山定不负人。贺兰山的"愈合"之路是宁夏加强生态系统治理、探寻人与自然和谐共生与协调发展的全新路径，曾经的生态"痛点"华丽转身，贺兰山的自然生态本底随着环境的改善持续向好。

作者单位：宁夏贺兰山国家级自然保护区管理局

轮椅上的"特别坚守"

杨进举　叶相成　陈霞——

　　我叫杨进举，是十堰市一个民间公益组织的成员。三年来，春夏秋冬，寒来暑往，我经常身着红马甲来到汉江边，自发记录水文环境情况、捡拾白色垃圾、开展生态文明劝导等活动。

　　经常来汉江边转转，既能欣赏汉江清澈如碧的美景，又能为守护汉江尽些绵薄之力，我感到很开心。

　　汉江经过位于丹江口水库中上游的小城郧阳，形成一个大大的"C"形。这些年来，我切实感受到，郧阳区坚持治水、护水、兴水，一幅水清、岸绿、河畅、景美的画卷正徐徐展开。江边的这一大片沙滩，如今已成为"网红"打卡地。

　　有一次，我心情有些郁闷，就驾着电动轮椅车到汉江边散心。突然，一群红马甲映入眼帘，有男有女，有老有少，他们人人一手持小铁钳，一手拿垃圾袋，沿着汉江畔边走边捡拾垃圾。

　　走近观察，这些红马甲上的义工标识格外引人注目，我这才知道，是义工协会在汉江边开展环保公益活动。

　　经过仔细询问得知，义工协会是一个民间公益组织，成员们经常在汉江边开展公益活动：春秋季汉江边美景如画，游人如织，他们就重点到江边开展文明劝导与捡拾垃圾活动；夏季气温高，有些人想到汉江里游泳，他们就到江边巡河，重点向人们宣传防溺水等方面的知识，讲述防溺水的重要性；冬季汉江边风大，一些垃圾被风吹落江边，他们就重点在江边捡拾垃圾等。

受到义工协会志愿者无私守护汉江之举的感染，我当机立断道："我也要加入郧阳小草义工协会，和大家一起巡河护水！"

见我是一名残疾人，行动不便，大家纷纷婉言相劝。我说："你们莫看我残疾了，但我也有一颗为大家服务的热心，我是残疾人，虽做不了大事，但绝不会拖大家后腿，我有的是时间来巡河，我可以帮忙监督、帮忙喊人、帮忙宣传……"

经软磨硬泡，加上被我的诚心感动，义工协会最终通过了我的申请。

从此，我经常驾着电动轮椅车，穿着青色的夹克，外面套着一件红马甲沿着汉江边巡逻。一次，我在汉江边捡拾垃圾时，突然看到旁边一个男子抽完烟后把烟头随意丢在沙滩上，踩了一脚就准备离开。

"这位大哥，这里不能乱扔烟头！请您把烟头捡起来扔到垃圾桶里。"我快速上前，挡在那个男子的面前。那男子不情愿地转过身来，捡起烟头，嘴里嘟囔着："这么大的江滩，扔个烟头坏啥事嘛！"

▲杨进举在汉江边巡河

轮椅上的我笑了，却严肃地说："可别小看这烟头，被冲到江水里后，产生的有害物质对水质影响很大。我们是南水北调水源地，如果大家都扔一个烟头，还能保证'一江清水向北流'吗？"

扔烟头的男子听了，讪讪

地说："以后不扔了。"说完，逃也似的走开了。

一位经常在汉江边走路健身的老大爷这样向大家推荐我："每次来汉

▲ 义工们在汉江边巡河

江边都能看到杨进举，他是义工协会的志愿者，是咱们汉江的'民间河长'。他为了保护这里的环境可认真负责了。"

三年来，我一辆轮椅、一把铁钳，默默坚守在汉江边，全力守护着一江碧水，为南水北调中线工程调水安全贡献力量。

点点善举，凝聚大爱。如今，汉江郧阳段巡河护水行动成为郧阳人的日常习惯。2020年，义工协会被评为"湖北省民间河湖长示范团队"。我坚持巡河护水，也连续多年被义工协会评为"优秀会员"。

作者单位：湖北省十堰市生态环境局

注：本文根据郧阳小草义工协会杨进举口述整理。

轮椅上的"特别坚守"

追峰人

田相和　李妮斯————

　　我是田相和，住在成都市温江区。作为一位热衷在成都拍摄雪山的"追峰人"，从 2008 年在温江第一次拍到四姑娘山至今，我的镜头记录了不少与雪山"打照面"的瞬间。

　　说起我和雪山的缘分，还需要把时间调回到 14 年前。2008 年一次偶然的机会，我在一座居民楼顶拍摄到了一幅雪山的画面。当时我还不知道那座雪山具体叫什么名字，后来才得知，那正是大名鼎鼎的四姑娘山。

　　我见过太多美景，但回想起当时无意间拍到雪山时的场景，仍然既激动又感慨。从那以后，我也成为一名忠实的城市里的雪山眺望者。直至今日，雪山依旧是我的拍摄主题。站在楼顶，碰到好天气，就可以远眺四姑娘山幺妹峰、蜀山之王贡嘎山、龙眼峰、鱼嘴峰等高山。在大都市中能和雪山相对，感到既幸运又幸福。

　　观雪山已成为成都人享受美好生活的一种方式。我了解到，自 2021 年以来，成都将生态惠民示范工程纳入了全市"幸福美好生活十大工程"，2022 年又启动了"生态惠民新场景 Top100 品牌计划"，聚焦城市中既有生态"颜值"，又有惠民"内涵"的公共领域，打造了一批集生态、生产与生活于一体的"三生"融合空间，而我中意的雪山也毫不意

▲在楼顶拍摄雪山

外地出现在这些生态惠民新场景中。

这些年，我最明显的感觉是在城市拍到雪山的次数越来越多了。2017 年，有 50 次观山记录；2018 年，有 56 次；2019 年，有 65 次；2020 年、2021 年和 2022 年，均超过 70 次……

2020 年 8 月 25 日，我拍到了迄今为止最精彩的一张照片。这张由 200 毫米镜头拍摄、57 张照片拼排、长约 13 米的超长照片，展现了超 300 千米的城市天际线，囊括了成都周边 64 座高低不一的山：从贡嘎山到成都最高峰大雪塘，再到四姑娘山幺妹峰、九峰山……都在这张照片上。

不过拍摄时机的选择也很重要，有时候想拍一幅雪山图，早上 5 点就要起床找好位置等待，有时候盛景也就只有两三分钟的时间，可遇而不可求。

我最近关注了一则新闻，2022 年成都市生态环境局启动了"成都生态环境可视宣传"雪山观测页面建设，该"成都雪山观测指数"微信小程序也即将上线。

这个"成都雪山观测指数"微信小程序我很受用，它包含预报今日雪

追峰人

山可见情况、找雪山方位、发布摄影作品及公众评选投票等功能。从此，我去拍雪山再也不用碰运气，只要提前看好"雪山预报"就行。相机储存卡腾空，电充足，天不亮就出门，一拍就是一整天。此外，还可以在线上展示我的作品。

从"窗含西岭千秋雪"到"雪山下的公园城市"，城市如今越来越清新秀丽，越来越多的人开始关注雪山，加入我们"追峰人"的拍摄队伍中。现在有几千名的摄影爱好者在拍摄雪山，我们有个微信群叫"在成都遥望雪山"，在这个群里，常常是一大早就会突然冒出来几十张雪山的照片。

在美景背后，我知道，这是成都多年来环境治理和生态建设的结果。我看成都市生态环境局公布的数据，这十年来，全市空气质量优良天数从132天增加至299天，$PM_{2.5}$浓度累计下降58个百分点，我手中的相机也不断地捕捉到了更多清晰、宏伟的雪山美景。

蓝天白云与成都做伴，贡嘎雪山与城市同框。朝霞、雪山惊艳了朋友圈，还上了微博热搜，我们的幸福感、获得感都在不断提升。

▲雪山美景

我时常关注成都市生态环境局官网的信息。全市近年来认真贯彻落实国家、省"大气十条"，深入打好蓝天保卫战，通过实施空气质量达标规划，迭代更新重污染天气应急预案等措施，分年度实施大气污染防治"650"工程，持续开展夏季臭氧污染防治和蓝天保卫战冬季战役，以减污降碳协同增效为抓手推进"四大结构"优化调整，环境空气质量明显改善。

这一幅幅照片，不仅是我的骄傲，也是城市生态环境质量逐渐向好的最直接证明。我认为，让人们看到了雪山的盛世美景，美景背后是这座城市为了改善生态环境，让市民增加绿色获得感的决心，这也是我选择雪山作为专门拍摄的主要原因。我越来越觉得，"窗含西岭千秋雪"的景色不只有杜甫当年在草堂能看到，就算现在成都到处都有了鳞次栉比的高楼，我们站在楼顶上也可以看得更高、更远、更开阔。

作者单位：成都市生态环境宣传教育与对外交流合作中心

追峰人

当好"排雷手" 守护绿水青山

赵黎葵————

我叫朱卫新，从军 16 年，从事环境执法工作 10 年，从军营到执法战线，变化的是制服颜色，不变的是报国之志和为民之心。

熬夜"考学"

2013 年，我从部队转业到了地方，开始环境执法工作。一切从零开始，不懂法律，不懂业务，怎么办？一个字——钻！

我加班加点学习环保法律法规和相关文件，潜心钻研典型案例，虚心向领导、同事、专家学习和请教，并深入企业详细了解生产工艺流程、设备运行、污染物治理达标排放等情况。那时儿子正在备战高考，吃完饭，我们父子俩就一人占据一个桌角，埋头学习，经常熬到凌晨。妻子开玩笑说："学习这么拼，干脆你也去考个大学。"我也半开玩笑地说："我比儿子好一点，我已经插班上了环保大学，可我基础摆在那里，不努力就拿不到'文凭'。"

星光不问赶路人，十年来，"湖南省'两法'衔接专家库专家""湖南省执法人才专家库首批专家""检察官助理"……我拿下了一张张"文凭"，终于从执法办案的"门外汉"逐步成长为"内行人"。

协同办案

十年来，我经手办理的案件超过 300 件，最让我关注的就是危险废物环境违法案件。在我看来，危险废物如不进行有效处置随意排放，就是"一颗颗地雷"，不仅会对水环境、大气环境和土壤环境造成严重的影响和破坏，还会对人身的安全健康构成直接威胁，必须"一颗颗排除"。

2018 年 12 月 25 日上午接群众举报，反映一砖厂有刺激性气味。我当即带领两名同志赶到现场进行查看，现场有强烈的刺激性气味。经与举报人沟通了解，初步判断该砖厂内非法掩埋了疑似危险化学品。我当即请示汇报，并立刻调来挖掘机进行挖掘。通过对现场挖掘出来的铁皮桶标志进行辨别，初步判断铁皮桶内的物体为工业废活性炭、酮蒸馏釜残渣、吗啉基苯酚等危险废物，属于《国家危险废物名录》中 HW12、HW49、HW50。我意识到，这是一起涉危险废物种类繁多、数量大，涉案人员多，跨区域、跨时长的环境犯罪案件，必须协同多方力量，综合施策，快速行动，才能尽快将犯罪嫌疑人绳之以法。我把调查结果向领导汇报，争取了专案办理。通过积极沟通和协调，生态环境、公安和检察部门达成了高度一致，建立了高效的"环保＋公安＋检察"联动机制，为案件的快

▲挖掘出深埋的危险废物

当好「排雷手」 守护绿水青山

速、高效推进奠定了良好的基础。

万里追踪

案件启动后，要迅速向20多个货车司机调查取证，以防串供和翻供。这些货车司机平时走南闯北，行踪不定，取证难度大，工作任务非常艰巨。我和两名公安干警夜以继日，长途跋涉，辗转四川、贵州、重庆、湖北等多个地区调查取证，有一次追踪4天跨越了4个省。说不辛苦是假的，但是看到一个个犯罪嫌疑人被抓捕，一批批危险废物被截获，就感觉是"一颗颗地雷"被排除了，心里反而感觉轻松、愉快。

在追查主要犯罪嫌疑人时，我们的工作遇到了"瓶颈"，我急得嘴角长疱。可方法总比困难多，我反复查看沿线各处卡口视频录像，追查可疑运输车辆。一段段视频来来回回看，最多的一段看了不下20遍，熬得眼睛红肿，又干又涩，最后终于有了发现。我激动地叫醒同行人员立刻行动，却被他们强制按下休息了几小时之后才展开行动。这些货车司机经常在凌晨交货，之后便将货物快速转运，通常是分几辆车进行接货，甚至会派专车

▲冒雪追踪犯罪嫌疑人

▲厚厚的一摞案卷资料

专门负责观察是否有人跟踪，很是狡猾。通过分析，我们决定发挥两个部门的办案优势，由我用无人机对辖区内的可疑地点实施航拍侦查，公安机关则通过大数据分析进行追查。我们逐个排查信息、反复推敲细节，终于将该案的主要犯罪嫌疑人抓获。整个追踪、排查耗时 8 个月，行程超过 10 万千米，形成案卷 20 余宗，共查处危险废物超过 500 吨，抓获犯罪嫌疑人 11 名。

认事不认罪

主要犯罪嫌疑人到案之后态度是比较好的，但其专业性极强，且具有一定反侦察能力，对会被判重刑存在着抵触和恐惧心理，"认事不认罪"。针对此情况，我主动申请配合参与公安干警对犯罪嫌疑人的审讯。我从专业开始突破，从企业、产品、技术、固体废物处理等方面，查找嫌疑人的语言漏洞，再顺藤摸瓜往下挖。通过 3 天审讯，最终攻破犯罪嫌疑人心理防线，让其供认不讳。至此，此案尘埃落定。2020 年该案 9 名犯罪嫌疑人被一审判处有期徒刑并处罚金，成功铲除了一条跨省非法处置危险废物污染环境的"黑色"产业链。

此次联合办案，受益良多。后续我支队通过深挖细研，运用联合办案机制，成功办理了"11·23"涉危环境污染案件、"4·6""4·19"环境污染案、"4·14"跨省非法转移倾倒铝灰案等一批环境污染案。

"路漫漫其修远兮，吾将上下而求索"。"排雷"路上纵有崎岖，但我有信心！对环保执法这个职业的热爱，给了我无穷无尽的力量，让我一路冲锋，笃行不息。

作者单位：湖南省娄底市生态环境局

从一次"美丽行动"中感悟"全体人民自觉"

陈元平————

　　高山不辞细土，方能成其高；大海不辞细流，方能成其大。建设美丽中国，正进入一个"攻坚克难"的时期，关键时刻看担当，紧要关头拼作为。这个时期更需要每个公民的"涓涓细流"，需要每个公民的自觉行动，需要每个公民拿出豪气、锐气、胆气！

　　一个闲暇的周六，夕阳西下，余晖将几抹金黄洒向阳台，温暖中透着几分诗意。正当我准备下楼散步时，突然，电话响了……

　　"老友，今天跟我一起去一个地方，做一件有意义的事。"同学小荣说。我反问道："跟我还卖关子？能不能先说什么事情。"小荣说："不能，去了就知道，就在老火车站后面。"

　　我骑着电动车，带着儿子出门了。一路经过熟悉的街道，当骑到明月南路时，回望了一下曾经居住的地方，如今因城市改造已经"面目全非"，找不到当年的味道了。过了10多分钟，我到达约定的地点——老火车站后面的一口井。

　　我脱口而出："来这里做什么？"小荣挥了挥手中的渔网。我说："你不会是想来抓鱼吧，快说，来做什么？"小荣说："不是，我们是来网垃圾的。"大街上大多有人"照顾"，如今在创建全国文明城市，大街上更是被扫得干干净净，只有这个"旮旯"没人"照顾"，也许这就是个被遗忘的角落吧。

说完，我们就开工了。我和小荣负责用铲子铲周边的泥屑和捡垃圾，小荣叫来的同学虎子负责将垃圾收集到一起。其实，我和小荣经常参加一些环保活动，但跟虎子还是第一次合作，真没想到居然这么默契。我们边干边回忆大学时参加环保活动的事情。我儿子讲了他在学校参加"环保积分兑换"活动的体会，并迅速地行动起来，帮我们捡角落的一些小垃圾，或许这就是环保的力量，这就是对"人民自觉行动"的诠释吧。

你一铲，我一铲；你一网，我一网。功夫不负有心人，20多分钟后，我们就把离井边近的垃圾全部清理干净了。离井边远的垃圾根本够不着，我们想，事在人为，不如手挽手，搭建"人力梯子"。前面的人用力网垃圾，后面的人用力拉住前面人的手。我儿子在旁边用手电筒打着光。这下可把我们几个人累坏了。每网两三下，就要休整一下。终于在2个小时后，我们把所有垃圾弄到了井边。此时，又有一个问题出现了：垃圾运往哪里？怎么运？尽管我们已经很累了，但我们一致决定要把垃圾运到位，不能半途而废，更不能把垃圾留在原地。

我们分头在周边寻找垃圾堆放处，还是小孩子机灵，我儿子在不远处找到了一个可以放垃圾的地方。说干就干！我们一人一桶往外运，我儿子照样打着手电筒照亮我们前行的路。运了足足有几十桶，终于运完了。这个时候，我们每个人都是满头大汗，但那口井变得很干净、很美丽了。

骑电动车回去前，我回望了一下那口井。我想无数人曾经来过这里，却很少有人注意井的存在，但今天我们的到来，让井的周围变得更干净了。

在回家的路上，我儿子跟我说："爸爸，我觉得我们今天干了一件很有意义的事，我回去要写下来，还要跟同学分享。"我连忙点头："好好好，为你点赞！"

通过这件事，我一直在思考：为什么我们能够迅速聚到一起，去落实这项有意义的行动呢？除了我们关系好之外，还有其他什么原因？其实，除了这项行动外，我们还经常开展保护秀江行动，以及大学时开展的"大手牵小手"一起捡垃圾环保积分兑礼品等环保活动。我想正是我们的环保意识，让我们有了环保自觉，这样才促成了一次又一次的环保行动。所以，要把建设美丽中国转化为全体人民的自觉行动，关键在于唤醒全体人民的环保意识。我们可以从以下两方面着手：一是强化宣传，宣传也是生产力，充分运用"两微一端一抖"等新媒体，策划大型环保宣传活动，凝聚力量。二是探索建立"环保公益可回报"制度，如将环保积分与信用积分挂钩，对于积分高的，给予出行、信贷等方面的优惠，也可以建立废旧物品回收兑换礼品制度，让大家做环保公益更有劲，但要防止过度回报，演变为商业行为。

在回家的路上，我看到了干净的大街，也看到了一些不干净的角落。放眼全国，大多城市、大多地方，在显眼的地方都保护得不错，唯独一些不显眼的地方可能被忽略了。推进美丽中国建设，要唤醒环保意识，要唤醒全体人民的自觉，更要提醒大家往小处想，往小处着手，将自觉行动付诸一些边边角角、一些被遗忘的角落。这些角落恰恰是衡量国家文明程度的一面镜子，因为角落与细节干净与否恰恰最能体现一个国家的文明水平。

党的二十大报告指出，坚持"绿水青山就是金山银山"的理念，坚持山水林田湖草沙一体化保护和系统治理，全方位、全地域、全过程加强生态环境保护。新时代，新征程，新使命。推进美丽中国建设，需要人人参与，人人出力，人人维护，需要全体人民的自觉。众人拾柴火焰高，我们每个人都要努力成为一束环保之光，照亮祖国的每个角落。这样，我们的国家将变得更加美丽，也必将为党的二十大擘画的新蓝图贡献生态新动能！

作者单位：江西省宜春市公安局

北京也有了自己的"天鹅湖"

潘清泉———

　　我是一名摄影师，2016 年我在北京南海子公园救助了一只受伤的天鹅，从此与天鹅结下了不解之缘。从那一年起，那只天鹅每年都带着族群飞来南海子。北京也因此有了自己的"天鹅湖"。

　　2016 年的秋日雨后，我照常在南海子公园拍摄。一片水域中异样的声音引起我的注意，我走近一看，发现竟是一只天鹅被困在了渔网中，而且这只天鹅脖子上还套着写有"F67"的环志，这是科学家用来研究鸟类迁徙动态及规律的证明。

▲潘清泉在南海子公园拍摄

当我把天鹅从缠绕它的鱼线中解救出来时，发现它已经受伤飞不动了。那段时间，我每天都会给它带些花生米、玉米，投喂它、守护它，希望它能好起来，以后每年来南海子过冬。

相遇时易别时难。当公园湖面结成冰时，"F67"的伤也养好了，它继续往南迁徙。从2016年的11月3日一直到12月中旬，我陪伴它一共39天。39个日夜的悉心照顾，分别的时候我十分不舍。

我把"F67"的照片发到一个全国性的天鹅爱好者群。3天后，从山东传回消息："F67"已安全抵达威海。听到它安全抵达的消息，我悬着的心终于放下了。

▲潘清泉拍摄的"F67"

第2年，我在南海子又见到了"F67"。此时的"F67"已不是形单影只了，它还带着自己的伴侣一起来到了南海子。再次见到它的时候，我热泪盈眶，没想到它还记得我，看到我后就直接朝我飞了过来。这次重逢让我更加坚信，南海子适合天鹅栖息，也能变成北京的"天鹅湖"。

第 3 年的迁徙季，"F67"一家三口来看我；到了第 4 年，"F67"成了头鹅，带着 18 只"亲朋好友"一起飞来；第 5 年，迁徙天鹅的队伍壮大到 3 个家族，共 80 多只；第 6 年，包括"F67"在内，一共飞来了 200 多只天鹅；第 7 年，天鹅数量刷新了纪录，共有 11 波天鹅在南海子歇脚，总数超过了 420 只。

南海子越来越热闹，许多候鸟都会来这里落脚。这一切都得益于南海子的华丽蜕变。经过多年生态治理，孕育了大半个南海子的母亲河——凉水河中上游所有化工企业都被关停，小红门附近的凉水河西岸也建起了一座污水处理厂。凉水河逐渐变清，注入新建好的南海子郊野公园，形成了千亩水面。经过十多年的建设，南海子公园总面积超过 11 平方千米，成为北京最大的湿地公园。

随着湿地生态系统不断优化，南海子公园日渐成了北京地区重要的鸟类栖息地，也是华北地区迁徙鸟类的重要中转站。每年的 1—3 月，很多候鸟会把北京当成高速路上的"服务区"，选择在南海子公园歇脚，北京生物多样性保护研究中心已在这里监测到超过 200 种的野生鸟类。

▲潘清泉拍摄的在南海子公园歇脚的天鹅

我看着这些年拍摄的天鹅照片，感觉就像看自己的孩子一样。"人与自然和谐共生"不应该是句空话，而是要落实在行动上。绿水青山少了这些生灵，就缺失了活力和韵味。我想用自己的行动，影响并带动更多人，为天鹅和更多的鸟类建造一个美丽家园。

作者单位：北京亦庄控股集团

多收了"三五袋"

周明助————

仲冬时节，寒意渐浓。大雪节气刚过去两天，我一大早来到安徽省绩溪县扬溪镇东村村部大院里的生态美超市，看到的却是一番火热景象：横七竖八停靠着从山村里开出来的三轮车，车里装载的是一袋袋各种垃圾，把车身压得很低。齐过腰的磅秤被各种袋装的垃圾包围着，一层一层地，填满了车与车之间的空隙。

空隙上方是仅容两个人并排走的台阶。生态美超市就在台阶的那一边。清晨的阳光从村部的明瓦天棚斜射下来，光柱子落在超市外面挂着的皮衣和羽绒服上。

这些东村的村民大清早肩挑车拉将收集的可兑换垃圾送过来，到了村部，气也不透一口，便来到积分登记台前面兑换收集的垃圾，形成积分后又忙着到超市的物品兑换处挑选需要的日用品。

"姚顺根 36 分，王玉红 48 分。"超市里的管理员拉大嗓门宣布积分。

"好厉害！"兑换人群里不禁发出赞叹。

"30 个农药袋才换 2 分，1 千克废弃农地膜也只能换 2 分，他们一下子就能换得这么多分，很不简单啊！"我向一旁的人打听道。"那可不，姚顺根是村里的低保户，王玉红是本季度的'生态美之星'，都是咱们村的骄傲啊。"

说起姚顺根，那可是村里生态美超市响当当的"积极分子"。记得2019年12月9日上午9点，东村生态美超市正式开业，他特意提前在田间地头找了80多个农药瓶、农药袋，一大早第一个排队到生态美超市兑换商品。从此，他从生态美超市第一个顾客成为最热心的老主顾乃至"铁粉"。

王玉红更是乡亲们眼中的"通村外婆"，心善、热情、为人仗义豪爽，还热心于公益环保，自己从不乱丢垃圾，平时走在路上看到垃圾总会捡起来丢进垃圾桶。她除了腿脚不太灵便，身体一直很好，70多岁了看不出一丝老态。

自从村里的生态美超市开张后，平时在家赋闲的王玉红自然就多了一项"工作"。每天凌晨5点30分，戴上一次性手套、拿上塑料袋，离开东村的家，目的地是扬溪村的清水塘。这一段路大约2千米，72岁的她走起来并不轻松，一来本身腿脚不便，二来还需要将一路上看到的烟头烟壳、饮料瓶、垃圾袋等都捡起来。

据粗略统计，一年来，王玉红捡拾烟头至少5万个，加上烟壳、塑料袋、矿泉水瓶等，合起来能堆成一座小山了。熟悉她的街坊邻居们却从未称她为"捡垃圾的"，而是称赞她为"东村的环保卫士"，因为街坊邻居都知道她不缺钱。对于大家的赞誉，王大妈总觉得过誉了，她笑呵呵地说："举手之劳又保护了环境，为何不做？再说，这样还能锻炼身体，一举两得，我不在乎那几袋盐和洗衣粉，但我真想多做些这样保护环境的大好事，心里舒畅。"

"你们不知道么？玉红大妈刚刚又被评上了年度'生态卫士'，村里奖了300分呢！"

刚才出力拉车肩挑垃圾的人们稍感疲劳，聊到这个话题，又兴奋起来了。超市开办以来，顺风顺水，村里干净多了，家家又得了实惠，大伙都在点赞这个超市好，除垃圾兑换之外，还有好多奖励的积分！

"路鹏家老爸用市里发的见义勇为证书换了一大箱洗衣液，还有餐巾纸，奖励很丰富哦！"兑换的人群里冒出了这样的话。

"哈哈！"一位大妈憨笑着，"那不算很多，我家儿媳妇去年无偿献血两次，也差不多有他这些奖励呢！"

见义勇为、无偿献血，这些都是生态美超市的奖励内容。除此之外，还有志愿服务、好人评选、最美庭院、学习强国积分等都在奖励范围内，这些随时都可以在生态美超市里兑换成生活日用品呢！

9点多钟，生态美超市已经兑换了70多人、1000多个积分，一批人拿着兑换的所需物品高兴地离开了村部，另一批人又车拉肩扛地赶来兑换，一个个兴高采烈地，还不时瞅瞅别人手里拿的毛巾香皂，故意把肩上的扁担耸一耸，生怕别人说他这周围的垃圾没上次多。

像东村这样的生态美超市，在绩溪县11个乡镇81个建制村（社区）已遍地开花，结出累累硕果。

绩溪县位于安徽皖南山区，地处长江水系与钱塘江水系的"分水岭"，是新安江重要源头，其最特殊的河流地貌就是"居徽之巅"，四水外流，没有入境水，县域源头生态保护任务异常艰巨。为聚力打造美丽中国先行区"绩溪样板"，作为46个全国首批"国家生态文明建设示范县"的绩溪县，从2019年10月下旬开始，大胆创新，借鉴浙江省生态保护创新机制和安徽省黄山市新安江流域生态保护做法，利用新安江流域生态补偿资金，在宣城市率先创新性开展了"生态美超市"建设。

生态美超市运营采取积分换物等方式，实行会员制和积分制，以户为单位办理生态美超市会员卡，为每户建立绿色账户，作为辖区群众储蓄积分、兑换物品、参与生态文明实践活动及享受生态红利的凭证。村（居）

民将日常生活产生的不易降解和处理、容易造成环境污染的生产生活垃圾以及农药包装物等有害垃圾,兑换成相应积分,还有门前三包、志愿服务等行为也可作为加分项目换成积分,再用积分及时换物。

自生态美超市开办以来,全县参与兑换群众超过 3.85 万人次,绿色账户开户 1.01 万户,兑换烟蒂等不可回收垃圾 4.8 万千克,农业地膜等可回收垃圾 16.5 万千克,其他不可回收垃圾 1.58 万千克,让群众换出经济实惠,换出绿色发展,释放出促进乡村振兴、协调发展的强大动能。

如今,每逢生态美超市固定兑换日,一批又一批的淳朴村民或车拉肩扛、或三袋五袋地手提着分类好的垃圾准时光临,真是平常而又不平常的一天。平常的是,生态美超市已融入村民日常生活;不平常的是,生态美超市正悄悄地改变着乡村的生态环境,实现村民从"要我收集"到"我要收集"、从"要我分类"到"我要分类"的转变,潜移默化地引领乡风文明,为乡村振兴注入"美丽资本"。

作者单位:安徽省宣城市生态环境局

草原"阿茹嘎"

哈斯巴根————

　　我叫哈斯巴根，1980 年出生于内蒙古自治区查干沐沦苏木的塔布花嘎查。我对草原的热爱与生俱来，从小成长在草原的我对草原有着深沉而浓厚的情感。我喜欢草原的广阔无边，也热爱草原的泥土芬芳，从小到大没有离开过这片系着我家乡情与草原情的土地。选择职业的时候，已经深深体现了我对这片生我、养我的草原保卫之举与大爱之心。

　　2005 年，我初入工作岗位，就业于大板镇派出所。作为那达慕执勤民警，我发现参会群众只关注那达慕的娱乐项目，却从不去关注脚下的垃圾。每年持续约 3 天的那达慕闭幕后，草原总会变成白色污染的"剩地"，所有人都回家了，只有那一地狼藉的垃圾留在了草原上。由此，我慢慢地意识到，由于生活习惯、缺乏环保意识等原因，大草原上每家每户的草场都堆积着大量生活垃圾，草场退化严重，垃圾污染了河水和草原。我看着草原的变化，深知我的工作性质与保护心中那碧蓝如洗、绿茵如毯的草原距离越来越远了。于是，在 2010 年，我毅然决然地选择做一名公路养护工，扛着背篓开始一点一点清理散落在公路两侧和草原上的牛粪、炉灰和生活垃圾。在我的感染下，一些热心的环保志愿者也开始跟随在我的身后捡拾垃圾。就这样，一支保护、治理、宣传草原生态环境的队伍慢慢壮大起来。

一家少数民族环保协会的诞生

2016 年，我成立了一家环保志愿者协会，这家协会也是全旗唯一一家由少数民族成员组成的环保协会。作为会长的我热爱环保公益事业，多年来，积极宣传生态文明建设和生态环境保护的重要意义，为环保公益事业呐喊助威。

协会始终坚持以习近平新时代中国特色社会主义思想为指引，深入学习贯彻习近平生态文明思想，秉承"绿水青山就是金山银山"的理念，深化生态环境保护宣传、志愿服务实践交流与合作，始终以提高民众生态环境保护意识、弘扬志愿服务精神、增强青少年群体宣传教育为目标，常态化开展以保护生态环境为主题的各类志愿服务活动，不断激发民众，特别是青少年群体"爱护地球、呵护自然、崇尚绿色"的热情和积极性，营造全社会关心、关爱、保护生态环境的良好氛围。

志愿服务走向社会并得到官方支持

我们的环保志愿者协会坚持弘扬志愿服务精神，践行习近平总书记"绿水青山就是金山银山"的理念，不断感染全旗各族干部群众的生态环境保护意识，推动环保志愿服务工作开展。2020 年 12 月 30 日，协会被赤峰市生态环境局巴林右旗分局授予"巴林阿茹嘎环境志愿服务分队"称号。

协会全体会员积极投身生态环境保护活动，广泛传播绿色生态理念，在有关部门的大力支持和协助下，每年六五环境日等重要时间节点，组织志愿者开展清理白色垃圾及保护环境等宣传活动，引导人们从身边做起、从自身做起、从现在做起，让人们成为保护生态环境的参与者、建设者，倡导民众在绿水青山中共享自然之美、生命之美、生活之美，凝聚全社会呵护生态环境的强大合力。开展了"美丽中国，我是行动者""爱护环境、保护生态环境"主题宣传进学校活动，并得到了内蒙古自治区环境保护宣传教育中心的资金支持，这无疑是对协会及所有会员继续开展生态环境保护活动的精神与物质的双重鼓励。

常态化开展活动让环境保护深入人心

协会成立至今，开展了保护草原生态环境、保护绿色家园等形式多样的环保宣传实践活动和"无污染那达慕""蓝天绿野"环保签名等一系列公益宣传活动，带动了巴林右旗牧民积极参与活动。

校园也是我们环保公益宣传的主阵地。近年来，协会先后组织开展了"美丽中国，我是行动者——爱护环境，保护生态进校园""人与自然和谐共生""把地球留给孩子们""环保宣传教育进校园"等环保主题宣传教育活动，并开展了"无污染那达慕"公益宣传活动、"传播绿色文化"主题小学生绘画比赛、"3·5学雷锋"志愿服务活动、"网络安全宣传周"宣传教育、"庆祝建党100周年"志愿服务活动、"小手拉大手"环保主题体验活动、"光盘行动"进校园宣传教育活动、2万亩治沙植树志愿服务活动、2022年"美丽中国，我是行动者——生态环境科普"主题校园宣传活动等环保主题志愿服务活动300余次。同时，协会拍摄了环保主题微电影《阿如嘎》，制作了环保主题歌曲《巴林阿茹嘎》，编辑了环保主题好来宝*《巴林阿茹嘎》。特别是在脱贫攻坚和疫情防控工作中，协会志愿者积极主动响应号召参加疫情防控志愿服务、义务值勤、核酸检测等活动，并向贫困大学生和抗疫前线志愿者捐款捐物。

---

* 好来宝为中国蒙古族曲艺曲种，用蒙古语演唱。

得到嘉许，生态环境保护服务更有力量

　　10 多年来，我带领协会积极投身生态环境保护工作，得到了内蒙古自治区党委宣传部、内蒙古自治区生态环境厅、赤峰市生态环境分局、赤峰市民政局、巴林右旗生态环境分局、巴林右旗民政局等各级有关部门的高度认可。我个人先后荣获"全区十佳最美环保志愿者"和"全国百名最美环保志愿者"称号；2020 年，内蒙古自治区生态环境厅授予协会"新时代生态环境建设志愿服务分队"称号；2021 年，协会获得了市民政局"中国社会组织评估等级 AAA 级"证书和旗民政局"提供公共服务先进单位"证书。

　　2022 年 12 月，协会通过志愿服务的形式开展了"我是行动者——生态环境科普"主题校园宣传活动，再一次得到内蒙古自治区环境保护宣传教育中心的信任与支持，这也将成为协会不断前进与持续发展的源泉动力。

　　情系巴林、呵护自然，协会在我的带领下，献爱心、送温暖，为促进人与自然和谐相处、加快生态文明建设奠定了坚实的生态环境基础。我和我的会员们在巴林右旗这一片多彩秀丽的热土上倡导着、追求着全球自然环境永葆绿色、生生不息！随着协会活动范围的逐渐深入和扩展，巴林右旗"巴林阿茹嘎"的影响已不仅限于草原牧区，附近各旗县区热爱环保公益事业的人们纷纷加入协会组织，目前协会成员已发展到 120 余人。

　　为了草原上的蓝天、碧水、白云，为了家乡人民安居乐业，全力尽自己的微薄之力，这是我作为一名普通的养护工人，来自草原民间的"闪亮的环保卫士"，草原牧民的儿子哈斯巴根的心声与事迹。

作者单位：内蒙古自治区巴林右旗
"巴林阿茹嘎"环保志愿者协会

深夜探路记

李东阳————

2022 年 10 月，我所在的黄河流域生态环境监督管理局通过舆情发现黄河某支流有大量死鱼，立刻派出工作组赶赴现场调查，在对河道周边排口进行摸查后，我和其他两位同事共同赶往现场对疑似问题排口进行采样。眼看天已经完全黑了下去，周边温度骤降，我们还有两个点位没有采到水样，大家的表情都严肃了起来。

不能等到明天

"情况是这样，剩下两个排口，一个在河道旁边的深沟里，一个在河边滩涂的灌木丛里，位置我在地图上已经标记，但现在完全看不见了，大家看怎么办？"我看着漆黑的夜色夹杂着雾蒙蒙的水汽，心里有些拿不定主意。

经过短暂的沉默，田师傅开口了："只管干吧，干完回去好好休息。"听了田师傅的建议，我仿佛吃了一颗定心丸。征求大家意见是因为大致能判断出接下来要面临什么：偏远的郊外，漆黑的夜，只能依靠手机照明（由于出发紧急，没来得及准备照明设备），要走很远的路，摸索着踏进深浅不一的深沟、滩地，面对一个完全陌生的环境，无疑是对体力和心理的双重考验，但我们每个人都坚持要做下去，因为夜晚往往是排污最集中的时候，这个时间不能错过，局里也在等我们的监测数据结果，以便快速精准识别问题。

无奈地折返

为尽快完成采样任务，我们马不停蹄地驱车来到了深沟附近的点位。我低头往下探，能隐约听到水流的声音，但拿手机往下照，看到的却是密密麻麻的草木。

"这个排口在上游，这里是顺着沟渠流下来的污水，如果可以的话，在这里采样就行。"我对卿松说。

"我先下去看看，如果合适的话就到下面采样。"卿松说完就带着采样器慢慢往沟里走去。看着他手机的照明越来越暗，我知道他已经到了很深的地方，不禁有些担心。

"你注意脚下，有些灌木盖在水上面，不要踩空了！"

"不行啊，灌木太密，看不清楚污水的位置……我没办法往前走了。"夜幕中断断续续传来卿松微弱的声音。

"你先回来，要是踏空掉下去就麻烦了，我们再想办法！"我大声喊道。

过了好一会儿，卿松提着采样器气喘吁吁地上来了，晚上温度很低，能看到他呼出的白色雾气。"接下来怎么办？"他问道。

"只能放弃这个地方，沿着沟的坡面往上游走走看，我们一起下去探探路，先别带装备了。"我想了想说道。

坚持就是胜利

"一定要注意安全，千万不要勉强！"说完我和卿松再次分开了，留田师傅看着车辆和仪器。

我们分别沿着河沟摸索前进，我小心翼翼地拨开杂草丛，慢慢踩实脚底的土，防止自己滑落，仿佛体验到了荒野求生的惊险……

上上下下大约走了几百米，周围只有雾蒙蒙的陡坡和树丛，我一只手抓紧身边的树枝，另一只手努力用手机微弱的亮光照亮脚下的路。安静的环境使我能清晰听到沟底的水流声，我大声喊了喊卿松，虽然能听到他的声音，但感觉我们之间隔了一条深沟一样，谁也无法接近对方。我一方面担心着卿松，另一方面在考虑接下来该怎么办。

突然间我有了灵感——寻找沟里有大树的地方，这种地方由于树木生长，周边的灌木不怎么茂密，也不太可能有泥坑，适合我靠近水流。于是，我慢慢爬上沟边的一个土坡，找到一个制高点，借着月色和手机的光，努力在深沟里寻找一棵合适的大树。幸运的是，我还真看到了一棵大树。我小心翼翼地沿着沟坡滑下去，用手触摸大树的那一刻，我知道自己找对了地方。这附近没有什么灌木，只有一些杂草，不远处能看见污水正在沿沟渠流动。这个时候的我，仿佛孩子找到玩具一样兴奋，所有的负面情绪一扫而空。我大声喊了喊卿松，让他回到车附近跟我碰头去取采样的设备。

保护好桶里的水

不一会儿，我和卿松带着采样设备摸索着往大树方向靠近，这个时候我们发现，带着装备爬坡是一件挺困难的事情，要一只手提桶，一只手照明，还需要一只手来抓住附近的草木以防滑落！好在我们是两个人，总有解决的办法。我在前面用手机照明，卿松拿着采样设备跟着我慢慢前进，我们就这样有惊无险地到达了树前。采样的过程比较顺利，很快就完成了，但回去的时候还有一个考验等着我们，那就是把桶里的水平稳地送到车上。这次换卿松来照明，我来提水，我们俩仿佛夜色中的勇者，守护着

"圣水"探路前行。当我们完成样品的护送时，既兴奋又疲惫。虽然这是一场小小的胜利，但也值得为大家的执着和勇气而感到自豪。

▲深夜采集水样

回想起来，类似这样的事情还有很多，比如在警示片拍摄过程中，我们组全体同志为了抓拍违法排污而连续蹲守十几个晚上，为了不暴露自己，把车辆熄火，蜷缩在车里冻得发抖等。直面困难、不畏艰险、敢于斗争的精神早已融入了点点滴滴的工作中，成为环保铁军精神的一部分。有时候我也会问自己，这么做值得吗？我的答案是值得的，大概每一个像我们一样的环保人，都有一种情怀，那就是希望生活更美好，中国更美丽，促进人与自然和谐共生。

作者单位：生态环境部黄河流域生态环境监督管理局

我是小小生态环保志愿者

[1] 吕小红　　[2] 张虞——

我叫张虞，是一名年轻的生态环保志愿者。

2022 年，机缘巧合下，我和一群志趣相投的小伙伴一起加入了重庆市北碚区生态环境义务监督志愿服务队。

报名参加义务监督志愿服务队的人不少，经过层层筛选，最终我留了下来。我们这支 200 人左右的队伍，分散在北碚辖区的各个村社。我们要做的就是定期或不定期巡查，及时发现所负责村社的生态环境问题，能处理的及时处理，不能马上处理的，要及时向所在镇街、生态环境监管部门报告，把问题发现在基层也解决在基层。

看着上岗之前的培训材料，结合培训课上老师所讲的内容，我认为这样的工作应该是轻松、容易的。结果事实却出乎我的意料。

秋冬是露天焚烧秸秆、杂草的高发季节。村民们习惯了靠着以前"烧灰积肥"的土方法来获取农肥，这样的方式在现在肯定是不合适的，不仅对大气污染影响突出，还会对全区空气质量造成影响。

2022 年 12 月 15 日，我像往常一样，在自己负责的辖区内开展巡查，心里还在计划着下周的院坝会集中宣传。抬眼一看，远处荒地上一股浓烟升起。心里"咯噔"一下，猜测多半是村民在焚烧秸秆，上周还给村民们强调过的事情大家又忘了，我立马朝着浓烟冒出的地方飞奔。果不其然，一位大哥正在焚烧秸秆。我来到田地，拿起扔在地里的铁锹就开始扑火。大哥站在一旁急了，立马上来想要夺过我手里的铁锹，"你是谁啊？你想干啥子？"

"大哥，现在都禁止露天焚烧了，你看嘛，这个这样烧下去，周边的空气好差哟，而且又不安全，万一一直烧下去点燃了其他地方怎么办？"我给大哥耐心地做着解释。

大哥依然不听劝，甚至嫌弃我多管闲事，"要灭，也不是你们灭，你们给'119'打电话，叫他们来给我灭。"

看大哥如此强硬的态度，我只有慢慢给他科普起露天焚烧的危害。我拿出巡查时随身携带的科普小册子，递到大哥的手上说："大哥，你看下我们这个宣传小册子，你看下这个露天焚烧是不是很危险？"接过我递过来的小册子，大哥认认真真地看了起来，"我们都搞习惯了，再说烧了还可以积肥，哪个晓得有册子上说的这些危害嘛。按照册子上说的这样，这个露天焚烧不仅容易造成空气能见度下降、引发交通事故，还容易造成二氧化硫、二氧化氮浓度加大，危害人体健康。稍不注意，极易引燃周围的易燃物，引发火灾。"

我看大哥如此认真地看着我们的宣传小册子，接着引导："还不止这些呢，你看焚烧秸秆使地面温度急剧升高，能直接烧死、烫死土壤中的有益微生物，影响作物对土壤养分的充分吸收，直接影响农田作物的产量和质量，影响咱的收成。危害多着呢！焚烧秸秆所形成的滚滚烟雾、片片焦土，对一个地区的环境是巨大的破坏。"

听到我的解释和科普后，大哥才慢慢意识到原来露天焚烧会造成这么严重的影响。随后，大哥也主动将火扑灭，并表示下次不会再进行此类行为了。其实，在开展露天禁烧巡查过程中，我遇到过好几次这类不听劝阻的情况，但通过科普宣传和引导，大家最终还是积极配合将火灭掉。

作为北碚区一名普通的生态环境义务监督员，我们不仅要用我们的"眼"发现环境污染问题，还要用我们的"耳"倾听群众的诉求和意见，用我们的"嘴"向大家科普环保常识，宣传环保政策，及时调解群众与镇街、村社产生的环境矛盾问题。

除生态环境义务监督员之外，我还是北碚区新时代文明实践生态文明分中心的讲解员，也是这个志愿服务基地的一名志愿者。分中心位于重庆市北碚区缙云山国家级自然保护区翠月湖畔，2020年11月正式建成投用。令我印象深刻的那次讲解发生在2022年10月27日。

这一天，因为下雨加之是工作日，暂无团队预约来访，游客也寥寥无几。上午11点半，整理完相关资料后，趁着人少，我拿出打印好的解说词练习起了解说，虽然解说词已经熟记于心，但还是觉得需要勤加练习。

正当我一个人在练习的时候，突然来了几个游客。其中一位看起来比较年长，另外几位是学生模样。进来之后，正准备为他们讲解，年长的那位游客挥挥手，告诉我暂时不需要，他们自己先看看。接着，他就自己开始了讲解。从我们的前言位置，给其他人讲解着北碚和缙云山的历史。出于好奇，我就跟在后面听着，在他们对展馆的一些硬件以及数据提出疑问的时候进行解答。我发现他学识非常渊博，每一处他都能很仔细地讲出来，也能非常好地将知识进行延伸。其实我们正常讲解，整个讲解流程大概30分钟，但是这位年长者在单单一个展厅，就跟同行人讲了接近2个小时。我也从最开始的跟着听，到后来慢慢地加入他们中间，同大家一起聊天、讨论。

后来我才了解到，这位年长者是西南大学某学院的研究生导师，他们的研究课题跟环境相关。他是带着学生到缙云山来学习的，想让学生更加直观地了解北碚本土的植物、土壤等知识，寓教于乐。

老师对我们展馆给出了非常高的评价，认为展馆结合各种多媒体技

▲在分中心为游客讲解

术，以声、光、电等多维展现方式，使参观者立体感受北碚区生态文明建设及生态环保工作，引导群众珍惜北碚区来之不易的生态环境成果，守护北碚的每一寸绿水青山。

这件事情给了我很大的触动，同时也觉得自己应该更努力地学习和练习。通过在这里做讲解员，我的每次解说，每次与游客交流，都能让我对我们的展馆及环境保护有更深的认识。讲解不是流水线工作，每次都可能会出现新的变化，但不断补充政策、理念等知识的储备永远是以不变应万变的策略。希望我能通过不断练习，成为生态文明分中心的一张"嘴"，不断为生态环保发声。

看着这座山城的蓝天白云、绿水青山，我深刻地认识到这份生态环保志愿者工作的真正意义。

作者单位：[1] 重庆市北碚区生态环境局宣教中心

[2] 重庆市北碚区新时代文明实践生态文明分中心

夜半铃声

徐晨曦——

　　"叮铃铃……"2019 年 2 月初的一个深夜，一阵急促的电话铃声将刚睡下的我惊醒。接起电话，里面传来情绪激动的声音："小徐，我们家的门窗又振动了，吵得根本没法睡觉。你们快过来看一下啊……""好的，别着急，我现在就过去。"我匆忙起床，看一眼高烧刚退的儿子，推门走入夜色中。我已经记不清这是第几个夜半铃声了……

　　2018 年 3 月，浙江省平湖市曹桥街道某小区居民陆续反映门窗有振动情况，影响日常休息。我作为平湖市环境保护局（现嘉兴市生态环境局平湖分局）派驻曹桥街道工作人员，带领同事对小区及周边企业进行多轮排查，未能发现振动源头。因离小区较近位置的是某热电公司，生产设备多、体量大且 24 小时连续运转，我将其列为重点怀疑对象，进行多次监测，并先后通过我局邀请两批次相关领域专家及专业技术单位赶赴现场勘查，指导该热电公司采取一系列治理措施，如对风机、管道进行减振处理，对设备支架进行加固，开挖减振沟，增设隔声屏等，但未能取得实质性成效。面对复杂的工况与毫无规律的振动情况，我也满是迷茫。

　　是夜，我驱车 20 余千米，穿过重重夜色，来到反映问题的居民家中。此时，该居民家中已有邻居一起等候，看到我的到来，都围了过来，你

▲在居民家中了解门窗振动情况

一言我一语地讲述各自家中门窗振动情况，个别居民情绪较为激动。我将情况一一记录后，好言安慰各位居民，并现场查看居民家中门窗振动情况，发现确实有高频的轻微振动，这声响在白天可能会被忽略，但夜深人静时，确实会影响休息。我向各位居民表态："这个情况一定会解决的，我们会推动企业寻求一切可能方案，切实解决振动问题。请给我们一些时间。"

我告别小区居民，来到热电厂厂区，时间已是后半夜。我从底层的各个风机、各条管道开始，到四五十米高的平台、排放口，逐一仔细查看，运行状况似乎和平时并无差别，也未发现异常振动或噪声情况。最后我来到企业中控室。值班负责人看到我，无奈地笑道："又这么晚过来，辛苦了。又有振动了吗？公司已按要求每班开展多次巡查。今天工况一切正常，现场也没有异常情况。"我无奈道："是啊。这个问题一定要解决，否则居民无法正常休息，公司也无法安心生产。如果我们自己无力解决，就继续找新的技术支持！""好的，我们一定全力配合！希望能快点找出原因，解决问题，让生产回归正常。"

为了进一步掌握振动情况，并安抚居民情绪，我联合曹桥街道相关科室，开展为期一个月的夜间走访行动。得到家人的理解后，大家全身心投入走访工作，了解居民诉求，介绍整治工作。通过走访，我们了解到振动有发生时间不定、强度不定、影响范围不定的特点，对振动源头的排查、分析造成极大阻碍。其间，也有居民不理解、谩骂甚至围堵，但我和同事们都表示理解，并动之以情、晓之以理，确保走访工作整体平稳、有效，

▲ 到企业查看情况

为后期整治做了充分准备。

前期已有两批次专家到现场勘验，虽然未能给出有效的意见建议，但我坚信，科学技术是解决问题的唯一手段。2019年3月，本着坚持到底、绝不放弃的信念，我再次邀请相关领域专家来现场指导。这次来的是浙江大学的教授。在我们的陪同下，教授对热电公司及小区进行现场调研，最终做出次声波导致共振的推断。然后，专家团队对九里亭区域振动现场监测的方案进行设计，由于该项技术及相关设备并不普及，需要一段时间做准备工作。在此期间，教授交给我一项工作量极大的任务，即对该区域进行地毯式排查，排除可能造成振动影响的其他企业，同时进一步跟踪企业工况及现场振动情况。有了方向的我如同在绝境中抓到一根救命稻草，欣然接受艰巨的排查工作。

接下来的两周时间，我带领同事们对小区及企业周边进行不间断排查，基本排除其他企业造成振动的可能，并继续跟踪工况与振动情况的关联性，不分昼夜、节假日，只要居民一个电话一条消息，我们便奔赴现场。2019年5—8月，专家团队开展现场检测、数据分析，确认振动为低频声波与九里亭区域居民门窗发生共振导致，并完成治理方案的最终设计——改造烟囱、烟道，将干湿两股烟气分离，单独排放。热电公司随即开展治理项目的手续办理及工程设计。在此期间，又遇到部分居民的不解与质疑。我再次组织入户走访行动，一一向居民解释，请他们稍安毋躁，整治工作都在顺利推进中，请再多给我们一些时间。

对热电厂的改造工程于2019年10月全面启动，年底前完成，同步对部分设施进行初步整改。此后数月，群众未再反映振动情况。为了巩固治理成果，更加彻底地消除次声波对小区的共振影响，我一方面咨询专家团队，另一方面持续排查企业厂区，寻找可能产生次声波的振动源，并多次与企业负责人对接，推动后续整治提升相关事宜。截至2020年年末，提升工程基本完成，小区振动情况得到有效控制。当地村委对我说："小区居民终于能睡个好觉了，村里又恢复了平静。多亏了你们环保铁军的艰苦付出！"

▲现场检测

我本着一颗保护生态、为群众创造美好生活环境的初心加入生态环境保护系统，切身践行习近平生态文明思想，成功化解群企矛盾。为企业送服务，为群众谋福祉，是生态环保铁军不变的理想和追求。

作者单位：浙江省嘉兴市生态环境局平湖分局

在行走中记录生态文明的温度

张子俊 ———

我的故事要从生态环境说起。

我叫张子俊，是南方日报的一名年轻记者，当然，年轻说的不是年龄，而是从业经历。2018 年入职后，我开始从事环境领域报道，那一年对我来说是幸运的，广东污染防治攻坚战打响，广阔的报道题材摆在眼前。此时，练江进入了我们的视野。

练江是粤东地区第三大河流，流经揭阳的普宁市，以及汕头的潮南和潮阳两区，最终在海门湾入海。近 20 年来，流域内纺织、印染、电子拆解等行业迅猛发展，但配套环保基础设施严重不足，练江最终沦为广东污染最严重的河流之一。

当练江问题被中央生态环境保护督察组严厉指出后，我参与了部门策划的"练江百日"驻河深调研，我们分成多组，从 2018 年 6 月 21 日到 12 月 18 日记录练江的治理故事。

这也是我的第一次采访。怀着兴奋和忐忑的心情，我坐上前往汕头的高铁。

我的第一站是贵屿镇。贵屿镇是有名的洋垃圾拆解镇，这里的污染问题一度严重。到村里的第一件事是看河，当时给我印象最深刻的是大片水浮莲。

那是在老练江支流的一条三岔河道，其中一条河道被栅栏隔开，后面有一大片绿色植物。起初，我们没办法判断这是河道还是草地，于是绕到河边查看。我翻过矮栅栏，由于担心下方不是实地会踩空，便由同事在栅栏一侧拉住我的手。随后，我找来一根木棍插下去，一下就几乎到底，抽出一看木棍下端全湿了，便确定是河道。

随后我们联系当地村子的负责人，就这种治标不治本的治理方式进行采访，最后这一大片水浮莲得到清除。这是早期的粗放治水方法，随着治水的深入，广东逐渐摸索出流域系统治理方法，这些治理思路、理念成为我报道的重要内容。

巡河之外，我们更要看治理。练江污染的一个关键问题就是基础设施严重不足，要想短时间内补齐"短板"，必须要用超常规的措施。我在采访中发现，练江的一个治理战法是"大兵团"作战，即由多个国企在流域内连片进行施工，随处可见挖机、钩机作业，铺设污网、清淤河道、修整堤围等，建设场景蔚为壮观，这在很多国家是不可能实现的。

而在治理中，一个个基层治水参与者闪烁的光辉更让我动容。

至今仍记得，当时约访潮阳区城南街道凤南社区书记、社区级河长。通电话时，传来的声音很平和，我脑补的是一个白白净净、温文尔雅的中年男子形象。但在见面的那一刻，我差点没忍住说一句：真黑呀。待到话匣子打开，这位书记甚至掀起衣服，笑着说："你看，天天晒太阳巡河，肚子还是白的，手臂已经像黑炭了。"而这样的人，在基层还有很多。

最终，2020年练江海门桥闸国考断面水质成功消除劣V类，2022年年底，水质已经稳定达到IV类。

后来我再度回访练江，只见河面开阔、波光粼粼，不再有刺鼻的臭味和如墨的污水，常有村民饭后沿河边散步，回想起那段驻河经历感慨良多。

而练江仅是我走访过的河流中的其中一条，我总认为，必须在行走中感受、记录生态文明的温度。此后，我又走访了深圳茅洲河、东莞石马河、惠州淡水河、茂名小东江等多条曾经的劣Ⅴ类河流，记录治水进展、治水新思路新方法、群众获得感、生态与经济"双赢"等故事，展现它们由污复清的蝶变之路。

2022年1月，广东地表水国控断面水质优良率（Ⅰ～Ⅲ类）达92.6%，首度公布超过90%，可以真正说是"优"了。

在新闻记者的眼中，当前广东重大污染问题中有很大一部分得到改善，更多细枝末节的问题开始凸显，这些影响着群众的获得感、幸福感，也是未来生态治理的方向。

生态治理，道阻且长，行则将至。

当前，广东已经提出建设"绿美广东"，我之前采访过一位专家就曾说过：未来的生态环境治理一定要是常态化的，人人守法，监测、治理设施完善。

如何实现常态化下的生态环境品质稳定，是长期的治理课题，在这个过程中，我也将继续在行走中记录生态文明的温度。

作者单位：南方日报

我用十年记录下身边生态环境的美丽蜕变

赵璐———

　　十年是一段既漫长又倏然而至的时间刻度，刻下一个个令人记忆犹新的画面。

　　我和环保的故事是从十年前开始的。2012年11月，刚参加工作满一年，我从济南时报当时的热线新闻部调至时政新闻部，开始"跑口"，从前辈手里接过"环保口"的时候，前辈跟我说："环保是一个'小口'，不用紧张……"

　　事实证明，我和环保是有缘分的，前辈这话说完不久，"环保"便成

▲多年前同事拍下的渣土车夜间"横行"的照片

为全社会关注的大热点。2012—2013 年，大面积雾霾袭击我国中东部地区。自此，PM$_{2.5}$ 等当时的新名词持续很久上头条，2013 年"大气元年"的冬天，每逢雾霾天，我都要经历加班"刷版"的夜晚，等到凌晨版样打出来，伴着雾霾回家。

十年前，PM$_{2.5}$ 还是一个新鲜词，对于此前完全没有接触过环保工作的我来说，天天都要追着忙碌的环保工作者问个不停。令我感动的是，无论几点打电话咨询，业务处室的工作人员总能给出耐心细致的解答，积极回应社会关切，而他们也大约从十年前开始，开启了环保铁军漫长的"加班"工作。

随着"PM$_{2.5}$"这一词条的公布，环境保护部（现生态环境部）开始对重点城市空气质量进行排名。受浅碟形地貌等不利"先天"条件影响，每当不利气象条件来袭时，济南总能中"霾伏"。记得 PM$_{2.5}$ 向社会正式公布的第一天，济南各大空气质量监测子站纷纷达到重度乃至严重污染程度，那一天《济南时报》的头版头条是《济南 PM$_{2.5}$ 首秀遇雾霾》。

作为环保工作的长期记录者，这些年我时常被感动着。我既感受到环保工作者面对不利气象条件时的"无力"，也深深地体会他们凭借"置之死地而后生"的那般坚韧与不拔成就了今天蓝天白云的美好画卷。犹记得当年半夜和环保工作人员夜查渣土车，10 分钟内就有数十辆撒漏的渣土车呼啸而过；记得在建筑工地，因泥土而"报废"过几双鞋子；记得在检查现场，执法人员甚至还曾遭遇过暴力威胁；记得深藏村居的"小散乱污"，污水横流、黑烟四起；记得在某单位的锅炉房呛人的二氧化硫味。

而这些已经成为历史，个中艰辛或许唯有经历过才更加珍视今天的蓝天。我们欣喜地发现，踏过一路泥泞坎坷，经历一路披荆斩棘，环保成为全社会的共识，唯有高质量的保护才能获得高质量的发展。我们悄然发现，精细化管理已照进现实，过去环境治理的盲区如今被置身在"空天

▲ 2012 年《济南时报》部分关于环保的报道

地"一体化的监测网络中。

天蓝了，水清了，地绿了，我时常感慨自己见证了一座城市的美丽蜕变。我刚跑"环保口"的时候，山东省环境保护厅首次向社会公布污水直排口，其中济南 116 个污水直排口的具体位置在官网上被公示出来。我和同事跑遍了每一个污水直排口，在面对城市里这些"小黑河"的时候，惊诧于原来还有这么多污染问题需要被重视，唯有信息公开才能推动问题整改。在当时看来难以整改的"小黑河"，如今已现碧波，过去被"吐槽"的小清河如今已成为济南人的"打卡地"，实现着一次又一次的华丽进阶。

在社会环保意识尚缺乏的 20 世纪七八十年代，环保事业艰辛起步，一步步修复过去发展模式给环境造成的"创伤"。"疗伤"的过程不容易，需要一代又一代的环保人持续努力，也需要我们每一个人的积极参与。生态环境向好改善永远只是开始，我们的保护、我们的记录还会一直在路上。

▲蓝天白云映衬下的城市景观

▲优美的环境

作者单位：新黄河·济南时报

一名检察官的生态环境保护故事

郭付明————

　　本人郭付明，男，1985 年 7 月出生，汉族，研究生学历，2010 年 9 月在新疆乌鲁木齐市天山区人民检察院参加工作，2014 年 6 月调入贵州省黔东南苗族侗族自治州人民检察院，现任黔东南州人民检察院检委会委员、第七检察部（也称公益诉讼部）主任、一级检察官。我从事生态环境保护检察工作 8 年来，指导办理的 8 起生态环境保护案例被最高人民检察院、最高人民法院评为典型案例、指导性案例。

一、先行先试，推动生态保护检察联动反应

　　在生态环境检察部门成立初期，我在工作中积极探索创新。一是创新调研报告。生态环境保护检察部门成立之初，针对部门如何有效履职问题，黔东南州人民检察院成立调研组就全州生态环境保护状况进行了全面摸底调查，我在开展走访和对大量材料进行总结的基础上，首创生态环境保护检察年度报告。报告提出的建议被纳入黔东南州建设生态示范州实施方案，该年度报告被贵州省人民检察院评为"优秀决策转化调研成果一等奖"。二是创新工作方法。在开展生态环境保护检察专项工作中，黔东南州在全省首推以"小专项"带动"大专项"的工作方法，结合本地实际

开展了古树名木挂牌保护、森林资源保护等小专项，针对某大型企业在建设风电场过程中破坏林地行为进行立案监督，追究相关人员刑事责任，同时形成专题报告，促使州委州政府严格审批风力发电项目。三是创新协作机制。在开展生态环境保护工作中，我结合本地实际，建立"两审查一告知"内部协作机制、"补植复绿"等四项机制得到最高人民检察院的肯定。参与指导办理的"舒祖和滥伐林木罪"一案被最高人民检察院评为全国十大优秀检察机关立案监督案例。2018年4月，最高人民检察院影视中心以该案为蓝本拍摄的《案中案》专题片在中央组织部主管的全国党员干部现代远程教育网站的"检察之窗"栏目和共产党员网同步展播。

二、重点聚焦，环境公益诉讼持续领跑

生态环境保护公益诉讼方面，黔东南州检察机关在司法实践中先行一步，公益诉讼推动地方立法完善、公益诉讼助力乡村振兴的做法被推广。一是先行先试，办理全国首例判决生效的行政公益诉讼案件。黔东南州作为第一批公益诉讼试点，办理的锦屏县检察院诉锦屏县环保局案怠于履职案系全国首例判决并胜诉的行政公益诉讼案件，该案入选最高人民检察院第八批指导性案例，被评为2016年度十大法律监督案例。二是服务大局，将传统村落纳入公益诉讼办案范围。黔东南州拥有415个中国传统村落，数量位居全国地级市第一，是全国传统村落最集中、活态保护最完整的区域之一。2018年以来，黔东南州检察机关立足本地实际，以违建、消防、文物保护、资金落地、人居环境整治等问题为重点开展传统村落保护专项。我指导办理并参与撰写的榕江县人民检察院督促保护传统村落行政公益诉讼案系全国首例保护传统村落公益诉讼案，同时被最高人民法院、最高人民检察院评为典型案例，入选最高人民检察院第二十九批指导性案例，成为全国办理此类案件借鉴适用的案例。三是推动地方立法完善。在办案中重视人民群众追求美好生活的合理要求，推动解决传统村落保护与发展之间的矛盾。黔东南州人民检察院先后在雷山县格头村开展了适度发展旅游试点，在黎平县述洞村开展村民自治试点，改善传统村落的基础设施和公共服务设施配套项目，在保护中挖掘旅游资源，让村民实现在家门口创业、就业、增收，实现共同富裕。同时主动向该州人大常委会作专题报告，并提出完善地方立法建议。2020 年 4 月 29 日，《黔东南苗族侗族自治州民族文化村寨保护条例》（2008 年 9 月 1 日施行）修订审议通过，其中增加检察公益诉讼守护传统村落的相关条款。

三、检察为民，回应人民群众迫切需求

我始终坚持检察为民情怀，将人民群众关注难点、痛点作为公益诉讼办案的重点，带领黔东南州公益诉讼部门共同守护人民群众美好生活。一是协同推进环保督察问题源头治理。鱼洞河流域煤矿废水污染环境为中央生态环境保护督察指出问题。经调研，发现鱼洞河上游私挖滥采问题突出，黔东南州检察机关在追究刑事责任的同时，依法提起刑事附带民事公益诉讼，加强源头治理，共依法办理非法采矿案件 11 件，提起刑事附带民事公益诉讼 9 件，单独提起民事公益诉讼 2 件，已赔偿生态修复费用1138.7 万元，修复受损矿山 152 处。二是履行公益诉讼代表职责，针对群众反映强烈的环境污染生态破坏问题，依法提起民事公益诉讼，维护人民群众合法权益。如某国有公司占用河道修建施工便道，没有履行防洪应急预案，导致村民房屋被淹，国家投资建设的桥梁、道路被损毁，群众财产损失无法得到赔偿一案中，黔东南州检察机关提出了协调相关职能部门对损害的通行桥梁进行修复，解决出行难问题等方案。对桥梁重建、排洪渠

修复、河道疏浚等公益部分依法提起民事公益诉讼。依托判决已经确认的侵权实事，支持群众以起诉的方式维护个人权益，得到了人民群众的好评。三是开展系统治理。我结合生态环境保护公益诉讼的特点，探索"个案办理＋类案监督＋社会治理＋建章立制"公益诉讼办案模式，通过办理一案、带动一片，推动系统治理。例如，我在指导办理某县级检察院针对某定点屠宰场操作环境差、未开展肉品品质检验一案中，以点带面在全州开展专项治理，并针对突出问题开展调研，向州农业农村局发出社会治理检察建议。最终促成我州在全省率先采用互联网监管新模式，并成立屠宰行业协会。该案入选 2020 年度全国检察机关优秀社会治理检察建议。

四、积极履职，形成生态环境保护合力

全州检察机关充分发挥刑事、民事、行政、公益诉讼等多种检察职能保护生态环境，形成了"专业化法律监督＋恢复性司法实践＋社会化综合治理"的生态检察办案模式。一是打击犯罪和修复生态环境并重，维护生态法益。我办理多起破坏环境刑事案件、行政案件、公益诉讼案件。在办案中引导当事人采取补植复绿、增殖放流、土地复垦、劳务代偿等方式修复受损的生态环境。在全省率先建立补植复绿、增殖放流等专门的生态修复基地，联合贵州大学建立了碳汇司法实践基地。针对少数民族地区群众收入低、无法支付生态修复费用的问题，黔东南州人民检察院联合州中级人民法院、州农业农村局、州林业局、州自然资源局建立劳务代偿工作机制，让环境的破坏者成为守护者。二是坚持"双赢多赢共赢"的办案理念，州检察院与州河长办、州林长办建立了检察公益诉讼协同推进河长制林长制工作的相关协作机制，拓展了案件线索来源。州检察院牵头与黔南

州、铜仁市、湖南省怀化市检察院签订了舞阳河、清水江、沅江流域生态环境保护检察监督协作意见，破解河湖保护"上下不同心、两岸不同行"的难题。通过案件办理，更多部门体会到了检察公益诉讼在社会治理中的优势，由过去被动监督变成主动向检察机关提供案件线索，推动难题解决。三是推动民事公益诉讼与生态环境损害赔偿制度有效衔接。注重与生态环境保护部门对接，通过诉前磋商、检察建议、支持起诉、提起诉讼等方式让生态破坏者承担责任。如针对某公司不履行矿山修复义务，自然资源部门代履行后，相关损失无法追回的问题，检察机关在征求相关部门不提起生态环境损害赔偿的情况下，依法提起民事公益诉案件，为国家追回了相关修复费用，该案入选最高人民检察院正义网"千案展示"平台典型案例。

五、提升业务，营造生态环境保护氛围

通过不断学习钻研，我由一名生态环境检察新人成长为生态环境保护检察业务专家。一是由于生态环境保护检察、公益诉讼都是新业务，我对于党和国家的方针政策和新出台的法律、法规总是第一时间学习并组织研讨，凭借自身扎实的业务功底和多年的生态环境检察工作经历，成长为一名公益诉讼检察业务专家，2021 年 4 月入选全国公益诉讼检察人才库，2022 年 12 月被评为第三批全省检察业务专家。多篇调研成果被省检察院评为优秀调研成果，主讲的《保护传统村落、守护美好乡愁》被国家检察官学院中检网全国公益诉讼案例培训班收录。二是创新生态宣传教育方式，通过微电影、法制教育剧以及将环境保护的内容融入苗歌侗歌等群众喜闻乐见的方式开展宣传，到案发地开庭审理破坏生态环境的案件，通过身边人、身边事教育人民群众，达到"办理一案、教育一片"的效果。开

展生态环境保护工作的相关做法被最高人民检察院影视中心拍摄为微电影《我是检察官之苗岭雄鹰》《我是检察官之古寨新传》。三是在全州生态检察干警的努力下，生态环境保护检察部门、第七检察部多次获全省专项工作先进集体，连续多年获全院先进集体，多人立功受奖，第七检察部被授予"全州文明科室""全州工人先锋号"。我个人荣立二等功一次，多次被全省、全州评为先进个人。

▲作者在工作岗位　　　　　　　　　　▲通过各类讲座加强宣传交流

　　发挥检察监督职能，积极能动司法，保护生态环境，是生态环境保护检察和公益诉讼部门的重要职责。守护绿水青山，保护民族文化，我和全州生态环境干警一直在路上。

　　　　　　　作者单位：贵州省黔东南苗族侗族自治州人民检察院

护一湾清水　惠一村百姓

黄容文 ————

　　我叫韦顺业，是个"70后"，土生土长的长宦人，我热爱自己的家乡。今年是我担任我们村河道专管员的第6年，作为河道专管员的我十分眷念村前的那条溪流——代溪。从小到大，无数个朝夕相处的日子，让我不仅熟悉代溪的每一处景色，更了解它的"性格"，希望通过自己的努力，让生态水系水清河秀，使碧水清流滋润长宦村民的心田。

　　代溪是霍童溪的主要支流，流过我的家乡。2018年代溪安全生态水系建成，完成河道治理十多千米，从镇所在的代溪村直到我的家乡长宦村，工程实施修复了村前的防护堤，兴修了景观坝，两岸绿化变得更漂亮了。代溪如黛，水清岸绿，代溪是我家乡的骄傲。屏南县实施河长制以后，我被镇政府聘任为长宦村河道专管员，从那天起，我暗暗下定决心，要认真履行河道专管员的职责，做好自己分内的事情。无论日晒雨淋，还是寒冬酷暑，必须每天沿着河边巡视一圈，并在巡河日志本上记录当天的巡查情况。若发现河边有乱扔垃圾、随意倾倒禽畜粪便的行为，立即规劝制止，并及时清理。

　　后来村里在河边建起了污水处理设施，村里的生活污水就集中回收到这里，经处理后排入代溪。我便开始承担起污水处理设施的巡查工作，每天清扫污水处理设施周边的垃圾，维持周边环境整洁美观，还要检查设施运行是否正常，排污口出水是否干净、畅通，以保障入河水质。

每年的汛期才是最紧张的时候。要下暴雨了，便要往返河道两岸去巡逻，做好安全隐患排查，及时清除河道及挡水坝的垃圾、杂物，确保汛期河道畅通。暴雨过后，河道的景观坝总会拦住一些漂浮的树枝、垃圾等杂物，只要水位一降低，我便会到亲水步行道上去清理，这样既保障河水通畅，也方便村民安全过河。

▲ 作为河道专管员清理河道垃圾

河道专管员就是河流的监护人，竖立在河边的公示牌就是一份责任书，既然政府选择我作为长宦村河道专管员，我必会认真完成每天的任务，管护好责任区。长宦村是我的家乡，我念念不忘记忆中那干净清澈的河水以及随处可见的河螺、鱼蟹、水草等。后来乡村发展了，河里垃圾、漂浮物也多了起来，水质也在逐步恶化，而河里的水生动物却少了。多亏了近几年河长制的建立和落实，爱河教育宣传深入人心，提高了村民爱河护河的意识，乱扔垃圾的不文明行为减少了，我的工作也轻松不少。一年一年看着家乡水生态环境的改善，也坚定了我尽全力维护村前这段河流的决心。

　　每到傍晚，长宦村河畔总有许多闲暇的村民在亲水步行道上散步，在凉亭乘凉休憩，享受代溪带来的清新感受，村民都为家乡的河道治理竖起大拇指"点赞"。

▲长宦村亲水步行道

作者单位：福建省宁德市屏南县代溪镇人民政府

_____

注：本文根据韦顺业口述整理。

绿水青山的"法治卫士"

张建立————

"当好一名法官，就是要公平、公正地审理每一起案件。生态是最靓的'名片'，依法保护和治理生态环境，人民法院责无旁贷，人民法官使命在肩。"我叫张建立，是新疆生产建设兵团第四师中级人民法院审判委员会委员、民事审判庭副庭长、四级高级法官。从事法官工作已近30年，面对热爱的法治事业，我的热情丝毫未减，尤其对环境资源审判工作更是"偏爱有加"。2022年9月，有幸被最高人民法院授予"环境资源审判工作先进个人"荣誉称号。对我而言，这不仅是一份荣誉，也是一种鞭策，更是一份责任。

明察秋毫　排污企业难辞其咎

"张法官，这可是我们的全部家当啊，包括银行贷款和向亲戚朋友借的钱，我们把全部资本都投在养鱼上了，因为企业污水排放我们的鱼都死了，这可让我们怎么活啊！"这是我承办的一起水污染责任纠纷案中原告方某夫妻二人的遭遇。

2017年4月，辖区某淀粉厂与污水处理公司签订污水排放处理协议，淀粉厂将废水交污水处理公司处理，每年向其支付一定费用。2017年冬天，淀粉厂将未经处理的废水排放到污水处理公司，而污水处理公司因设备故障，对污水未经处理即进行直排，就这样，污水顺河道被排放到了方某夫妻二人养殖鱼的鱼塘中。冬季水库结冰根本发现不了什么异常，但春天解冻后，令方某夫妻二人惊讶的是，在他们养殖鱼的水库水面竟漂浮着大片死鱼……夫妻二人四处寻找相关部门帮助解决，与企业沟通协调无果，无奈之下便将这两家企业诉至法院。

面对这一境况，我并不想"坐堂办案"，我多次开展实地走访调查，奔走于企业、水库等地，详细了解案件的来龙去脉，从源头发现问题。最终，经鉴定，两家企业的排污行为与方某夫妻二人养殖水库鱼的死亡确实存在因果关系。在查明事实后，我本着公平公正的原则，向两家企业明晰成因法理，说明鱼塘水污染是由两家企业共同造成的，具有共同过错，应承担连带侵权责任，于是判决淀粉厂与污水处理公司共同承担侵权责任，赔偿原告方某夫妻二人损失共计312万余元。这一案件不仅为受到侵权损害的受害人征得赔偿，更重要的是以司法的强制力制裁了破坏和污染环境的企业，同时警醒相关企业要严格按照法律规定的标准履行环境保护义务，否则将依法承担相应的赔偿责任。

▲ 深入第四师可克达拉市污水处理厂了解企业情况（非案例涉事污水处理厂）

确认合同无效　避免社会公共利益受损

"不仅仅要在破坏和污染环境的案件中时刻将'两山理念'贯彻到审判执行的全过程，在一般的民事案件审理中，也要始终体现绿色原则。"

新疆伊犁哈萨克自治州人民政府基于保护伊犁河的目的，决定关停流域内的所有小水电站项目。此时开发小水电站的某公司得知这一消息后，便将该公司的全部股权连同公司的设施、项目批文、不动产等全部转让给王某个人，王某与该公司达成协议后，随即支付转让定金986.72万元。但令王某没想到的是，自己出资980余万元购买的所有资产竟是已经被政府明令禁止开发建设的水电项目，一气之下，王某将该公司诉至法院。

因该起案件涉及伊犁河流域保护，我作为承办此案件的法官高度重视，几经问询查找，发现该案涉及的电力项目由于环评报告未通过，早已终止建设。案涉水电站位于伊犁河最上游，处于生态敏感区和水源涵养地。该案名为股权转让，实为项目转让，如果认定合同有效，继续鼓励此种交易，会与我国生态文明建设大局相悖，也与绿色民法典的立法目的相违背，将会导致损害社会公共利益、破坏生态环境的事件发生，因此，最终依法认定双方合同无效。

至此，历时近3年的股权转让纠纷案件画上了圆满句号，该案件的结果不仅为王某挽回了980余万元的经济损失，更让国家生态利益免予受损。

▲ 深入第四师可克达拉市污水处理厂开展《中华人民共和国水污染防治法》等相关法律法规的宣讲

责令补植复绿　修复破损生态环境

"张法官，我认识到自己的错误了，为了自己的贪念不惜破坏生态环境，我以后再也不会这样做了……"这是被告人木某在法庭审理最后陈述环节发自内心的忏悔。

木某一直没有稳定工作，日子过得十分窘迫，因而动起了"歪心思"。在明知没有采伐许可证的情况下，他将父亲种植的林带卖给他人采伐。只是没料到，"小赚一笔"的甜头还没尝到，法律的制裁已然来临。

"审理这类破坏环境资源犯罪案件不能仅仅局限于追究被告人的刑事责任，还要运用环境修复性司法的理念，注重对被告人进行法治教育，使其自愿承担修复环境的责任。"这是我在办理环境资源类案件中一直坚持和倡导的理念。最终这起案件在判处被告人有期徒刑的同时，还判处其在报纸上公开赔礼道歉，到案发地补种树苗，并保证3年后树苗的成活率在85%以上，以劳动来修复被其破坏的林业资源，让被告人深刻认识到生态环境的重要性以及破坏生态环境的严重后果，让生态"违法者"变成生态"守护者"，取得了很好的社会效果。

"守护绿水青山，审判从来不是目的，建设绿色家园，远方虽远，亦是归途。"环境司法是环境保护的最后一道防线，只要我还在岗一天，我就会为生态环境法治事业贡献自己的一份力量，用法治正义守护我们的蓝天更蓝、青山永绿、碧水长流。

作者单位：新疆生产建设兵团第四师中级人民法院

我和我的环境监测站

赵俊松————

    2005 年刚毕业的我，考入刚通过计量认证不久的砚山县环境监测站。2012 年，砚山县环境监测站成为云南省第一批"全国环境监测站标准化建设三级站达标单位"。不负韶华，2014 年我由一名环境监测新兵成长为一名基层环境监测站站长。此时，站里陆续考入了许多朝气蓬勃的年轻人，如何带好大家，给初上任站长不久的我带来了不小的压力。生态环境监测工作很辛苦，既要接触有毒有害的化学试剂，又要出入环境恶劣的监测地点，许多刚参加工作的大学毕业生思想上都有这样的包袱：上了这么多年的大学，干着又累又危险的活，感觉心里很不是滋味。曾有同感的我笑着说："这不算什么，咱们站里还能经常遇到来交垃圾代运费的群众。"大伙听完都无奈地笑了笑。每天，我们依旧默默地摆弄烧杯、滴定管、分光光度计，站在几十米高的监测平台上与一根根烟囱相伴。

    上海——梦启航的地方，2015 年我来到这里参加"环境监测管理培训班"。第一次到省外培训，我格外珍惜这次机会，认真听讲，记录每天的所见所闻。其间，我有幸参观了上海的多个环境监测站。除了先进的监测设备、标准的实验室外，各监测站都"标配"的环境教育基地让我印象深刻。环境监测是生态环境保护的基础，在监测站开展环境教育很重要，

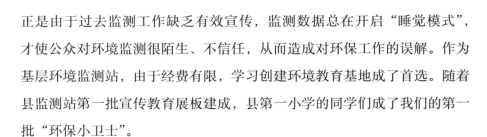

正是由于过去监测工作缺乏有效宣传，监测数据总在开启"睡觉模式"，才使公众对环境监测很陌生、不信任，从而造成对环保工作的误解。作为基层环境监测站，由于经费有限，学习创建环境教育基地成了首选。随着县监测站第一批宣传教育展板建成，县第一小学的同学们成了我们的第一批"环保小卫士"。

大理——有风的地方，2016年我来到这里参加"云南省绿色创建培训"，我们要创建第一家以环境监测站为载体的"云南省环境教育基地"的想法，得到了省环保宣教中心领导的肯定，"云南环保绿色书屋"很快在监测站落地，书籍虽然不多，但我们认真按照图书分类目录将其归类，小小的书屋成了我们的第一个宣教平台。功夫不负有心人，2017年"云南省环境教育基地"成功创建。我们利用下乡监测的机会，通过统筹安排，幕菲勒小学、者腊小学、双龙小学等出现了一群年轻的身影，孩子们围着各类监测仪器，为我们准备的精彩试验欢呼，争先恐后抢答环保灯谜，给大家准备的奖品——三角板、自制首日封等受到了孩子们的欢迎。

伍家寨——难忘的宣传，2017年9月26日，扶贫挂钩点阿猛镇伍家寨小学，简陋的校舍，彬彬有礼的同学，操场斑驳的黑板上用楷书工整地写着"保护环境可做的十件小事"等环保主题的内容，让我很受触动。在这样一所偏远的小学，都能将环境保护作为主题进行宣传，作为环保工作者的我们加强宣传更是责无旁贷！需要我们宣传覆盖的人群、地方还很多，我们宣传的空间是广阔的，工作是非常有意义的。青少年是祖国的未来，是做好环保科普工作的重中之重。砚山县第二幼儿园、幕菲勒小学、县一中等19所学校留下了监测站"迎进来，走出去"的足迹，共开展环保科普活动超过40次。通过活动实践，争取上级资金，监测站逐步形成了具备展板宣传、趣味试验、环保教室及实践基地参观教学为一体的"环境保护科普小站"。

习近平总书记指出，科学研究和科学普及好比鸟之双翼、车之两轮，不可或缺、不可偏废。云南省内的环境监测科研如火如荼，但环境监测科普却鲜有耳闻。2019年，我带领砚山县监测站独树一帜，锐意进取，获"云南省科普教育基地"命名（被列为2019年度砚山县妇女儿童民生实事），并被列入全国环保设施向公众开放单位。

武汉——九省通衢，2019年年底祖籍湖北的我有幸到武汉参加了全国环保设施向公众开放培训班，通过学习开阔了眼界，坚定了信念。进企业、进机关、进社区、进村寨，一组组准确可靠的环境监测数据对"天蓝、地绿、水净"做出了科学、直观、有力的描述，生态环境监测工作从鲜为人知逐步进入了公众视野，得到了社会的认同；同时也激发了环境监测人员的工作热情，形成爱岗敬业的良好氛围，砚山县监测站在全州环境监测大比武中斩获团体一等奖。

▲环保科普活动

我们通过制作《叶

绿素 a 的测定》《喀斯特地貌与世界水日》《原子荧光与砷、汞、硒的监测》等短视频在"环保 & 科普"抖音号进行发布，开辟了新的宣传途径。2020 年，监测站获"砚山县青年五四奖章"集体称号，中国环境监测总站领导到县监测站就环境监测宣教工作开展专题调研。2021 年，我们积极参与"万名人才兴万村"活动，勇做生态环保铁军先锋队，在隔离点、边境线都有我们监测人员的身影，一个"领跑"全州、居全省前列的环境监测实验室在砚山建成。

2021 年我被生态环境部授予"国家生态环境保护专业技术青年拔尖人才"称号。环保科普工作任重道远，我将珍惜荣誉，不忘初心，砥砺前行。2022 年通过积极申报，我们争取到了云南省科技厅科学技术普及专项资金，以"地球 24 小时"为主题的多功能展厅在砚山县监测站建成，同时被命名为"砚山县青少年校外实践教育基地"。更多的公众陆续走进环境监测站了解生态环境保护工作，知行合一，与我们携手一道成为生态文明的践行者和美丽中国的建设者，"绿水青山就是金山银山"的理念持续深入人心。

作者单位：云南省文山州生态环境科学研究与技术服务中心

我的"清清护河"生涯

王庄妹————

我曾在互联网上看到一个观点：早期的人类部落大多傍水而居、依水而兴，四大文明古国都发迹于河边，因此人类对于"母亲河"有种天生的亲切和依赖。我对此深以为然，作为一名在上海市静安区夏长浦河畔生活了30多年的老居民，每每回忆起过去生活的画面，总少不了夏长浦河的身影。夏长浦河记录着我从青年走向暮年的点滴，我也见证了它从黑臭向美丽的嬗变。

过去，生活在河道边的人是遭罪的。浑浊黏稠的河水时不时传来一阵恶臭，许多人甚至把河道当成了"垃圾桶"，水面上常常漂浮着各类垃圾。尤其到了夏天，蚊蝇孳生、臭气熏天，人们经过河边总会忍不住掩鼻疾行，河边的居民想要开窗透气都成了一种奢求。

后来，政府部门在收到居民们的诉求后，对夏长浦河开展整治，河道面貌开始逐年向好，居民们的生活环境逐渐改善，人们往河中抛物的陋习也有所收敛。为了保护这来之不易的水环境治理成果，龙潭居民区还成立了"市民义务护河队"，我虽然因为工作原因无法参加护河队，但仍会在闲暇时去河边走走看看，顺手拾起岸边的烟头、纸屑，或劝阻一些往河中抛物、吐痰等不文明行为。2011年，清清护河志愿者服务队成立，当时我已经正式退休，抱着发挥余热、保护家园环境的想法，我尝试着接触清清护河志愿者的一些工作，并在 2014 年正式入队。从此，清清护河志愿服务开启了我退休生活的"第二春"，在为市民提供服务的同时，我也收获了满满的成就感、自豪感和来自街坊邻里的肯定与感谢。

清清护河志愿者服务队是一支由市民自愿参加、自发组建、协助河

▲ 2003 年与 2022 年夏长浦（高平路—原平路段）对比照

道治理和水环境管理的自律性群众组织。我们来自各行各业，因爱水、护水、治水而走到一起，肩负着巡查员、宣传员、监督员、示范员、联络员这"五大员"的职责。定期开展河道巡查、宣传爱水护水理念、及时上报养护问题、参加护水行动、做好市民与政府的沟通桥梁是我们的主要工作。

2018年，清清护河志愿者服务队工作站成立，我有幸被大家推荐担任工作站首任站长。从一名只需要做好本职宣传和志愿服务的普通志愿者，到需要统筹管理全区所有护河志愿者队伍的"领头羊"；从只需要守护好家门口的夏长浦河，到需要关心全区的10条河道，身份的转变让我顿感责任重大、压力倍增。为了尽快适应新的岗位，我一有空暇时间就会前往静安区的各条河道开展巡查，主动与沿河居民、志愿者、河道养护一线工作人员交谈，确保自己对每一条河道的基本情况能做到心中有数；工作之余就向年轻的志愿者请教办公软件、智能手机摄影、线上会议软件的有关问题；在遇到困难时，河道水政所总会及时给我提供帮助和指导。

在大家的关照与帮助下，我成功组建了工作站团队，并和驻站志愿者们群策群力，算清了服务队管理的一本账。我们修订了清清护河志愿者服务队章程和巡河台账；实行志愿服务项目化和志愿者评优机制；定期组织开展"水之旅"参观活动和志愿者培训；积极参与中小学生水环境治理科普夏令营；开展"学雷锋日""世界水日""六五环境日""国际志愿者日"等主题宣传活动，推动"清清"逐步走向制度化、规范化、专业化。目前，我们已开展各类活动100多场，参与人数达6000多人次。

为了有序推动志愿者队伍发展，我在河道水政所党支部的帮助下，以区域化党建为纽带，积极联络沿河社区居委，带领工作站驻站志愿者前往居委开展宣讲，动员居委成立社区清清护河志愿者服务队。截至2022年12月，清清护河志愿者服务队已有54支队伍、800多名清清护河志愿者。

2020年10月，毗邻彭越浦的清清河道新时代文明实践站挂牌启用，

▲开展清清护河志愿者培训（摄于清清党群服务站）

清清护河志愿服务开始面向更多人群。我们协助静安区河道水政所举办的政府开放月、清清公益课堂、水陆域巡河体验、福寿螺共治、河道文史研究等各类公益活动，为广大市民学习水知识、了解水文化、参与水治理打造了一个鲜活的课堂。2021年，我们成立了"清清党建联盟"，让团队里400多名党员点亮更多的星星之火，更好地发挥先锋模范作用。

党的二十大报告强调，推动绿色发展，促进人与自然和谐共生。如今，城市水环境的优劣与每一位市民的生活品质息息相关，绿水青山所带来的美好生活是每一位市民都能够享受到的。因此，深入推进水环境污染防治，既是政府有关部门的职责，也是我们每一位市民的义务。清清护河志愿者服务队就是这样一个平台，让每一个人都有机会参与到爱水、护水、治水的行动中。作为一名老党员，我十分珍惜在清清护河志愿者服务队工作的时光，掐指一算，我注册成为"清清护河志愿者"以来，已服务了近1万个小时，能够在迟暮之年找到一份自己热爱的事业并为之发挥余热已是人生之大幸；能够在这份事业中继续履行"全心全意为人民服务"的初心使命，更让我倍感幸福和自豪。

作者单位：上海市静安区清清护河志愿者服务队工作站

小信访大作用

彭婧————

　　我生在矿区、长在厂区，高耸的烟囱、轰鸣的机器、频繁的酸雨烙在记忆深处。"让柳州更美！"梦想的种子在儿时就已深埋在我心底。本科毕业后，因从事的工作离梦想有些距离，我毅然辞去工作，废寝忘食复习备考，半年后顺利考上了环境工程专业硕士研究生，开始筑梦之旅。

　　2015年，我加入柳州市环境监察支队，成为"12369"环保举报平台的一员。同事开玩笑道："研究生接投诉电话，太浪费人才了！"而我考虑的是，研究生如何才能把信访工作做得更专业？实际工作中群众反映的生态环境问题涉及面广、产生原因复杂……信访工作远没有想象得那么简单。为了及时响应群众诉求，快速淬炼过硬专业本领是我首先要攻克的第一个难关。于是我坚持每天主动学习生态环境领域专业知识、掌握行业最新动态、了解相关新闻热点。有市民来电反映，柳州的空气有令人难忘的"柳州味道"，每次从国外回来都不适应。在电话沟通中，我跟她对比了国内外的环境空气质量标准、说明了柳州的发展现状、近年环保工作取得的成绩和存在的困难等。"我对柳州目前的治理效果不是很满意，但是佩服你的专业性。"虽然得到了群众的称赞，但我心里却不是滋味。

　　钢铁、化工、火电等大型企业位于城市上风向，厂区与居民区仅一墙之隔，城市桥梁横跨化工厂厂区……任你苦口婆心、口干舌燥，也难以对饱受污染困扰的群众有个交代。虽然柳州市政府已经制订了重点污染企业搬迁计划，但是大型企业搬迁牵一发而动全身，关系到城市经济发展和千万职工的利益。我一方面引导来访群众理性、客观看待生态环境问题，另一方面琢磨当下能做哪些改变。通过分析全市近几年的生态环境信访数据，我发现被投诉的焦点是"柳北区的废气排放问题"，影响了柳北区大部分的居民。通过仔细分析群众反映的问题、气候特点、现场调查结果，制定不同情况下的预警方案，我变成了企业的信息员——"今天是阴天，空气湿度较大，建议合理安排生产，减少废气排放""最近某小区的居民反映烟尘较大，建议检查设备运行是否正常""最近行人反映双冲桥附近气味刺鼻，建议查看原料成分和配比"。通过走访调研，了解到柳州市各工业园内的产业同质化严重，我向柳州市发展改革委提出，希望充分考虑各城区实际，合理规划工业园，尤其是北面作为城市的上风向，更要重视生态环境的保护。2017年，柳州北部生态新区正式挂牌成立，作为广西首个以"生态"为主题的城市新区，为柳州经济高质量发展闯出了一条生态转型之路。

"小信访大作用"，每一件环境信访件的妥善处理，都是在捍卫人民群众的生态环境权益。2015年，有村民来电反映某锌品厂异味大、部分村民出现身体明显不适、周边植被局部枯死等情况。我意识到，这很可能是企业超标排放废气所致，铅锌冶炼废气毒性大，耽误不得，我马上转办给执法二科，开展现场调查。但是，这家企业开工时间不确定，生产时间特别短，很难获取直接证据。我动员村民收集更多线索，配合执法人员进一步开展调查。经过半个多月的努力，我们获取了企业排放的废气中二氧化硫、铅超标的有力证据，对该企业立案处罚并启动按日计罚程序，使企业不具备复产条件，彻底消除了环境污染源。在中央生态环境保护督察的大力推动下，在市政府的坚强领导下，多部门合力解决了一大批生态环境难点问题。2017 年环境信访投诉量比上一年减少了 63%。

如今，柳州市实现了从"酸雨之都"到山清水秀"水质冠军"的美丽蝶变。柳州生态环保铁军用激情点亮了柳州的生态梦。何其幸哉，我能成为柳州绿色征程上的追梦人，亲身经历柳州生活环境的巨大变化！

实现中国梦是一场历史接力赛，当代青年要在实现中华民族伟大复兴的赛道上奋勇争先。从党的十八大的"五位一体"总体布局到党的二十大"推进美丽中国建设"，变的是不同时期的具体工作任务，不变的是环保人的初心、使命。站在中华民族伟大复兴的新起点，我立志埋头苦干、奋勇前进，把平凡岗位作为砥砺自己的战位，努力成为美丽幸福奇迹的参与者、贡献者、创造者。

作者单位：广西壮族自治区柳州市生态环境保护综合行政执法支队

北境冰雪上的守"源"人

丁德健——

你问我是谁？从严格意义上来说我算是个"半路出家"的环保人。我出生在黑龙江省伊春市铁力市，是个土生土长的东北人，吃喝都来自这片辽阔黑土地的馈赠，长大自然想为它做点贡献。此前，我曾在许多行业里摸爬滚打，想要找到一条回报家乡的路，可总觉得彷徨，不确定方向在哪里。直到2020年3月，家乡伊春发生了鹿鸣矿业尾矿砂泄漏事件，看着一批批现场监测人员、一辆辆监测车连夜开抵现场进行支援，我猛然意识到能为家乡做的，就是守护这方水土。

2021年年初，我有幸进入环保行业，这是我第一次认识这家分析仪器民族企业，从国家早期关注环境问题时起就深耕生态环境领域，20年来只为将更先进、更可靠的监测设备带到祖国大地的每个角落，助力国家完成环境立体监测网的全覆盖。此后我便有了"环保人"的身份。

虽说冠上了"环保人"的身份，但一开始还是迷茫的，我到底能为环保做点什么？所幸公司为新入职人员开展了一系列的专业化培训，帮助我更全面地了解公司，也理顺了自己未来的工作方向。我心想，有了这些不输进口产品的尖兵利器，我对于深入打好污染防治攻坚战是充满底气和信心的，民族企业守护祖国环境，我那颗从小被埋下的"国产梦"这次真正被点燃了。

通过了公司严格、规范的培训后，我恰好被分配到我的家乡——黑龙江省。这里位于祖国最北、最东，冬季几乎占全年的一半，冬季平均气温能达到零下 15 摄氏度，一直以来都是我国的重工业基地，环保任务重、压力大。沿海城市地势平坦，经济发展更迅猛，所以常常作为环保新技术的第一批试点区，当我了解到，近年来这些城市的环境立体监测网已相继完成了布点、优化、升级，我十分焦急，出于"私心"想让这些更可靠的监测设备来家乡"做客"，守护家乡的绿水青山。我努力奔走在城乡之中寻求反哺家乡环保建设的机遇。

功夫不负有心人，2022 年黑龙江省生态环境厅开始全力推进全省流域监测网络的建设，让我有了一次宝贵的机会。接到通知时正值国庆假期前两天，为保证 10 月中旬项目所需人员、设备如期抵达现场，集团内部快速响应，连夜协调统筹。要在祖国最北的区域建设 35 个水质监测站，我想想都激动，但又感到焦灼，因为马上要进入冬季了，项目要在年底前完成交付，作为黑龙江人的我比谁都知道这其中的难度，我必须要和时间赛跑。

现在想起那几个月就像是上了发条一样，几乎没有时间陪伴家人，即便打几通视频电话也草草挂断。我特别记得那天，达到了零下 30 摄氏度的极寒天气，我从哈尔滨开车去下一个水站监测点查勘现场进度。两地相距 579 千米，马不停蹄开车也需 6 个小时。其实驾车 500 多千米并不难，但在大雪后的黑龙江往北开长途却不容易，高速路况相对还好一些，乡村小路的路面结冰打滑，这种路况下雪地胎也可能处于"罢工"边缘，越往北开天色越暗，我全程打起十二分精神，生怕出点事，终于赶在天完全黑透之前抵达最北站点黑河。

▲ 黑河监测站点

　　一到现场顾不得喝上一口热水，我赶忙下车查看站房建设情况。站房搭建还在加班加点进行着，由于气温很低，路面很滑，仪器设备的安装搬运都需要小心再小心，我全程盯着，直到全部完成，那颗悬着的心才算暂时放下。这一盯就是两三个小时，口罩早就完全湿透，被风一吹脸更僵了，我只能搓着手心来暖暖身子，转头瞥向同事，发现两人睫毛上都挂上了冰霜，看上去十分滑稽，顿时哈哈大笑。等缓过神来，后腰突然钻心地疼了起来，这才发觉长时间精神高度集中地开车，加上这几天的折腾，我的老毛病腰椎间盘突出又犯了，我心想"糟了，进度绝对不能拖"，赶忙让同事带我去挂了当夜的急诊。虽然医生一再叮嘱我卧床休息，但我躺在床上心急如焚，心里根本放不下项目，贴上药膏，吃了止痛药，第二天一早还是急忙赶到了现场。在大家的努力下，黑河监测站点提前布设完成。

　　在站点建设过程中，每每遇到难题，黑龙江省生态环境厅都会及时协调，给予我们大力支持。我心里明白，这些监测站点能让政府实时掌握水质状况，有力保障水质安全。

虽然在这场攻坚战中我只是小小的一环，但我不是一个人在守"源"，我的身后有妻子、孩子对我工作的理解和支持，有团队伙伴给予的力量，更有千千万万像我一样的环保人十年如一日在各自的工作岗位上坚守，只为让"绿意"蔓延到祖国的每个角落，让青山绿水所赋予的宝贵的财富留给子孙后代。每每想到这些，我的心是热的，更是坚定的。

当前黑龙江省水质监测网络已初具规模，我既骄傲又欣喜。寒冬终将过去，春山可望，而我负责的流域监测项目也在2023年的春天正式运行。

有好几个夜晚，我不经意间就走到了项目站点，当我站在皑皑白雪中，眺望这一座座串起祖国最北边境水质安全生命线的监测站里的点点微光，心中充满了无尽的感慨，若要问此刻的心情如何，引用艾青的一句诗——"为什么我的眼里常含泪水？因为我对这土地爱得深沉"。

▲项目站点

作者单位：聚光科技（杭州）股份有限公司

汤河岸边的环保人和他们的"环二代"

周嫣娜————

"叮铃铃……"起床闹钟才刚刚响起，儿子就兴冲冲地跑进来，"妈妈，妈妈，起床了，今天不是要去汤河捡垃圾吗?"虽然是我的"保护母亲河"活动，儿子却分外上心与开心。

小小少年曾经与我约定，每次的"保护母亲河"活动，都要参加，于是起床收拾好，我们就出发了。当我们赶到的时候，已经看到身穿红马甲的大部队了，儿子飞奔过去，因为经常参加活动，和同事家的小朋友们都已经成了"战友"。

简单分配任务后，大家就开工了。这些半高的孩子们，穿着快到膝盖的红马甲，手里举着垃圾夹棍，在志愿者队伍里格外耀眼。他们低着头、弯着腰，一边走一边像寻宝一样，一会儿这边发现个饮料瓶，一会儿那边有个塑料袋，一边还说着这些垃圾在土壤里需要 20 年才能降解。听到这里我心里感觉暖洋洋的，这些降解知识是以前我们给路人科普的时候孩子们听到的，没想到他们已经深深地记在心里，实在令人欣慰。

早些年，汤河一度因水源枯竭、污染严重，变成了一条臭水河，汤河岸边也是杂草丛生，垃圾成堆，连汤阴本地人都很少光顾。党的十八大以来，生态环境保护工作发生了历史性和转折性变化，我们县各项污染防治工作协同开展，蓝天、碧水、净土保卫战持续深入。

2019年，为了持续改善汤河沿岸环境，更好地宣传绿色环保理念，我们（汤阴县生态环境分局）与汤阴县文明办联合策划实施了"保护母亲河"新时代志愿服务项目。项目一经开展，就吸引了各级单位的广大志愿者参加。不但通过开展捡拾垃圾、排查入河排污口等活动改善了汤河沿岸的生态环境，更是通过宣传绿色环保理念，让更多人参与到环境保护中。三年来，"保护母亲河"活动已开展100余场，参与志愿服务活动的单位达200多个，志愿者人数近5000人次，服务时长约15万小时，发放各类宣传页5万余份，清理沿岸河段总计1500余千米。

"哎呦，'环二代'又来保护母亲河了！"一个苍老有力的声音把我从这几年的思绪中拉回来，原来是陈大爷。说起来，陈大爷也算是我们志愿者队伍的"编外人员"了，每次活动都能遇见他。大爷总是笑着说："有钱人的孩子叫'富二代'，那生态环境现在可比金贵，你们的孩子不就是'环二代'了吗！"每次说完，也不忘摸摸每个"环二代"的小脑袋，并向他们竖起大拇指。也许孩子们还听不懂大爷的话，但每次看到大爷竖起的大拇指，脸上都呈现出害羞又得意的表情。

"保护母亲河"志愿服务队的积极行动，让"红马甲"成为汤河两岸一道亮丽的风景。汤河水质变得清澈，岸边植被茂盛，汤河沿岸也成了广大人民群众结伴漫步、假日游玩的好去处。这一切的改变，不但充分发扬了志愿服务精神，更是向广大人民群众传递了身体力行、从我做起的环保理念。

回家的路上，我不禁想到，也许大家不会记得我们和这群"环二代"的名字，但庆幸的是我们都参与过污染防治攻坚战！

作者单位：河南省安阳市生态环境局汤阴分局

汤河岸边的环保人和他们的「环二代」

优 秀 奖 ｜40篇

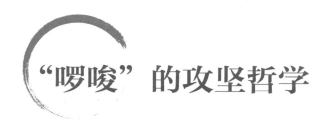

"啰唆"的攻坚哲学

葛宇翔　陈怡————

"我这儿停产的话，会影响给上游企业供货。"

"虽然你现在停产关闭，但抓紧时间在规划允许范围内重新选址办理手续，反而可以抢在其他竞争对手前面，赢得更多商机。你说是不是？"

……

企业由于环保手续不齐全被要求停产，企业经营者向我"大倒苦水"。像往常一样，我对其晓之以理、动之以情，耐心劝导。如此"啰唆"不仅没被人嫌弃，反而收获了企业的信任和同事的赞誉。我这套"啰唆"的攻坚哲学，赞！

时间追溯到 2019 年 12 月，鸿山街道启动"百日攻坚"排查整治专项行动，针对辖区内不符合产业规划、手续不齐全的企业进行清退。我负责的片区，厂房建设时间较长，租户手续大多不全，生产现场脏乱差，存在较大的环境安全隐患。在和企业沟通时，很多经营者怕影响生产，一开始都不愿配合工作。我想尽办法"软磨硬泡"，有困难讲困难、有条件好商量，拼尽全力消解抵触情绪，一遍又一遍"灌输"办理环保手续的必要性、重要性。

▲口述者在企业走访调查

"按照环保要求配备环保设备可以有效减少环境隐患，鉴于目前环保处罚力度较大，办理好相关手续可以为企业免除不少风险。""不符合环保要求的企业随时存在停产断货风险，所以很多上游企业也会对供货企业的手续进行查看……"我不厌其烦地跟企业经营者分析利弊，在一轮轮"啰唆"攻势下，很多人态度明显转变，主动配合办理环保手续。3年间，鸿山街道 800 余家"散乱污"企业实现华丽转身。

"按照要求责令企业关停整治就行了，没必要像你这样和企业经营者'啰唆'，反而影响工作效率。"也有人质疑我的这套"啰唆"哲学。"基层环境整治宜疏不宜堵，让企业经营者清楚地了解利害关系，会让排查整治工作开展得更高效！"我提出，既要当好环境"守门员"，也要做好企业"服务生"，不搞"一刀切"式的一关了之，要鼓励支持和引导企业绿色发展。同事们听后恍然大悟、赞不绝口。我还会跟企业经营者就今后发展、选址建议等方面再"啰唆"一番，让他们少跑路、快办事。

除了嘴上"啰唆"，我的脚步也很勤快。虽然我的工作职责主要是撰写文字材料，但从事环保工作以来，我走遍了辖区每个角落，在泥里过、河里蹚，街道各处地形都了然于心。有段时间，我因为滑膜炎半月板磨

▲口述者在企业进行现场监测

损拐上班，只能由同事代驾，他才了解到我每天的行动轨迹有多么复杂。"原以为各类报表、文件梳理不过就是坐在电脑前敲敲键盘，现在才知道，那些信息、数据、文字材料，他都会去现场核查、仔细比对，重点问题更是全程跟进，一天几遍不停地跑，采录信息、拍摄照片……"同事感叹道。

我平时喜欢捣鼓一些稀奇古怪的玩意儿，篆刻、漫画、无人机等都是我的拿手绝活。这些"啰唆"的兴趣爱好乍看与工作毫无关系，却是污染防治攻坚宣传工作推陈出新的"秘密武器"。

2020年，我默默撰写微电影剧本，在工作之余各处拍摄收集视频素材，边学边做。当自己导演、拍摄、剪辑、配音的攻坚微电影《小河神》诞生的那天，大家都震惊了。此后，我利用绘画软件绘制了环保漫画《小鸿治污》，为了向排污单位积极宣贯环保知识，我的"啰唆"又开始了，漫画出了续集！我还撰写了文言文体裁的《寻那心中的生态桃源处》《鸿山污防拒疫抱薪者周记》等故事。这些看似"啰唆"的文言文十分耐人寻味，大家都不禁拿来细细品读。我用这些喜闻乐见的宣传新形式，把治污攻坚的好故事讲到了群众心里，大家都说："我的这波宣传有趣、有料、有意义！"

▲口述者在河边开展采集水质数据

作者单位：江苏省无锡市打好污染防治攻坚战指挥部办公室

注：本文根据徐晨哲口述整理。

为鱼儿"让路"的桥

王林————

2022 年 1 月 26 日，重庆市江津区白沙长江大桥通车了，两岸近 20 万名群众从此告别了世世代代被长江阻隔的历史。

看着桥上川流不息的车辆，桥下鸢飞鱼跃的景象，西南大学水产学院刘老师的思绪回到了 5 年前。

"这里是长江上游珍稀特有鱼类国家级自然保护区里的重点保护区域，有重点保护物种 68 种，是大鲵、水獭等珍稀物种的重要生存环境和洄游通道，以及三峡库区主要鱼类早期资源补充通道，大桥附近分布有鱼类产卵场、索饵场、越冬场等，生态保护意义重大"，刘老师说。根据他团队的调查以及相关记载，该区域内曾发生过误捕达氏鲟、胭脂鱼等长江上游珍稀鱼类，其中国家二级保护野生动物胭脂鱼的频次较多。

大桥原本是设计跨径 590 米的悬索桥，整体设计造型采用新中式风格，与白沙古镇周边建筑环境相协调，共 15 个桥墩，其中东岸引桥有两个桥墩要建在长江中。

▲ 鸟瞰白沙长江大桥

　　刘老师团队受托编制的《江津区白沙长江大桥及连接线工程对长江上游珍稀特有鱼类国家级自然保护区影响专题评价报告》中提出修改建议：两个引桥桥墩都位于保护区岸线以内，且其中一个桥墩位于较低的河床，涉水时间相对较长，桥墩所在的河滩植被丰富，是汛期的鱼类索饵场，应适当增加引桥跨度，减少桥墩数量，减轻对保护区河床形态及水生生态的影响。

　　经过多次论证后，设计方案几度易稿，最终决定大桥为鱼儿"让路"——取消了东岸两个引桥桥墩，桥面跨度由 60 米调整为 180 米，仅保留了位于鱼缝坝整体岩石上的主桥塔。

　　看似简单的一次"让路"，其实是为无数水生生物得以永久繁衍栖居提供了条件。在大桥建设过程中，还有很多为鱼儿"让路"的细节。

　　大桥所处的长江两岸地形高差较大，同时上跨繁忙的长江航道以及成渝铁路。为了适应建设条件，大桥采用了悬索桥中少见的两跨悬吊结构体系，这让工程更合理，也让景观更协调。

　　大桥将桥塔设计在岸坡及出露礁石上，避免涉水施工，充分保护了野生动物的生存环境，降低了对野生动物生活区域的影响。

在大桥重力式锚碇施工过程中，由于开挖体量大，最理想的作业方式是爆破，既节约时间也节约成本，但锚碇邻近长江，一旦爆破，会产生强烈震动，并惊扰保护区内的野生动物。为此，施工团队选择了相对减震降噪的静态液压劈裂开挖方式，并结合多种机械组合开挖。大桥施工时间因此增加了 3 个月，人工成本也增加不少，但对鱼类生存环境的影响降至最低。

大桥西岸主塔桩基础施工点距离长江主航道仅有 15 米，为防止冲击钻成孔产生的泥浆流入长江，施工团队租用车驳船，采用混凝土罐车装运泥浆，渡江运输至规定渣场，避免航道污染。

此外，大桥钢箱梁吊装创新采用"高低栈桥滑移＋小倾角二次荡移"施工法，相当于在长江上"荡秋千"，钢梁在栈桥上滑移，使定位更精确，起吊时可实现毫米级精准对接，有效避免了在长江中深水区搭设架梁支架对水环境的破坏。

近年来，江津区出重拳整治长江沿线生态环境，全面完成长江干流退捕转产，拆解销毁渔船 306 艘，转产渔民 543 人；全面整治长江沿线砂石堆场 39 处，关闭长江河道管理范围内碎石加工厂 24 家，拆除临时构筑物、建筑物 7000 余平方米；全面取缔非法码头 2 个、餐饮趸船 8 艘。每年坚持向保护区内开展增殖放流、补种复绿，累计投放胭脂鱼、岩原鲤等各类国家珍稀或特有鱼类鱼苗 1000 万余尾，建设人工鱼巢 300 多处，总面积达 54000 平方米。

▲投放鱼苗

　　为了保护母亲河，使长江沿线生态环境越来越好，我们将一如既往地坚持"让路"，只有这样路才能越走越宽、越走越广。

　　　　　　　　　　　　　　作者单位：重庆市江津区生态环境局

媒体眼中的江苏气质
"变形记"

徐红艳————

　　蓝天白云、繁星闪烁，清水绿岸、鱼翔浅底，老百姓是生态环境的每一个细小变化的直接感受者，作为媒体记者的我，则是记录者。作为从事近 11 年环境新闻报道的我，用文字、镜头记录并见证了美丽江苏的"蝶变"，同样也记录着"蝶变"背后生态环保人奋斗的汗水与荣光。

从采访"跑断腿"到身边的空气变得"无形"

　　"PM$_{2.5}$"这个词相信大家都不陌生，曾经一度与头顶的雾霾一起备受关注，然而最初对于它的认识和治理，不论是主管部门还是媒体记者，都是"摸着石头过河"。我至今还记得，当时写稿子提到"PM$_{2.5}$"这个词，连审稿子的编辑都提出疑问，"这么写老百姓能看懂吗？"

　　回忆起雾霾严重的时候，对于跑环保条口的记者来说，也是忙碌的时候。"几乎每天都要写篇稿子，空气质量每个瞬间的变化，都触动着大家的神经。"不过当时的工作状态，可以用"兴奋"两个字来形容。雾霾频发、工地扬尘问题突出、秸秆焚烧屡禁不止……生态环境领域这些令人深恶痛绝的恶疾，在当时的存在感很强。

　　前不久，看到环境部门通报：江苏大气环境质量达到 21 世纪以来最高水平。我不禁感慨万分，"这在 10 年前根本无法想象，最近 3 年大家好像没那么关注空气质量了，但这正说明空气质量在变好。"在我看来，空气质量原本就不应成为全民关注的焦点，就像是人生病一样，只有头疼了才能感觉到头疼，头不疼的时候，觉得自己是没有病的，大家也就不会去看医生。随着污染攻坚战的深入推进，突出环境问题也逐步在解决，生态环境领域的报道也从揭露问题、曝光问题，转变到促进问题解决和更多领域的精细化。

当时跑环保条口靠的就是一双"铁脚板"，经常要跟随环保部门执法人员到一线，一待可能就是一整天，随时待命出发也成了环保工作者之间的默契。"当时感觉大家好像是站在一个阵线上的，共同的目的就是找出问题，并推动解决这个问题。再后来，针对一些反复出现的污染问题，媒体不仅是去曝光，还会跟踪记录后期整改的全过程。这种报道内容的变迁，也反映出我们身边的环境改善了。

数据变得透明，水土气指标随时随地网上查

现在，如果想了解当天甚至今后一周的空气质量情况，只需打开江苏省生态环境厅官方网站，点击几下鼠标就能查看，十分方便。如果要看近一个月甚至一个季度的空气质量，生态环境部门也会在官方微信、微博定期公布。

这样透明化的数据共享，在十多年前是无法实现的。当时，我们还要自己每天在日历上记录当天环保部门公布的空气质量状况，最终汇总出一周、一个月、一个季度甚至一年的空气质量情况，每一个污染天，都用红笔圈出来，并详细标明污染指数，同时还要注明采取的措施。

还有不少网友每天在网上记录空气质量情况。这些关心身边的空气质

量并记录的环保爱好者，也成了媒体争相报道的对象。我记得有一位网友，他从 2013 年开始坚持每天记录头顶的天空状况，一度记录了 400 多天。最早的时候，曾经因为空气不好，他的慢性支气管炎发作了。为了自己的健康，他开始关心空气，决定每天为南京的天空拍一张照片，用自己的方式晒蓝天。如今，随着空气质量逐渐变好，他已经不记录了，成为一名收纳师。当时还有南京理工大学的一位老大爷，经常爬到紫金山看天际线。

生态环境部门对大数据、信息化越来越重视，也让数据的获取更直接、更快速，人们可以随时随地知道水、土、气等质量情况。比如，大气超级站的建设，可以做到空气质量情况实时更新。

位于南京市建邺区的江苏省环境监测中心的院子里，有一座看似普通的二层小楼。这座小楼就是江苏大气监测的"航空母舰"——省环境监测中心大气多参数站。这个监测站能给大气做全方位"体检"，是全省监测指标最全、监测因子最多的一个站点。站点共有 35 台（套）在线监测设备。仅挥发性有机物（VOCs）中的目标化合物就可以测出 100 多种。该站点监测区域大气污染的特点、来源和成因，并进行管控效果评估。

不仅获取采访数据更加便利，采访方式、报道用词也有着很大变化。比如，在采访方式上，从记者主动出击、生态环境部门组织集中采访，转变为定期召开记者发布会，对外发布生态环境治理相关工作，并就热点问题回答记者提问；报道用词方面，现在环保报道中用得最多的词是"水晶天"、鱼翔浅底等，以前用得更多的是"自强不息""埋头苦干""重拳出击"等。细小变化的背后，也折射出生态环境质量的悄然转变。

作者单位：现代快报社

雷电防护的"全球先锋"

童充————

中国首位国际防雷"杰出青年科学家奖"、世界首个"动态防雷"国际标准主导者、2022 年联合国可持续发展目标全球先锋……这些身份与我的研究内容"雷电防护"紧密相关。总有人问我雷电防护和应对气候变化有什么关系？

殊不知，随着全球气候变暖，雷电活动日益频繁。在我国，每年雷电引发的事故就有 3000 余起，深刻影响着全社会各个领域。

过去采用的模式主要是避雷针等"静态防雷"，这种由美国主导"堵"的思维。

随着经济的发展，"静态防雷"模式需投入的防雷装置越来越多，但这种模式将会受到土地资源、建设费用等因素制约。

是否有更经济、更便捷的雷电防护模式？

我从中华传统文化"大禹治水"中得到启发，按照"堵不如疏"思路，首创了"动态防雷"模式。这种模式以集约化的传感器替代防雷装置，只要 1 个传感器、1 套系统，即可实现 10000 平方千米的雷电监测。

一个人的除夕

2016 年除夕夜，在整个苏州欢乐祥和的气氛中，我的除夕是孤单刺激的。

在我家电视、电脑等近 10 个显示屏上显示着不断跳动的二进制代码。

在我眼里，除夕这样的夜晚，此起彼伏的鞭炮声，对于动态防雷系统抗干扰试验，简直是天赐良机。大量烟花爆竹产生的声光噪声信号、密集数据通信产生的复杂电磁辐射……如果动态防雷系统传感器能够在这样最恶劣的实际环境中正常精确工作，将成为试验的巨大突破。

于是，我在家里搭建了临时实验室，楼顶、阳台、窗台上布满了探测频路的天线。当烟花爆竹狂轰的一瞬间，服务器、通信模块、信号处理模块有节律地闪着光，此时我血脉偾张，紧张兴奋。

凌晨 5 点，我翻看了下手机，各种"春节快乐"的祝福短信接踵而至，信号传输，一切正常！我笑了！

此后，"动态防雷"被国际防雷科学委员会等国际防雷三大权威学术

▲ 2016 年除夕夜，作者在家测试"动态防雷"系统的抗干扰性能

组织认为是防雷领域未来发展方向，并获得第 33 届国际防雷大会"世界领先水平"的鉴定。

7 个国家的辩论

在巴西圣保罗，我用大禹治水"堵不如疏"的中国故事，赢得了国际标准主导权。

党的十八大以来，我所在的单位深入学习贯彻习近平总书记关于科技创新的重要论述和指示精神，实施科技强企战略，实现中国技术的广泛出海。

2017—2019 年，我白天按照北京时区工作、傍晚与欧洲专家讨论、深夜同美洲专家连线，上千篇的文献查询、上万条试验数据的验证归纳、上百个技术报告的整理总结、近百封国际联络邮件……

2019 年国庆期间，"动态防雷"标准现场评审会在巴西圣保罗召开，这将直接决定由哪一个国家来牵头制定全球首个"动态防雷"标准。中国、日本、澳大利亚等 7 个国家展开了激烈竞争。

我借用大禹治水的故事，向评委展现了中国"动态防雷"技术采用"疏"而非"堵"的理念，通过详尽方案和研究成果，获得了 39 个成员国的支持。

最终由我国主导的全球首个"动态防雷"标准工作正式立项，以一场华丽的胜利献礼祖国 70 华诞。

中华人民共和国中央人民政府
www.gov.cn

首页 > 新闻 > 要动

我国承担"动态防雷"国际标准制定工作

2019-10-25 17:28 来源：新华社　　　　【字体：大 中 小】　打印　< +

新华社南京10月25日电（记者 刘巍巍）记者25日从国网苏州供电公司获悉，在当日于上海落幕的第83届国际电工委员会（IEC）上，由该公司承担的智能电网动态防雷科技成果获国际大电网会议（CIGRE）标准工作立项。这标志着我国承担起"动态防雷"国际标准制定工作。

随着全球气候变化，雷电灾害愈加频繁，成为世界性难题。由国家电网公司主导，国网江苏电力公司牵头、国网苏州供电公司承担的智能电网动态防雷技术适应于未来气候变化，将雷电防护从传统的"静态被动模式"转变为"智能动态模式"。

国网苏州供电公司相关负责人介绍，传统"静态防雷"通过加装避雷针、避雷器和避雷线等，将已经发生的雷电被动"引入"大地、"绕开"电网设备，"智能动态防雷"则通过预测未发生的雷电，实时调整电网运行结构，促使电能流向主动"绕开"雷击区，提高极端灾害天气下电网安全防控水平。

该技术还可实现多地域多范围实时雷电探测预警，不仅可保护核心区域200平方公里，精确监测1000平方公里的中心区域，还可扩展实现10000平方公里以上广域范围的实时预警、调度控制、动态防护。

2017年5月，世界首套地区级智能电网动态防雷系统在江苏苏州投运，系统化实现电网"动态防雷"。

国际大电网会议是电力系统三大国际标准组织之一。2019年7月，由国家电网公司及国际大电网会议中国国家委员会，向国际大电网会议递交智能电网动态防雷标准工作组立项申请。2019年10月22日，该申请获得国际大电网会议批复，国际大电网会议委派专委会主席在上海IEC大会上交付了立项批文。

▲中央人民政府官方网站报道我国主导"动态防雷"国际标准制定工作

全世界的方案

让"动态防雷"技术造福更多国家、更多行业，推动全世界共同应对气候变化，是我的下一个目标。

为此，我积极参与国际合作，主动推进实施 10 余个国家参与的"雷震子计划"国际合作项目；在苏州牵头成立全球第二个国际雷电研究中心，吸引了来自 15 个国家的 32 家机构，联合开展"动态防雷"研究应用。

2015 年 9 月，联合国可持续发展峰会通过 17 个可持续发展目标（SDGs），我将目标 7"经济适用的清洁能源"、目标 9"产业创新和基础设施"、目标 13 "气候行动"融入"动态防雷"中，推动"动态防雷"在国内外各行业普适化研究应用。

▲ 启动"雷震子计划"国际合作项目

2021 年，我带领团队参加了"联合国全球契约青年 SDG 创新者项目暨首届中国青年 SDG 创新挑战赛"并获得金奖，在联合国全球契约青年 SDG 创新者峰会上发布了应对气候变化的创新解决方案，向世界展现了中国智慧。

从一个人的除夕到全世界的方案，"动态防雷"先后突破 10 项关键技术，获得 30 项国内外发明专利，实现核心技术全部由中国主导，走出了一条全球防雷的中国路径。这正是中国人坚持创新驱动、勇探科研，助力全人类应对气候变化的真实写照。

对于成为全球先锋的我来说，通过"动态防雷"应对气候变化的进程没有终点，我也必将竭尽全力，勇往直前……

作者单位：国电江苏省电力有限公司苏州供电分公司

雷电防护的"全球先锋"

"笨办法"却是"金钥匙"

杨玉玲———

2017年5月，我成为"环保宣教新兵"不到一年的时间，全国范围内开始正式推动环保设施向公众开放工作，也是从那时起，我开始接手此项工作，相伴相随已近6年。可以说，设施开放工作的"发展史"基本就是我的环保职业生涯史，眼见其从不太被看好的"笨办法"蜕变成小切口做出大文章的"金钥匙"。因此，我的环保故事一定要从这里讲起。

"笨办法"

"你知道你们省里第一批要开放哪些环保设施单位吗？都准备好了没有？"会场的气氛突然带有一丝凝重，衬得大连的冬日仿佛更冷了。部领导正在座谈会上逐一询问31个省（区、市）环保部门分管宣教工作的负责同志，看每个地方对设施开放工作的认识是否已到位，准备是否已充足。

在现场聆听的我真切感受到部领导的务实与真抓实干。我既为那些从前些年就开始开展环保设施开放工作的省份感到振奋，又为那些因环境基础设施条件相对欠缺或重视程度不够，无法对答如流的省份捏一把汗。而

▲第一次全国环保设施向公众开放工作现场会的会场

出现这样略带窘迫情景的原因，也真实地反映了全国环保设施开放工作起始阶段的状态，即大家对这项工作的意义、重要性、必要性等认识普遍不够到位，认为开放这样的"笨办法"似乎并不会比各类创建活动来得有效，甚至质疑这会不会是"丢了西瓜捡芝麻"。

通过部领导的层层追问和总结讲话，我能明显感到大家迅速对这项工作有了更全面的理解，而接下来数年"真枪实弹"的操练，让我们的"笨办法"逐步得到淬炼和升华。

"淬炼中升华"

2017—2022 年，全国各类环保设施开放单位累计接待线上线下参访公众超过 1.75 亿人次，共计公布了四批 2101 家环保设施开放单位，覆盖了全国所有地级及以上城市。这样的数据令人振奋，也代表环保设施开放这项工作从一个呱呱落地的娃娃逐渐羽翼丰满了起来，这些成绩的背后凝聚的是无数环保宣教人夜以继日的辛勤付出。

为了切实完成《中共中央　国务院关于全面加强生态环境保护　坚决打好污染防治攻坚战的意见》中确定的"2020 年年底前，地级及以上城市符合条件的环保设施和城市污水垃圾处理设施向社会开放，接受公众参观"任务，我参与研究任务分解目标，经过广泛调研和可行性分析，最终提出分 3 年、按比例逐步达到"十三五"时期最终目标。还记得各地环保宣教部门的同事，一开始接到如此硬杠杠的宣教任务指标还不适应，更是对一年比一年难的推进任务一筹莫展，经常反映部门间协调难度大、区域间经济差异大，搞个一次性活动还行，这样常态化定期开展工作组织起来很难等。然而，任何一项工作想要从无到有、从小到大、从弱到强又岂是易事，更何况中央层面的文件中专门对设施开放这项工作提出具体要求，是莫大的幸事，再苦再难，唯有撸起袖子加油干！

5 年多的时间，在全国环保宣教战线同志的共同支持和配合下，环保设施开放工作各项机制逐步完善，迈向精益求精。我们连续 3 年召开全国设施开放专题现场会，印发了四类设施开放工作指南，征集设计了全国环保设施开放统一标识，为每家设施开放单位颁发标识铜牌，设计制作设施开放讲解员工具包、讲解手册，发布宣传海报、折页、宣传片等供各地免费下载使用，并研发上线"环保设施向公众开放小程序"等，从工作机制、视觉形象、对外宣传等多方面统筹打造全国设施开放项目品牌。

环保设施向公众开放
Environmental Facilities Opening To Public
▲ 全国环保设施向公众开放统一标识

渐渐地，我发现各地每年提交的总结越来越有看头，一些地方不仅开始有专项资金和政策支持，研究出台环保设施开放地方标准，还开发出各种集预约参观为一体的综合性展示平台、研学"打卡"路线和互动课程，当地环保社会组织和志愿者均积极发挥作用。2020年，各地开始着力探索通过线上线下相结合的方式开展环保设施开放工作，让公众足不出户依然可以体验一场环保科普盛宴。可以说，这几年环保设施开放工作在全国范围内掀起了一股热潮，也在一波接一波的淬炼中得到了升华。

"金钥匙"

持续推动环保设施向公众开放，既是贯彻落实党中央决策部署，创新环境治理体系的有力行动，也是促进行业持续健康发展，化解邻避问题、防范环境社会风险的积极方略，更是培育绿色价值观念，构建美丽中国全民共同行动体系的重要举措。就这样，环保设施开放工作被提升至更加重要的战略高度，也成为新时代生态环境保护宣教工作转型的最重要抓手，成为"小切口做大文章"的那把"金钥匙"。

这些年，还有更多的央企、国企展现出企业社会责任担当，带头承诺旗下环保设施单位整体向公众开放，相关案例单位不仅成为中央文明委确定的打通生态环境保护公众参与"最后一公里"的基层联系点，还入选"贯彻落实习近平新时代中国特色社会主义思想、在改革发展稳定中攻坚克难案例"丛书。

环保设施开放工作凝聚了从中央部委到地方、从开放单位到社会组织等各方的巨大努力。现在，越来越多以前"闲人免进"的环保设施单位变为向公众开放的"城市客厅"，越来越多的人通过参加环保设施开放活动，了解环保工作、树立环保理念、参与环保行动，学生们也有了学习环保知识的生动校外实践课堂，从此环保设施不再是冷冰冰的"孤岛"。

回首过去，来时路不易，但取得的成果令人振奋；展望未来，环保设施开放工作必将继续创新，发挥更大的实效。我一路见她从"笨办法"变为"金钥匙"，并希望长久地陪她走下去。从"现场看"到"云上看"，从"月月见"到"天天见"，开放的大门越来越多，开放之路必将越走越宽广！

作者单位：生态环境部宣传教育中心

我为克鲁伦河做全面体检

谢成玉 ————

"古老神奇的克鲁伦河，从这里缓缓地流过，深情地滋润着茫茫草原，载着多少美好的传说，千折万回一路歌，祝福草原多绿色，日月伴你向东方，留下千秋无量功德。"这首曾经红遍大江南北的歌曲《克鲁伦河》，以其悠扬的歌声、温柔的旋律，吟诵着历史，让人们领略到了游牧民族独有的文化，也时时处处浸透着一股浓郁的人与自然和美之情。

"克鲁伦"在蒙古语中为"光润"之意，取其转义"发扬光大"而命此河名。千百年来，克鲁伦河始终以其博大的胸怀滋润着巴尔虎草原，千折百回流入呼伦湖。

然而，因气候持续变暖，克鲁伦河流域变得沧桑憔悴，河流流量锐减，呼伦湖面积大幅缩减，随着河道两岸草场退化，水质恶化，汇入呼伦湖的水体常年处于V类或劣V类水平，对区域生态安全造成了严重威胁。

为深入了解草原型面源污染空间分布模式与时间变化规律，2022年8月，生态环境部卫星环境应用中心水生态环境遥感部（以下简称卫星中心水部）联合北京师范大学、中国农业大学和中国科学院东北地理与农业生态研究所等科研单位和团队，远赴内蒙古自治区新巴尔虎右旗，围绕克鲁伦河流域典型消落带污染断面开展现场调查和采测试验。作为卫星中心水部一员，我十分有幸参与了此次调研，为克鲁伦河做一次全面的"体检"。

8月8日，全员抵达新巴尔虎右旗后，我们整装出发，在"天眼"的帮助下，沿着克鲁伦河开展现场核查工作。由于沿河是大片私人牧场，没有草原车道，调查人员只能扛着仪器徒步深入草原。为寻找合适的典型消落带样区，我们顶着烈日强风，到河岸边确认情况，单程四五千米是常事。此时，盛夏刚过，太阳余威不减，我好几次出现了中暑迹象。但是转念一想，我们肩负着重要的使命和责任，这点苦咬咬牙能挺住。

▲沿着克鲁伦河寻找消落带样区　　　　　▲采测团队扛着仪器步行在草原上

"真是皇天不负有心人啊，总算找到了！"在三次尝试后，我们终于找到了第一个消落带样区，开始有条不紊地制作 10 米 × 10 米的样方，采集植被样品、土样和水样。大家分工有序，通过水体光谱测量、水质参数监测、无人机航拍、流速及水深地面监测等多种手段，获取珍贵的断面水质水量同步数据。

为明确断面周边放牧引起的面源污染情况，我与团队成员一道，仔细记录牛羊等动物排泄物的大小、形状、分布密度，取样后带回实验室检测氮磷含量；同时，开展消落带样区土柱样品原位采集，便于后期淹没释放模拟试验。我蹚着河水前行，深一脚浅一脚地踩在草原的泥土里，只为寻找一块饱经"潮涨潮落"的土样；拿着皮锤，一锤一锤地敲打，只为将长约20厘米的环刀砸入土壤中获得一个完整的土柱样品。汗珠不经意间从额头滴落，也渐渐浸湿了后背。虽然很累，但我的实践经验越来越丰富，技艺越来越娴熟，最后只要20分钟便能完成一个样品采集。就这样，我和团队一起陆续完成了两个消落带样区的采测工作。依稀记得，那天傍晚格外美丽，落日余晖温情地挥洒在呼伦贝尔草原上，晚霞映射出多彩的光芒，丝丝缕缕，织就成七彩的光环。

▲记录样方内牛粪的大小

▲在河边用环刀取土样

俗话说得好，"万事开头难"。经过前期摸索，我逐渐提高了工作效率，与团队成员一路奔波，三天两晚共行驶了1500多千米，完成了7个典型消落带样区及断面的采测工作。虽然时常加班，忙的时候甚至顾不上吃一碗泡面，但看着两车满满的实验样品，心里十分充实——"累，并快乐着"。

回来的路上，通过跟当地同志聊天也了解到，十多年来，克鲁伦河流域一直坚持"生态优先、绿色发展"理念，通过沙化土地治理、草地退化治理、入湖河流沿线污水处理厂提标改造等工程项目，对流域草原生态保护力度不断加大，植被恢复明显，草地退化、沙化程度也得到了有效遏制。可以说，我们这次的调研采测工作，也是克鲁伦河流域生态环保工作的重要一环，期待研究成果能切实推动草原型面源污染问题的解决。

"生态治理，道阻且长，行则将至。我们既要有只争朝夕的精神，更要有持之以恒的坚守。"习近平总书记在北京世界园艺博览会开幕式上的一番话，至今仍在耳畔回响。

起初，我对这番话并没有多么深的体会，但直到我参加了克鲁伦河调研采测工作，才深刻感受到生态环境保护之路的"道阻且长"。生态环境保护工作没有终点，我们始终在路上，这不仅是意志和耐心的考验，更是信心、决心和恒心的磨炼。只有下一番苦功夫，敢扎硬寨、敢打硬仗，才能终有所得、终有所成。也期待我们的努力让草更绿、天更蓝、河更清，让克鲁伦河旧貌换新颜。

作者单位：生态环境部卫星环境应用中心

发生在我们身边的应急监测故事

朱志国———

2021 年 5 月 22 日凌晨 2 点，大部分西宁人被剧烈的晃动摇醒了，窗外人声嘈杂。紧接着消息铺天盖地——果洛地震了。我们作为青海省生态环境监测中心的工作人员，我和我的同事们最担忧的是果洛州的饮用水源有没有受到影响，是否存在环境安全隐患。职责所在、使命使然，我随时准备着赶赴地震灾区现场。此时，负责遥感监测的几位同事已经先行对地震灾区周边水源地保护区开始了异常变化情况遥感监测。

天刚破晓，瓢泼大雨还在倾泻，监测中心大楼内已人头攒动，工作人员已集结到位，应急监测车整装待发。在接到应急监测出发指令的瞬间，首批 5 个应急监测现场工作小组 26 人，在第一时间踏着晨曦出发了。此行的任务是奔赴果洛州 6 个集中式生活饮用水水源地、玛多县污水处理厂、玛多县生活垃圾填埋场开展应急监测工作。

▲青海省生态环境监测中心应急监测工作人员出发前往灾区

　　第一小组由中心领导带队，目的地是震中的玛多县黄河乡。黄河乡位于黄河沿岸，到达现场后首先映入眼帘的是震后一片凌乱的景象。工作小组经过研判，随即确定了第一批次监测点位，到场的人员冒着余震的危险，迅速投入到了饮用水水源地、地表水、污水处理厂、垃圾填埋场等敏感区域的样品采集工作中。下午 6 时，刚完成饮用水水源地样品采集的工作人员，准备补给已经饥肠辘辘的肚子时，突然接到应急指挥部（以下简称指挥部）电话，据震中散居的牧民群众反映，他们日常饮用水的 6 口小型采水井，有几口井水质变浑并伴有苦味，请我们协助监测排查。面对突如其来的任务，我们来不及吃上一口热饭，便立即调整路线，分头奔向了不同的战场……当采集完最后一个样品，已是凌晨 1 点多钟。这时大家才想起，一整天还滴水未进。由于事发紧急，大家只能草草烧点开水，泡碗方便面匆匆吃完后又兵分两路开始新的挑战，一路将采集的样品送回实验室分析，另一路在车上随时等候指挥部的调遣。

　　面对突如其来的灾难，应急监测现场指挥部就设在了受灾现场。指挥部在与各监测小组随时保持联络的同时，还要同步安排中心实验室后续分析工作的调度，并结合现场情况随时对应急监测方案进行调整和优化。如何安排人员？分析哪些项目？应急监测方案怎么修订？灾区群众的安危牵动着每个监测人员的心。在应急监测现场指挥部的统一调度下一切工作都有条不紊地快速进行着，所有人员都在为这场突如其来的灾难忙碌着……

天刚蒙蒙亮，实验室分析人员已陆续抵达实验室，开始了样品分析前的准备工作，随时准备对送检样品进行分析。5月23日早上8点，第一批采集样品送抵实验室，分析人员便开始了紧张有序的样品分析工作。

▲现场分析检测样品

经过快速检测分析，第一批样品数据未见异常。现场指挥部根据黄河乡六个自备水源反馈有苦味的情况进行综合研判后，决定立即对果洛州饮用水水源地和黄河乡六个自备水源开展全分析监测。随着样品陆续送达，实验室分析工作也在忙碌地进行着。

最终分析结果显示，饮用水发苦的原因是水源地部分点位氯离子浓度较高，超过饮用水水源地标准限值所致。本着高度负责的态度，我们对现场进行反复核查，确定为震后地质变化原因导致。并立即将结果向青海省政府进行了汇报。鉴于我们快速高效的工作效率和敬业精神，省委省政府也给予了充分肯定和赞誉。

这种工作状态一直持续了近半个月时间，第一批赶赴现场的工作人员，在海拔 4500 米以上的灾区经历了连续高强度的工作后，身体开始亮起了"红灯"。有的人因为高原反应强烈眼睛充血，有的人头痛胸闷呼吸困难，但作为全省生态环境监测的"主力军"和"顶梁柱"，我们顽强地经受住了余震、高原反应、寒冷和疾病的考验，也再一次见证了"政治强、本领高、作风硬、敢担当，特别能吃苦、特别能战斗、特别能奉献"的环保铁军精神。

作者单位：青海省生态环境监测中心

六盘山务林人的独特"炫富"

郭志宏 ———

六盘山，是中国最年轻的山脉之一，横贯陕甘宁三省区，既是关中平原的天然屏障，又是北方重要的"分水岭"。

如果将六盘山看作一个巨人，那么宁夏六盘山务林人所管辖的135.66万亩的林区就是他的"大心脏"。来自五湖四海的几代务林人爬冰卧雪，荒原植绿，用双手栽植希望，用双脚丈量六盘大地。如今的六盘山郁郁葱葱、松涛阵阵、天蓝地绿水清，引得"凤"来栖。

对我来说，提起六盘山，有太多值得回忆的故事。

我叫郭志宏，是宁夏六盘山的一代务林人，也是人们眼中的"林二代"。至今，我已经子承父业守护六盘山有24个年头了。

生态好不好，绿地面积多不多，野生动物最有"发言权"。

华北豹是我听到的存在于六盘山最神秘的动物之一。当地有一句俏皮话，"华北豹常有，有缘人不常有"，说的是有着三四十年工龄的老职工中也很少有人能够一睹华北豹真容，关于华北豹的传说就这样在六盘山广泛流传着，好像每一个六盘山务林人都与它亲密接触过似的，华北豹就这样若即若离地牵动着每个六盘山务林人的心。

为摸清六盘山物种资源底数，宁夏六盘山国家级自然保护区管理局引进红外线相机等先进设备，让林区的野生动物第一次有了清晰的"证件照"。为了规划出最合适的安装路线，自然保护区管理局抽调精干力量组成调查小组。小组成员每天行走在70°的陡坡和布满荆棘的灌木丛，将一个个红外线相机架设在野生动物的"必经之路"。

架设相机有多困难，回收相机就是困难的重复，但每当在检查回收的红外线相机中的数据时，只要看到有拍到华北豹的照片和视频，我就觉得所有的付出都是值得的。每次检查相机，我和我的同

▲ 在林区架设红外线相机

事都瞪大眼睛生怕错过镜头里华北豹的身影。而每天最期盼的也是结束一整天的野外调查工作，回到办公室导出拍摄数据的时候。我知道真正的"炫富"才刚刚开始，"我这拍到了华北豹，你看这只华北豹威不威风，我这拍到了毛冠鹿，你看这身膘多厚实"……你一言我一语，相互分享着一天的成果，这是我见过最独特的"炫富"方式。

2019年6月，我用手机拍到了华北豹一家三口在公路旁散步的镜头；2020年9月，我的同事在距离不足10米的位置用手机拍到华北豹的正面镜头……随着一次次的近距离接触，华北豹的神秘面纱也被逐渐揭开。大家不仅被震撼了，更多的是羡慕，羡慕我和这些能近距离目睹华北豹风采的有缘人。这就是六盘山，永远能够给你惊喜，永远能够让你瞪大眼睛。

如今，我和同事们一起守护的六盘山，不仅华北豹来了、娃娃鱼来了、金雕来了、黑鹳来了，世界濒危物种黑喉歌鸲也来了。六盘山的生物多样性不断丰富，各类新物种不断被发现，不断填补"海陆空"的记录空白，

▲华北豹

▲赤狐

形成的《"鸟类王国"见证六盘山生态变迁》案例，成功入选生态环境部
2022年生物多样性保护优秀案例，并用中英双语在加拿大蒙特利尔COP15
大会（《生物多样性公约》缔约方大会第十五次会议）上展示。生物多样性
给了我们希望，也给了我们压力，更多的是给了我们前进的动力。

作者单位：宁夏六盘山国家级自然保护区管理局

守好母亲河的"长江哨兵"

周爱华————

我叫周爱华，是一名一直用实际行动践行着"守护长江母亲河"承诺的环保人。

早年间，从沿海回到宜昌打拼的我，经常带爱人和孩子参与"保护母亲河"的公益活动。那时候，长江猇亭岸线满目疮痍，织布街头到红联码头的江滩上遍布垃圾，每逢周末我们一家三口就来到这里默默捡拾垃圾。"或许我也能为母亲河做点什么"，这个念头促使我在 2016 年牵头创建了"宜昌市猇亭先锋志愿者协会"，开启了"保护母亲河"的公益探索，从此，长江边、河库旁，处处活跃着我们的身影。

第一次活动，我们就吸引了一个小男孩，他放下风筝，拉着妈妈的手，径直加入我们，没有任何言语，跟随捡拾垃圾。那情景，深深烙在我脑海里。渐渐地，一个孩子带动一个家庭，一个家庭带动一个社区，一个社区影响一个学校……捡垃圾的队伍越来越壮大，从最初的寥寥无几增加到数百人，学校、社区、机关单位纷纷走近长江，俯下身子，清理岸线。参加"保护母亲河"的人越来越多，而捡到的垃圾越来越少。

2018 年 7 月，正值宜昌长江大保护工作如火如荼，我们的护江行动从江滩延伸到江面。每天上百艘待闸船舶上岸补给、生活垃圾还有船舶停靠起航时的尾气，极大地威胁着长江猇亭段的环境。于是，我主动找到有关部门提议"能否联合组织一支志愿服务队，为长江大保护工作再添一份力量"，我们一拍即合，打造巡逻船，迅速招募志愿者，精心遴选，组建了一支 10 人的"长江哨兵"志愿服务队，义务清理江面漂浮物、巡查待闸船舶排污状况等，守护 17.2 千米长江猇亭岸线。如今，江面上漂浮垃圾少了，待闸船舶生活垃圾有专业环保船清运了，巡逻船也慢慢变成长江大保护宣讲船，成为看长江猇亭蜕变的瞭望台。

又一次偶然，小朋友的一句"没想到我们喝的是这样的水"的感叹，深深触动了我。几经周折，我们又将"战场"延伸到猇亭区饮用水水源地。2019 年 6 月，我们联合福善场村委会发出"保护猇亭大水缸"的倡议，带动数千名中小学生、青年志愿者和村民在长江支流善溪冲开展洁水行动，倡导大家共同关注饮水安全、共同保护水资源、共建水美乡村。

如何让更多人参与长江保护是我一直苦苦思考与探索的问题。2020 年 3 月，我们尝试借助"巡河宝"小程序，发动"戴上口罩去巡河"的倡议，让大家各自行动，随时发现问题、随时反馈跟进。当时有 400 多名妈妈和企业青年自发组队，每天用空闲时间去巡河。这给了我极大的信心，其实我们做得非常简单，大家都有样学样跟着去做！

后来，在猇亭区河库长制办公室支持下，我又尝试将多年"保护母亲河"的经验优化成新的行动策略，探索公众参与河湖保护服务新模式，借助"趣河边"小程序、河流观察等数字化工具及标准化净滩行动、巡护监督等行动方式，初步形成了"河小青＋民间河长"联合参与的"长江哨兵"行动网络。2022 年累计开展"长江哨兵"联合行动活动 33 场次，有 250 多个家庭自觉参与其中。我还组建"长江哨兵"行动网络社群，开展"民间河长研修营"工作坊，探讨河流巡查经验，31 人成为"长江哨兵"中坚力量，通过认领长江等身边的河流，日常化巡查，289 人借用"趣河边"小程序参与过河流评测，并及时在群里反馈信息，发现问题10处，并及时跟进问题情况，目前9处已解决完成。

唯有了解才会关心，唯有关心才会行动。于是，我又开始思考如何让更多人了解长江、认识长江。2021年"六五"环境日前，我主动报名成为长江流域生态环境监督管理局组织的长江生态环保青年宣讲团成员，暑假期间走进社区职工子女托管班，和孩子们分享生态环境与健康素养知识，迈出长江生态宣讲第一步。

▲ 2018年11月，长江干流失控垃圾监测计划，探索河流垃圾分类宣讲

2022年6月，四十有五的我，再次报名长江生态环保青年宣讲团，被破格聘任，成为年龄最长的"青年宣讲员"。现在，我依旧满怀激情，暑假期间在长江生态修复424公园、长江大保护教育基地和滨江廊道等地，组织了12场"我们的长江"主题宣讲，为400余名青少年学生及家长宣传习近平生态文明思想，传递长江生态环境保护理念。

再后来，我又创新建立了"长江小哨兵体验营"，设计"跟着总书记脚步，品读我们的长江"系列课程，将每一场活动变成"行走的生态课堂"，增加活动过程的趣味性、体验感。在净滩行动中穿插"垃圾鱼"游戏体验和"一个废弃纸杯的旅行""一个烟头背后的故事"等，在"净滩百平米"

活动中探索河流垃圾分类、试行失控垃圾监测计划，在生态湿地和入河排污口探索"一滴污水的净化之旅"，在水源地领略"我们的善溪冲"。

　　党的二十大报告指出，要像保护眼睛一样保护自然和生态环境。我将坚守"守护长江母亲河"的初心承诺，锚定长江保护方向，在各社会组织及合作伙伴赋能中成长前行，继续优化数字化手段，降低公众参与门槛，让更多人、更多组织和企业单位都能成为"长江哨兵"，共筑绿色屏障，共护美丽长江。

作者单位：湖北省宜昌市三峡青年社会组织服务中心
图片拍摄：湖北省宜昌市猇亭区摄影家协会　杨青

守好母亲河的「长江哨兵」

被争抢的危险废物

单舟————

危险废物管理，是生态环境保护工作中固废管理的重要内容。危险废物因其存在传染性、感染性、毒性等危险特性，通常需要产生单位委托有资质的第三方专业单位才能处置，而 2021 年的一起危险废物非法委托处置案件，彻底打破了这一常规。

《国家危险废物名录（2021 年版）》于 2021 年 1 月 1 日正式实施，同年 4 月，我接到一个奇怪的电话，打来电话的是 A 公司安环部的刘某，他声称其公司的一批危险废物被人强行处置了。从来只听说过不处置甚至倾倒危废，怎么还有强行帮人处置危废的"好人"？带着这样的疑问，我与同事立即赶赴了现场。

当我们到达现场时，A 企业的员工正在与另一拨人对峙，而这波人，正是本案的当事人之一拆解公司 B，双方对峙的焦点是一批已被 B 公司强行处置的危废的归属。这批危险废物到底是什么，竟引来他人觊觎和争抢？

经过多方调查，我们初步了解了事情的原委：原来，A 企业破产后被收购，原先的生产设施设备需要拆除，因拆除项目涉及款项巨大，便进行了招投标，中标的正是 B 公司。按照合同，A 企业要先对设备内的残留物料、危险废物进行清理，然后再由 B 公司进行拆除，而 A 公司在清理

▲企业 A 设备拆除现场

过程中，漏将一装置中的已失效但仍价值百万元的贵金属催化剂进行清理。此时，本案例中的另一名当事人 C 出现了，而这个人，正是后续一系列事件的导火索。

当事人 C，长期为 A 公司提供劳务工作，主要负责废弃物包括污泥等固废的清理，其得知 A 公司的废催化剂很值钱，也大概了解危险废物的管理要求。而早在拆除项目开始之前，就有人联系他，承诺如果他能帮忙介绍项目拆除中废催化剂的处置生意，就能得到一笔不菲的好处费，甚至还提供了某正规处置单位 X 的处置资质。在利益面前，A 公司的此次疏漏，正好给了 C 一个绝佳的机会，他开始暗中谋划：他一面将废催化剂值一大笔钱的消息透露给拆解公司 B，并暗示其有妥善的处置途径，指点公司 B 指鹿为马，咬定该批次废催化剂为不锈钢片；一面先斩后奏，联系 D 市的买家商定价格，趁 A 公司不备，联系车辆连夜将废催化剂转运至 D 市，这才有了起初双方对峙、刘某举报的一幕。

初步了解情况后，当务之急就是追查该批次废催化剂的下落。这批危废现在到底在哪里？经与公安部门协商，次日，我与同事在公安干警的协助下，驱车赶赴 D 市。而由于涉案人员不配合，当时我们手中的线索只有买家的姓名、联系方式与处置单位 X 的处置资质复印件。

如何快速找到废催化剂又成了一大难题，直接联系买家？不行，买家配合调查的概率极低，一旦打草惊蛇有可能促使买家转移废催化剂造成证据灭失。经过研判，我们断定：处置单位 X 与买家必然存在联系！而我们的第一站，便来到了处置公司 X，在公安干警的协助下，我们软硬兼施，顺利查实处置单位 X 与买家 Y 存在业务介绍往来，进而联系到了买家 Y，简单询问后，买家 Y 见无法抵赖，不得不带着我们来到了其藏匿废催化剂的一处老房子，而此时，距离我们到达 D 市仅过去了一个多小时。

然而，当我们问及废催化剂的具体情况时，买家 Y 又开始装傻充愣，辩称只收集了一些不锈钢片，对危险废物、废催化剂等信息一概不知。案件再次陷入了僵局，然而，通过仔细观察，我发现屋内的一处重大破绽：房子很破旧，看起来长期无人居住，而屋内一处竟然放着一张折叠躺椅，椅子内还夹带着一床干净的毯子。稍一想，我就意识到：废催化剂极大概率是被连夜转移至此，因知晓其价值巨大，昨晚应该还有人在此通宵看守。我不动声色，继续观察，又在另一处发现一个被锯开的外框，其内部的废催化剂片却不翼而飞，而仅这一点废催化剂就价值上万元。我与同事悄悄交流后，反而开始跟买家 Y 聊起了家常，而她也趁此机会向我们大吐苦水。"昨天晚上，你们是有人在这过夜吧？"我突然问道，这话一出，她一下子脸色煞白，不待其反应过来，我追问"这个外框是被你们锯开的吧，锯开这个可不容易，无缘无故的你不可能费这个劲，里面的东西是被你送去检测贵金属含量了吧？"连续两个问题，一下子打破了她的心理防线，她向我们坦白了一切。她委托 C 帮忙联系收集废催化剂，但因公司 A 主张对废催化剂的归属，拒绝办理相关手续而未成功；后来 C 主动联系她，说有办法把废催化剂卖给她，不用走手续，而她一时被巨额利益所蒙蔽，明知废催化剂是危险废物，非法收集是违法行为，仍抱有侥幸心理，在 C 的操作下，以 36 万元 / 吨的价格，从拆解单位 B 处收集了

2.37 吨废催化剂，并向 C 支付了 12 万元的好处费。我们到达的前一晚，C 又联系她，要她连夜转移废催化剂的位置，并提醒她隐瞒两人的联系。转移完成后，因担心废催化剂丢失，昨晚她老公在这小房子里守了一晚上，没想到这一切这么快就被识破了。

▲小屋内的废催化剂

至此，这起涉案金额超百万元，横跨两个地市的跨区域危险废物非法收集、非法委托处置案告破，最终，拆解单位 B、中间人 C、买家 Y 均受到了法律的严惩。2020 年 9 月 1 日，《中华人民共和国固体废物污染环境防治法》正式实施，从立法角度极大地强化了对固废领域的监管，为相关领域的执法提供了强有力的法律保障。我们在工作实践中发现，为了谋求危险废物处置过程中的重大利益，仍有不法分子置群众、环境利益于不理，置法律底线于不顾，非法收集、处置、倾倒固废的事件时有发生，这就需要我们每一个环保人以保障公众生态环境利益为己任，勇担当、善作为，严厉打击一切环境违法行为。

作者单位：浙江省嘉兴市生态环境局平湖分局

被争抢的危险废物

星海湖的浴火重生

童芳————

山水交融石嘴山，青山含黛半城湖。这泓与石嘴山"血脉交融"的湖就是星海湖，它滋养了一代代石嘴山人筚路蓝缕、砥砺奋进的精神根脉。

星海湖，又名北沙湖，是石嘴山市大武口区城市边缘的一片湿地，这里曾是明代古沙湖的遗址，山水相映、波光潋滟的景色为城市增添了灵秀之气，成为石嘴山一张最靓丽的名片，然而，很长一段时间内这里成为工业废水的排放地，是脏乱差的代名词。

我叫童芳，在宁夏回族自治区石嘴山市生态环境局工作，从小生长在这座城市，我记忆中的星海湖是黑色的，放眼望去，煤矸石堆积成山，裹挟着煤灰的污水横流，大风一来，黑煤灰被风吹得满天飞，就像两只张牙舞爪的黑熊，大风过后便是垃圾遍地，气味刺鼻，生活在这里的居民苦不堪言。

造成这种情况的主要原因是大规模的煤炭开采和城市扩张，使这片自然湿地生态功能明显退化，土地盐碱化加重，周边更是成了污水排放池、固废排渣场，大量粉煤灰和煤矸石被堆弃在这里。改变家乡面貌的想法是我在上高中时形成的。

我上高中时，也正是政府启动星海湖湿地综合治理工程的时间，每天放学的路上都能看到军区援建部队和干部群众在清淤疏浚场面，能在课余参与到学校组织的清理河道沟壑义务劳动中，为家乡贡献一份微薄的力量也是我最开心的事。

在军民一心的努力下，治理取得显著成效，也就是在那时，星海湖那不施粉黛的柔美面庞才真正显现。治理累计完成湖泊清浚 23 平方千米，形成常年水域 23 平方千米，修建了多处泄洪闸、溢洪道，并在湿地区域进行了大规模的绿化。

整治完成后，星海湖的防洪调蓄能力大大增强，涵养水源、净化水质、维护生物多样性等功能明显提高，星海湖也成为居民最喜欢的休闲健身场所。

▲ 如今的石嘴山市

随着社会的发展，星海湖水域面积过大、水量消耗多、污染加剧、湿地功能弱化等问题渐渐显现出来，2020 年 7 月，一场大规模的生态整治星海湖瘦身工程拉开序幕。

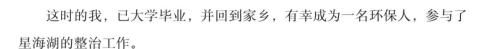

这时的我，已大学毕业，并回到家乡，有幸成为一名环保人，参与了星海湖的整治工作。

星海湖整治从何处破解，怎样在不用黄河水的前提下确保湖水水质达标，并实现湿地生态环境全面提升，这是摆在我们每个环保人面前的难题。

我们经过多轮次、大规模的论证和研判，并组织专家学者开展详细方案比选。我和同事们更是把根扎到星海湖，一个人，一个笔记本，一个便携式水质检测仪，每天步行几万步，只为得到实时检测数据，我们以不破楼兰终不还的拼劲，最终在各方共同努力下确定了方案。

水是星海湖的灵魂。为了打造纯净、清澈的一汪清水，我和我的同事们坚持科学和实事求是的态度，对星海湖采取多种措施进行水生态处理，做到既正源也清流。将中水和湿地出水作为补水水源，通过潜流湿地和表流湿地净化处理达到地表水Ⅳ类水质。经过管线引至南域，过中域回到北域，实现水体循环，重塑湿地、恢复植被、维护生物多样性，进一步增强防洪调蓄和生态安全功能。防洪库容扩大 47.7%，水质保持在Ⅳ类以上，年均耗水量核减 30% 左右，水域面积压缩 50%，累计新增植被面积 4500 亩。

经过一年多的努力，星海湖水面面积从 23.38 平方千米减少至 10.55 平方千米，蓄水量从整治前的 2685 万立方米减少至 1400 万立方米。星海湖的"身体"瘦了，"体质"强了，降低了处理成本，节约了黄河用水，减少了污水排放，也改善了生态环境。

▲生态良好鸟先知

　　生态良好鸟先知。星海湖从最初只有几种常见鸟类到目前的 40 多种，渔鸥、苍鹭、红嘴鸥、灰鹤等常常翔集于此，我深深感到自己这几年为改善生态环境所有的付出都是值得的，相信不久的将来，会有更多的野生鸟类在星海湖安家落户，让我们一起做"绿水青山就是金山银山"的践行者，与我一同守护这汪碧水！

作者单位：宁夏回族自治区石嘴山市生态环境局

边坡上的匠人

郭清梅　陈垚————

我叫陈垚，是国网福建电科院水土保持博士后服务团队的一名博士，平日里的工作主要是通过开展科研探究，为输变电工程水土保持工作保驾护航。

2022年闽粤联网换流站开工建设的时候，我接到闽粤联网工程边坡生态防护的任务。

边坡生态防护是遵循安全和生态的理念，将工程措施和植物措施有机结合的综合性技术，既满足防护边坡安全稳定的要求，同时也能实现防护工程的生态和景观功能。

这项工作使我感受到国网福建电力履行社会责任，推动电网与生态环境和谐共生可持续发展的强烈意愿和笃实行动。

主动践行绿色环保责任，以实际行动为守护福建生态"高颜值"添砖加瓦，我们这些被戏称为生态"修复师"的边坡生态防护科研工作者，打算挑战一下未知的技术领域，在福建省内首次将"微生物诱导矿化固土技术"用在闽粤联网工程边坡生态防护上。

▲ "微生物诱导矿化固土技术"用于闽粤联网工程

"微生物诱导矿化固土技术"是指通过喷洒一些特定的微生物混合溶液，使土壤快速析出具有优异胶结作用的方解石型碳酸钙结晶，从而实现松散表土层的快速固化，减少水土流失。

将这项技术应用于闽粤联网工程，一开始就面临土堆区土质背景资料不清晰、换流站环境背景值复杂等诸多难题。

特别是从2022年5月中旬开始，福建出现了罕见的持续降雨，土壤含水量趋于饱和，水土流失显著增加，施工高峰期将加剧工程区域的水土流失。这对闽粤联网工程的水土保持工作来说是一次严峻考验。

一条500千伏的输电线路上一般有上百基铁塔，塔基施工过程中会产生大量弃土弃渣，因山高坡陡，弃渣通常采取就地堆置的方式处理。以前，我们一般用水泥来巩固堆土，但为了保障灌浆的密实性，浆液中的沙含量远低于普通堆砌砂浆，这使得硬化过程中出现收缩开裂现象。此外，传统固土方式还会使土体盐碱化，后期无法恢复到原有的生态水平。

为了在保护生态的同时，减轻降雨造成的水土流失，我们团队决定采用微生物诱导矿化技术来固土——把微生物菌液直接喷洒于塔基堆土区，利用其高活性脲酶诱导土体发生矿化黏结，以解决表层松散土壤易流失的问题，减少施工过程中的水土流失。

理想很丰满，现实却很骨感。选择何种微生物是要跨过的第一道难关。

通过查阅国内外文献以及仿真模拟试验场的室内试验，浏览了成百上千种微生物资料，根据微生物特点，土体矿化过程难易度一一进行排除，我们最终选定了一种矿化菌。这种微生物具有脲酶活性强的特点，能高效地将环境中的尿素分解，非常适合进行固土，所形成的生物残渣还可用于生态修复。

▲输变电工程水土保持在线监测试验场

微生物选定以后，我们组织开展了多轮模拟降雨及微生物菌液的调配试验，反复尝试不同塔基、不同气候条件下，每平方米施工区域要喷洒的微生物量。但是，始终无法达到理想的调配比，菌液不是太稀就是太浓，愁得我多次对着菌液罐喃喃自语，一有空就跑到边坡上寻求突破口。

那段时间，我在从福州到云霄的高速上来来回回行驶了上万千米，沉浸在各种化学公式里无法自拔，觉得空有一身本领却无法施展，突然有了很强的挫败感。

难题始终悬而未决，"微生物诱导矿化固土技术"遇到了"瓶颈"，整个研究停滞不前，施工紧锣密鼓地在推进中，眼看福建雨季越来越近，众人心里都直打鼓，到底如何才能突破微生物菌液配比这个"拦路虎"呢？

有一天，我在食堂吃饭，顺时针搅动手中的酸奶瓶，看着浓稠的酸奶，我突然灵光一闪，酸奶里添加了各种乳酸菌，是不是可以通过调配菌液与调节剂的化学反应，利用二者之间的胶结现象，将堆土和弃渣固结，进而突破菌液配比难题吗？

终于迎来一线曙光，瞬间提振了队伍士气。说干就说，大家随即尝试应用全新的配比方程，废寝忘食地投入各种化学公式的演算中，终于成功配出了最理想的菌液。

经过几轮测试，全新的配比菌液就像为边坡量身定制一样，可以在高塑性土体状态下析出碳酸钙结晶。其原理就像八爪鱼一样，助力土体迅速矿化黏结，而且不污染土壤。

最终，团队成员攻克专门针对输变电工程松散土体的生态固土技术难题，在国内首创微生物诱导矿化固土技术，并于 5 月初在塔基施工区示范应用该技术。

"微生物诱导矿化固土技术"可使 10 厘米厚的表土层很好地固结。该项技术在闽粤电力联网工程塔基堆土中示范应用 1 个月后，表土层经历了几场暴雨冲刷，仍无明显侵蚀痕迹，固土效果显著；固土效率提升 50%以上，施工综合成本降低 40% 左右。另外，该项技术在原材料生产和施工过程中均未对生态环境造成破坏，把这项技术应用在塔基施工区，能简单、快速地遏制塔基边坡溜坡溜渣，促进后续植被修复。

"微生物诱导矿化固土技术"的应用，成功地解决了换流站东北侧边坡因降雨侵蚀造成的水土流失问题。有效降低堆土区水土流失量 75%，与水泥固化等传统技术相比，具有施工便捷、绿色环保、植被恢复效果好等优点，每立方米土堆的固化成本降低了50%。此外，闽粤联网工程换流站边坡全面实现了生态防护，植被修复后绿化率达90%以上，修复后的山体综合植被每年每公顷可吸收二氧化碳5000吨以上，助力实现"双碳"目标和保护生态环境。

作者单位：国网福建省电力有限公司电力科学研究院

沙海变奏修复"黄河明珠"

贾海元　　王强　　王百川————

作为一名工程管理人员，我从事环境保护工程建设多年，跟随中建一局生态治理的发展历程，我参与过武汉天鹅湖黑臭水体治理、张家口生态环境综合治理、长白山饮水治理、深圳人居环境综合治理等多个工程项目，足迹遍布祖国大江南北，回想起来，印象最深的，是乌梁素海流域山水林田湖草生态保护修复试点项目建设。

乌梁素海流域历史上被称为"黄河明珠"，位于祖国的西北边陲，在2018年和2019年的全国"两会"上，习近平总书记两次对乌梁素海等生态治理工程作出重要指示，叮嘱要把内蒙古建设成为我国北方重要的生态安全屏障，守护好祖国北疆亮丽的风景线。我们的团队积极响应党中央与人民的号召，义无反顾地加入到这项功利千秋的伟业之中。

茫茫沙海战天斗地

初到乌梁素海项目部驻地，也是第一次看到乌梁素海的水体，我沉默了，一望无际的浑浑水域，不见飞鸟群鸣、水草茵茵，只有飞沙走石和烈日当空，与"黄河明珠"的称号相去甚远。与这里仅仅几十千米之隔的便是黄河流域，那里的生态环境可见一斑。"那我们以后就在这里工作了，还好，我们这里还有一片这么大的湖面，不会缺水。"一个江南口音的女孩子怯生生地说。项目经理听毕，没有说话，示意我们跟他一起走到一张大地图旁，微笑着说："治理乌梁素海是一项国之大计，乌梁素海连带黄河流域的水体污染，问题在水里、根子在岸上，想要治污，必须从源头抓起，我们既要治标，更要治本！所以我们的施工地点在这里。"随着项目经理的手指，我们向地图的左侧看去，在乌梁素海的西面，一百多公里开外，乌兰布和沙漠深处，"这里才是我们保卫黄河流域生态环境的主战场！"项目经理坚毅的声音响起，我顿时感受到源自治沙人骨子里的勇毅！

▲沙漠中的工作环境

位于沙漠中的营地设施比想象中更加完备，生活区、办公区都有完善的恒温、降尘设备。但是走出营地后的施工环境就非常恶劣了，这里需要治理的沙漠面积居全国之首，地处沙漠深处，风沙肆虐，荒漠化严重，治理难度可想而知，除专用四驱皮卡车以外，普通车辆甚至无法进入，没有道路、没有水源，没有手机信号，进入沙海后，保障我们生命安全的就剩下一部卫星通信电话和卫星定位系统，我和同事们曾无数次直面突如其来的沙尘暴，黑色的沙尘四起，遮天蔽日，我们躲在车里，好似狂风巨浪中的一叶孤舟，说不害怕那是假的，但是这一份恐惧终究无法掩盖我们战天斗地、勇往直前的决心！

攻坚克难明珠初显

面对乌兰布和沙漠的现状，项目团队经过大量的走访调研与针对性试验，总结出了平沙—压固—梭梭种植—肉苁蓉嫁接"四步走"开展沙漠治理的新思路。解决了树种的问题，如何提高种植效率、保证工期的难题又摆在了我们的眼前，沙漠广袤无边，即使有千余人的团队，靠人工种植仍然要费不少气力。为此，我们群策群力，针对沙海量身打造创新研发两大机械：一是轻型压草覆沙机械，二是梭梭肉苁蓉同步种植一体机。大型机械一上场就展现了它们的实力，破沙开耕，绿色草种逐渐连接成片。经过不懈努力，我们已在沙漠中铺设草方格约 3200 万个，种植梭梭树苗1332 万株，铺设穿沙道路 157 千米。同时针对废弃矿山采用了地质灾害治理、矿山环境治理、矿山生态修复"三重"治理方式，治理露天废弃矿坑 807 个，废石渣堆 1134 个，拆除废弃工业广场 327 个，治理面积119.04 平方千米。

▲机械化治理初见成效

乌梁素海原本的海堤路被湖水和山洪冲蚀破坏严重，很多路段被冲垮，河套平原粮食产量无法保障，水源补不进、蓄不住、排不出，一到汛期水位激增，更是对下游十多万人民群众的生命财产造成了威胁。这项工程做不好，人民群众的安全就得不到保障。通过科学的决策分析，团队实施了加高培厚、碾轧、护坡三步施工的方式对海堤路综合整治。修复后，湖水和山洪对于堤岸的威胁大大削弱，同时增加了乌梁素海的蓄水量，分担黄河凌汛期的防洪压力，也保障了乌梁素海下游十多万人民、多家企业和包兰铁路、京藏高速、110 国道以及超过 30 万亩农田、50 个村庄的生命及财产安全。

人与自然和谐共生

经过两年多的努力，草长出来了、路平整了、水也清澈了。2022 年中秋节，我们受邀到村民的家中过节。明月当空之时，村民们敞开心扉：

"你们来了以后，环境改善了不少！现在虽然也会刮风，但是比起以前，次数少了，威力也弱了，终于不用担心风沙带给我们的伤害了，也不需要再搬家了，感谢党和政府的作为，感谢建设者的付出！"

▲沙漠变成绿洲、荒山变成林海

"黄河宁，天下平！"乌梁素海生态修复工程是全国最大的山水林田湖草沙生态修复试点工程。在党建引领下，我们团结奋进、攻坚克难、连续作战，克服工程难度大、治理业态多、施工环境差等重重挑战，成功地将沙漠变成绿洲、荒山变成林海。我们也实现了当年许下的诺言，用虫鸣莺啼的青山翠湖，描绘出茫茫沙海最亮眼的底色！

作者单位：中建一局集团第三建筑有限公司

我们的工作不再是
"单打独斗"

张厚美——

　　十年前，我刚调到环保局工作时，一个老乡给我打电话："听说你在环保局工作？能不能给我推荐一个扫大街或者清洁工之类的工作？"我给他解释说："我是在环保局，不是环卫局。"他说："那不都是一样的吗？都是管扫大街那些事。"弄得我一脸茫然，好说歹说半天，才给他解释清楚。

　　后来，我发现，不仅老百姓对环保没什么感觉，就连有的部门遇到环保局协调工作也是推三阻四、怨声载道。他们总认为，环保工作就是环保局的事。就拿牵头负责六五环境日宣传来说，虽然安排的宣传项目多、要求参与的单位多，但实际参与活动的单位只有几个，宣传的内容也比较单一，基本上是环保部门"单打独斗"，声势不够。

　　这还不是最典型的，遇到大的工作推动，那可就更费力了。我记得在一次南河水污染治理工作调度会上，一个其他部门的干部进入会场时跟我开玩笑："你们环保局就是派活儿的，把你们的工作任务都分给我们去做。"

　　"河湖治理是一个大的系统工程，涉及上下游、干支流、左右岸，城市污水管网建设，农村面源污染，工业企业排放等，治理分工方案一定要做详细一些，责任分工要明确。"在南河治理之初，市领导就叮嘱道。这些年，我在实践中意识到，河湖治理，问题在水里，根源在岸上。需要综合运用行政、市场、法治、科技等多种手段。靠环保部门"单打独斗"是不行的，必须合力推进。

随着生态文明纳入"五位一体"总体布局，生态文明"四梁八柱"正式形成，生态环境保护大环保格局全面建立，为深入打好污染防治攻坚注入了强劲动能。作为生态环境部门的干部，更是感受颇深。特别是2017年以来，四川先后接受两轮中央生态环境保护督察，切实改变了各级党委政府及职能部门对生态环保重要性的认知，管发展的、管生产的、管行业的部门按照"一岗双责"的要求抓好工作，守土有责、守土尽责、分工协作、共同发力。以前，如城乡污水治理、农村秸秆管控这些问题都是职能交叉、推诿扯皮的事，现在城镇污水由住建部门管、乡镇和农村污水由生态环境部门负责；秸秆禁烧由生态环境部门监管、秸秆综合利用由农业农村部门负责。这些都成为约定俗成，使生态环境保护工作呈现"千斤重担众人挑"的喜人态势。

举个身边的例子，南河沿岸是四川省广元市城镇最集中、人口最密集、经济实力最强的区域。以前，南河的沟里都是生活污水，一到夏天就臭气熏天。"5年前市民绕开河边走，如今是依着河边走！"从"绕"到"依"，南河治理的效果改变了市民散步的路线。

2016年，一场南河污染治理的"大会战"拉开序幕，广元市委、市政府统筹组织实施水资源、水生态、水环境"三水统筹"，各部门按照职能职责共抓大保护，推动大治理，建设"水清、岸绿"的生态河、幸福河。

"谁的孩子谁抱"，这是工作高效推进的保障。就拿南河治理工作来说，住建部门负责统筹实施生态打造，经济信息部门负责搬离污染源，农业农村部门负责组织加快推进农村"厕所革命"……2018年年底，广元市提前两年完成了沿岸 19 条自然黑臭水沟的整治任务。昔日黑水变清流、臭沟变景观。

▲广元南河两岸绿树成荫

以前，由于环保工作比较边缘，资金投入也是捉襟见肘。我记得当时编制一个流域水污染防治规划，找来找去也就落实 2 万元编制费。运行经费、专项工作经费更是少得可怜。环保监测能够拿得出手的仪器设备都是上级环保部门给的。

随着生态文明建设进程的推进，政府在生态环保投入上也是加大了规模。近年来，广元市仅在南河流域治理保护上就投入超过了 20 亿元，实施了追根溯源、源头整治和截污纳管等工程，建设改造主支管网 220 余千米、岸线堤防 20 余千米，建成绿化景观 22 万平方米……"投在水里的钱"变成了实实在在的效果，南河水质持续稳定在 I 类。

"生态环境局吗？我是农工民主党的工作人员。今年环境日的宣传活动，请给我们安排个区域，我们也要加入宣传队伍。"一些不是环委会成员的单位也主动申请加入宣传行列。各单位纷纷拿出自己的"看家本领"，新闻发布、环保设施公众开放、生态环保体验、送法入企、摄影比赛、生态环保书画展……环境日、低碳日及常态化的生态环保宣传教育方式形式更加丰富多元。由边缘到核心，摆脱了环保等同于环卫的印象。

作为一个农村出生的干部，2020年，我深入联系的苍溪县贫困村，尝试用"冒露珠"的语言给乡亲们宣讲乡村生态振兴，深受老百姓喜爱。进而，我们组织乡村知客（在农村与群众走得最近，在群众中威望高，没文凭有水平的文化人）就地开展习近平生态文明思想进农村宣讲活动。创造了一系列像"生态兴则文明兴，生态衰则文明衰；碧水清澈映蓝天，美丽广元谱新篇""美化环境天天喊，人人参与才保险；乡村振兴迈向前，人居环境是关键""垃圾分类严把关，污水不能进河湾；化粪池里处理完，杜绝一切臭水滩"……这些接地气、朗朗上口、浅显易懂的顺口溜，使老百姓听得懂、记得住、入脑入心。

生态环保工作不再是"单打独斗"，曾经是我们的愿景，现在正在成为现实。实践中，我体会最深的，就是政府对生态环境保护更加重视了，生态环境部门与职能部门的沟通协调更顺畅了，监管对象对生态环境部门的执法监管更理解了，人民群众对生态环境保护更支持了。全社会都行动起来了，人人都争做生态文明理念的积极传播者和模范践行者。

作者单位：四川省广元市生态环境局

"黑练"变"白练"

吴烁————

  国考断面水质稳定保持Ⅳ类标准，生物多样性逐步恢复，底栖动物由原来的 16 种增加至 34 种，鱼类由极少增加至 34 种……看到练江流域最新的监测数据和水生态调查评估的结果时，我突然想起几年前巡河时村民说的话："以前的练江清澈见底，水里还有各种各样的鱼。"而当时，我眼前的练江发黑发臭，垃圾、死鱼到处都是。

  练江是广东省潮汕地区的"母亲河"，过去几十年，由于人口激增和无序发展，一度成为广东污染最严重的河流之一。2018 年，中央环保督察组"回头看"对练江污染治理提出严厉批评，至此，练江流域综合整治攻坚战全面打响。

  汕头市专门成立了练江办，我作为其中一员，巡河检查、分析研判、编制方案、督导项目、落实整改都是我的日常工作。4 年多来，我和同事们时刻牢记"绿水青山就是金山银山"，一步一个脚印，发现问题、分析问题、解决问题、预防问题，不断克服困难。2021 年，在第二轮第四批中央生态环境保护督察中，督察组充分肯定练江从"污染典型"变成"治污典范"。

▲ 2015 年练江水闸（整治前）

　　回忆这段岁月，我心中既有满满的成就感，也更加坚定了环保人助力"绿美广东"生态建设，实现人与自然和谐共生的美好愿景。

驻守江边　攻坚整治

　　2018 年 6 月，我刚到汕头市练江流域综合整治领导小组办公室不久，随即也加入练江边驻点办公。我们白天巡查河流，梳理污染问题，督导工程进度；晚上与基层干部开座谈会解决练江治理的难点。然而，最难受的还是深夜后入睡，河面飘来阵阵臭味，大量蚊虫叮咬，经常让我彻夜难眠。每当睡不着时，我就在想，村民长期生活在这样的环境中，日子得多么难过啊。

　　练江污染了几十年，流域内印染企业遍地开花，大量生活和工业污染物长期直排入河，整治难度可想而知。最迫切的任务，就是要加快建设治污基础设施，确保练江干支流水质达标。

然而，练江河网交错，流域人口密集。如何督导污水管网项目如期建设，就成为我的日常工作。我每天要到各个项目查看进度，经常一跑就是十几个施工点位，白天跑工地，晚上回来梳理分析项目情况，很多时候要忙到十一二点。为了更好地保证项目顺利推进，我和同事们还研究起草了练江整治项目建设专项管理办法，从制度上推动项目上马建设。

在练江边的日子，加班干活是家常事，工作压力也很大。让人欣慰的是，经过这1000多个日夜的奋斗，练江流域的治污基础设施建设发生了翻天覆地的变化。截至2022年年底，练江流域已建成2个生活垃圾（含污泥处置）焚烧发电厂、2座印染园区、13个生活污水处理厂、2个工业污水处理厂、79个农村分散式一体化处理设施和8909千米配套管网，可实现生活垃圾处理4000吨/日、污泥处理280吨/日、污水处理98.25万吨/日，基本实现流域内污水处理、垃圾处理及印染企业入园全覆盖。

科学治水　提档升级

回想起在练江边驻点的日子，我至今仍记得第一次巡河时的场景。当时，在练江下游的一条支流，远远就能闻到臭味，污水缓缓流入河中，河面漂浮着大量死鱼。后来我们一路往上游走，沿河水面脏乱不堪，工业废弃物随意倾倒，很难想象到老一辈村民形容的"以前可以游泳、抓鱼、洗衣服"的场景。

练江污染触目惊心，除了治污基础设施缺乏，另一个突出原因就是流域内印染企业无序发展，污水随意排放。在中央环保督察组"回头看"

后，汕头市全力推动练江流域印染企业全部进入园区统一管理，园区外的企业必须在 2018 年年底全面停产。

尽管企业进入园区可享受优惠政策，但一开始也有个别企业不愿意进入园区，偷偷违法排放污水。有一次，我们在监测中发现水质异常，为了溯源，一走就是几千米，最后锁定一家印染企业，找到企业涉嫌私设排污暗管偷排污水的违法行为证据，最终将其取缔。

牵头技术团队主笔编制练江治水方案、带头一线督导项目建设、带领组织技术团队开展分析研判、带队制定落实整改措施……4 年多来，练江不仅成了我的工作重心，更是我的办公地点。看着练江水质越来越好，看着岸边散步的村民越来越多，看着流域内鱼鸟出现的频率越来越高，我更加理解共建、共治、共享社会治理新格局的深刻含义，也更加明白"环保人"肩负的重大责任。

▲ 2020 年练江水闸（整治后）

如今，练江流域整治已进入新的阶段，汕头市提出将阶段性治理举措和长远治理机制相结合，将练江治理和产业发展相结合，将生态环境改善和群众素质提升相结合，推动练江整治向"2.0"版本提档升级。

新一年，我已准备就绪，牢记初心使命，继续出发。

作者单位：广东省汕头市练江流域综合整治领导小组办公室、

广东省汕头市生态环境局

沙漠变绿洲的奇迹如约而至

谭志发————

"开荒种地，沙漠见绿"——简单的八个字，是对我十年工作的总结。新疆生产建设兵团第三师五十四团兴安镇位于昆仑山北麓、帕米尔高原南缘，塔克拉玛干沙漠和布古里沙漠之间。

一望无垠的荒漠沙丘，要开垦耕地、建成绿洲……这是千百年来多少人的希冀啊，直到今天，我还清晰地记得当时接到工作任务的场景。2016年2月，我接到组织关于"开荒种地，5月见绿"的部署和安排。一个"绿"字让我犯了难，对于这片常年"只见黄沙、不见天"的地方，短短3个月时间，我该怎样做，才能让这里"绿"起来呢？

这里的气候条件极其恶劣，干旱缺水，土地盐碱化严重，年均40余场风沙光顾，甚少有野生动物在此安家，"5月见绿"简直是难如登天。

我虽有近20年林业工作的经验，但面对这片荒漠，不免皱起了眉头。但我又转念一想，绝不能辜负组织的信任与嘱托，不管骨头有多硬、多难啃，也要奋力一试。

此后，我每天在沙土地里往返步行十几公里，一边调查土地情况，一边学习种植技术。试图通过查看作物播种深度、密度，来选取适合在沙漠种植的作物，但是结果并不尽如人意。有时刚种下去的种子，就被大风掩埋。

▲一望无垠的荒漠

此时，5月见绿的希望一点一点破灭，思念家人的心就像黑夜吞噬着我。妻子一人在家中照顾孩子和生病的母亲，孩子正值备战中考与青春叛逆期……工作上的挫败和对家人的亏欠，一度让我抑郁。但当我的目光看向身后的同事和职工群众那一双双期待和信任的眼睛，我便坚定了我的信念——"沙漠绿洲"。

在多少个不眠之夜，我不知道下一步该如何走，五十四团的"绿"又该如何"书写"。功夫不负有心人，经过实地调研和查阅文献资料，我终于找到了抗沙方法——"草方格—防风林—经济作物"。在随后的两个多月时间里，播种面积达万亩的小麦、油葵发芽了，如期实现了"土地见绿、5月见绿"的目标。

▲万亩新绿

　　看着万亩新绿，心中暗自立下"不现绿洲不罢休，不见效益不止步"的铮铮誓言。

　　2017年，正值植树造林季节，我与沙漠展开了新一轮的较量。我常常为了核准一个数据，饭都顾不上吃；500亩的土地，从这头跑到那头，已成常态。可是，三面环沙的4.6万亩流动沙漠要发展，谈何容易？在水、路、电"三不通"的条件下，工程建设可谓难上加难。刚刚修建平整的林床、开好的渠道，一阵大风过后，又变成沙丘。

　　数次的失败让我明白了一个道理——一定要向沙漠深处推进！这片沙漠需要我，人民群众更需要我。为了给大家鼓劲打气，我坚持每天带着干粮行走在工地，饿了就啃一口，渴了就喝两口渠道里的水，实在累了，就地躺下睡一会儿。最忙的时候，我一周没回宿舍，没有刷牙、洗脸，但是，当看到苗木吐出绿叶的那一刻，我觉得所有的委屈和付出都值得。

　　我带领同事们，经过50多天的艰苦奋斗，共栽种苹果树6000亩，防护林4000余亩（21万余株）。当年苗木的成活率达到92%以上，离"沙漠绿洲"的梦想又近了一步。

沙漠变绿洲的奇迹如约而至

2018 年，4.6 万亩土地路、渠及配套工程建设完工。同时，共计完成 2910 余亩的防沙治沙林、6000 余亩的防护林、1.2 万余亩的经济林建设任务。

截至 2022 年，五十四团共栽植草方格 4048 亩、防风林 6440 亩、油莎豆地 16000 亩、苹果林 8800 亩、西梅 2700 亩，建设形成了"草方格—防风林—特色经济作物—特色林果"为一体的防风固沙体系。团场绿化率从一开始的 8% 提升至现在的 50%，年降水量也由 44.7 毫米增加至 185 毫米。

▲沙漠中的绿洲

看着灰鹤如约驻足在油莎豆地里，在倍感自豪的同时也越发知道自己肩上的担子更重了、责任也更大了！相信不久的将来，会有更多的野生珍稀动物在五十四团安家落户，一起做"绿水青山就是金山银山"的践行者，与我一同守护这片绿洲。

作者单位：新疆生产建设兵团第三师五十四团

挂职记忆：我在生态环境部这一年

伦亚楠————

　　流云系不住，清风带走了岁月，人生总是有星光般的精彩和难以忘怀的记忆……

　　2022 年是全国喜迎党的二十大胜利召开之年，是奋进"十四五"启航新征程的重要之年，也是我工作十年来最难忘的一年——在生态环境部挂职锻炼。这一年里，我参与了碳排放报告质量专项监督帮扶、2022 年夏季远程监督帮扶等重点工作。能够亲身参与"蓝天保卫战"核心工作，我深感责任重大，使命光荣。

　　我在生态环境执法局监督执法二处挂职学习，该处的另一个名字叫大气监督帮扶工作办公室，我们亲切地称为"气办"。刚到气办的第一印象是拥挤，一共 3 个 20 多平方米的小办公室，每个房间里有 7～8 个工位，工位颇显简陋，有的只是简单的小折叠长方桌，狭窄的过道只能容一个人通过，拐角处偏窄，经过时还得侧个身，每张桌上除了一台电脑，其余地方摆满了各类材料。处里总是人来人往，行色匆匆。初来乍到，这种工作环境让我大跌眼镜，很难想象部级单位的办公环境这么拥挤、简朴。但就是这间拥挤的办公室，承载着全国的空气质量监督执法工作，就是这间拥挤的办公室，让一年后的我肃然起敬、倍感荣耀、无比怀念。

这一年里，我参与的工作是一个全新的执法门类，气办的所有人都是第一次接触，完全不知道从何处下手。顶着时间紧、任务重的压力，局领导带领我们几个人立刻赶赴河南开展第一轮次调研，白天走访企业熟悉现场和流程，晚上结合理论开展学习和研讨，4天时间就摸索出了一套有效的检查方法，并编制成现场执法手册。随即我就带领小组赴山西根据手册进行深入实践，白天进企业开展检查，晚上对所有流程复盘，通过视频会议与其他工作组进行总结归纳、反复研讨，进一步修正现场执法手册。之后我又两次任技术组长，带领30多人的专案查办工作组赴陕西、江苏开展监督帮扶。专案查办工作共分为两阶段、四轮次，我有幸全程参与，其间，我们每天伴着晨露出发，顶着月亮回到驻地，工作到半夜是常态，与青灯为伴，与星夜为伍，检查70余家控排企业。

成为碳排放领域生态环境执法检查的"破冰者"，我的荣誉感油然而生，不知不觉对这个集体强大的号召力、行动力有了更深刻的感触，它所蕴含的"来之能战、战之能胜"的精神，蕴藏的"拧成一股绳、劲儿往一处使"的团结，深深地感染了我，使我对气办的印象由"其貌不扬"变成了"雄浑有力"，工作的激情被迅速点燃，感觉每项工作都很有意义，都值得用心、用力去做到最好。

这一年里，让我获益匪浅的一项工作是夏季远程监督帮扶。该项工作是为贯彻落实党中央、国务院关于深入打好污染防治攻坚战决策部署，促进重点区域环境空气质量持续改善，结合疫情防控形势

▲碳排放报告质量监督帮扶交流

及要求提出的，参与城市达 90 余个。这次的夏季远程监督帮扶是"例行工作"，却完全不同于以往，采用了单一的"远程战场"模式，主要运用卫星遥感、污染源自动监控等多源数据，分析梳理问题线索，指导地方开展监督执法工作。这给气办的工作提出了更高的要求——更精准。这也意味着需要花更多的时间和精力去筛选异常线索。每到推送任务的时间，大家都立刻紧张起来，不仅要第一时间下载最新的数据表格，保持数据的"新鲜、有效"，还要在含有上千条数据信息的多个表格里，按照不同的城市、污染物、排放量、行业等要素，逐个进行筛选、合并异常线索，最终达到精准推送的目的。

夏季远程监督帮扶工作是一项专业性很强的工作，面对大量繁杂的数据信息，"井然有序""摸索规律"是气办高效工作的法宝，快速的学习能力也是必不可少的技能。在过往的工作中，很少有持续性、深入性地对定向的几个行业和 VOCs 污染物进行学习分析的机会，而参与这次监督帮扶保障工作，不仅有专业培训和后台答疑等非常难得的学习机会，还能通过监督平台掌握大量的问题数据，通过对问题类型分析，进一步掌握某行业经常出现的典型问题，对污染物排放限值标准有了更深入的了解。这

▲大气监督帮扶问题研讨

次工作经历使我更深刻地认识到有劳即有得，也就更加愿意去参与各项工作，从而不断地提升自己。

这一年里，能够参与这么多项艰巨而又有创造性的工作，实属荣幸，也受益良多。总结起来，一是协作。杂而有序，忙而不乱是气办工作的常态，每个人各司其职又相互穿插，协作精神必不可少，大家相互支撑、相互补台、相互理解、相互配合，才促使天南地北的同志们共同努力完成一项又一项任务。二是专业。这里有各方向、各领域的专业人员，他们对高科技平台应用手到擒来，上到太空卫星，下到地面微站，同时可用在线监控平台和用电平台等系统，全面助力监督帮扶，指导地方开展问题排查。正是这种专业，使气办拥有了引领全国空气质量监督执法工作的底气和开拓创新的勇气。三是服从。面临不同的新形势，大气监督帮扶工作也是灵活多变的，例如开展的远程监督帮扶气办所有同志都能服从指挥、充分调度，高效延伸，发挥指挥棒的作用，将各省区市工作进展把控在核心的方向上。正是这种服从，使全国各省区市工作步调一致，行动流畅，成效显著。四是凝聚。气办卧虎藏龙，在这里每个人都能充分发挥特长，大家互相借鉴、互相帮助，营造了良好的工作氛围，繁忙之余的文体活动、党史学习教育参观、体育竞技运动等，不仅愉悦了心情，锻炼了身体，更增强了团队的凝聚力、向心力和战斗力。正是这种凝聚力，使集体更有力量，更有干劲儿，也更有情怀。

说到这里，不得不提起气办的"1201精神"。什么是"1201精神"呢？在气办成立之初，第一批气办的同志们在1201会议室里办公，为了更早、更完善地开展监督帮扶工作，通常是人彻夜不眠、灯彻夜不熄，高效、完美地坚守着这项高难度工作任务。我认为，这实质上就是"政治强、本领高、作风硬、敢担当，特别能吃苦、特别能战斗、特别能奉献"的铁军精神的展现。正是这种精神感染着气办的所有人，犹如星星之火，一代又一代地传承着、激励着前来学习锻炼的同志，使得这样一个工作异常繁杂、人员又相对不固定的集体，汇聚起强大的凝聚力，发挥出超常的战斗力。

我希望我成为一粒种子，回到天津生态环境执法一线，能够衍生出更多的"1201 精神"。

作者单位：天津市生态环境保护综合行政执法总队

这片荒山绿了

——我与福建电力林的故事

钟光彬————

福建省龙岩市长汀县是我深爱的家乡。发生在这里的生态环保故事给我留下了深刻的印象。319国道两旁的标语墙，写满了"人一我十，滴水穿石""绿水青山就是金山银山"，从小学到高中，学校年年组织义务植树造林，参加工作后我发现，长汀县人民更是把植树造林当成事业在坚持。

长汀县河田镇露湖村曾经是龙岩地区水土流失最严重的地方之一，这里不但"露湖"而且"露土"，一度放眼山头尽是黄泥沙土。为了治理水土流失，龙岩市积极开展了"以电代燃"工程，我所在的国家电网公司，承担着农村电网升级改造和新能源供应保障的任务。2012年3月，公司在露湖村认领了50亩林地，命名为"国网福建电力林"，在这里种下木荷、夹竹桃等容易生长的植物，从此开启了我们电网的人工造林工程。

电力林刚开始建设的时候，我就积极加入了。记得那时，山上到处是泥泞的黄土路。3月的长汀，经常细雨蒙蒙。植树节那天，我和大家一起穿着雨鞋，扛着锄头，深一脚浅一脚，迈着沉重的步伐，艰难地走在泥泞的黄土路上。"天啊！等我们走到了哪还有力气再挖坑种树？"我不禁感叹道。

我跟着植树的大部队慢慢前行，一路上看到的都是高不过成年人的瘦小的松树，当地的大爷说："就这还是十年前种下的嘞，要不是大家一直努力呵护，指不定能不能长这么高呢！"大爷告诉我们，现在路上泥泞是好事，说明水土至少保存住了。"十年前，这里只要一下雨，走在路上那就是蹚着黄泥水过河，水土唰唰地往下冲。"大爷回忆道。我脑海里立刻闪现出在科教园里看到的水土流失的照片，想象着当时艰难的样子。

▲ 与同事们在义务植树现场

　　走了一个多小时，我们终于到达植树地点。可能是大爷的话深深地触动了大家，植树现场我们都铆足干劲挖坑种树、浇水培土……第一批300多棵树苗落地园中，大家纷纷与自己种的树苗合影，享受着劳动成果带来的快乐，期待着树苗长成后枝繁叶茂的样子。

　　然而我们过于乐观了。一个月后，我们发现很多树苗没有长高，甚至有的枯萎了。查资料，问专家，找到了原因，因为高岭土的贫瘠，树苗吸收不到营养。我们赶紧采取救治措施，给树苗挂上点滴，好不容易才救活了一批。此后，我们成立了护林队，定期去巡查，保护树苗。在义务植树、人工造林的这几年里，我深刻地感受到"十年树木"的不易，非坚韧之心不能成也！

后来，由于工作因素我离开了长汀，但每年还会去林区看看，公司每年依然组织大家捐资和植树。慢慢地，树苗一棵棵成长了，林区也越发翠绿。再后来，有了水泥路，更方便了大家出行。10年过去了，如今树苗长得有我两倍身高。10年中，公司共募捐200多万元，除了香樟、杉树，还有杜鹃、木荷花、玉兰等，林子变得绿意盎然、姹紫嫣红，越来越好看，而且带着丝丝芳香，下雨的时候，再也看不到黄土沙石随水流了。

▲长汀青年志愿者们积极参加植树活动

这两年，去林区参观的人明显增多了，我也经常带着家人一起去看看林区的变化，感受人与自然和谐共生的美好。我自己也参与电网工程的环水保管理，更能体悟到国家花大力气治理生态的决心和意义，在"双碳"目标提出后，我所在的单位积极推进生态电网，创建"一廊一带"，萃取绿色精华，美化生态环境，保障供电安全，增加农林创收，一举多得。

回首十年，我有了家庭和孩子，工作上不断取得进步，我常常感慨这一路走来，与电力林有着千丝万缕的联系，原来是那一棵棵树木在告诉我，我们都是命运共同体，生命的意义在于不断奋斗，脚踏实地，去伪存真，让共处同一片蓝天的万物和谐共生，美好共享。

几代长汀人筚路蓝缕，发扬"人一我十，滴水穿石"的精神，与百万亩荒山作斗争，如今一座座"火焰山"变成了绿水青山，龙岩地区成为全国水土流失治理的典范和福建生态建设的一面旗帜。长汀人民仍将继续深入践行"绿水青山就是金山银山"理念。

作者单位：国网福建省电力有限公司龙岩供电公司

助力大气攻坚，守护一方蓝天

王彬彬————

2018 年元宵节刚过，面临严峻的大气污染防治形势，安徽省生态环境厅组织了有史以来规模最大、时间最长、范围最广的一次大气污染防治督察专项行动。我作为环保铁军的一员，有幸参加了此次督察行动。

精心谋划强组织，史上最严第一次。督察工作为期一年，从 2018 年 3 月持续到 2019 年 3 月，范围覆盖全省 16 个市。安徽省生态环境厅共成立了 16 个督察组，每组包干一个市。实行督察组组长负责制，设一位组长和一位副组长，轮流在包干市进行重点和常规督察。此次督察的目标为保持打击违法排放大气污染物等环境违法行为的高压态势，保障 2018 年"蓝天保卫战"工作目标实现。

2018 年 3 月 5 日，安徽省大气污染防治督察专项行动工作启动暨培训会在合肥召开，全省各级环保系统 200 余人参加此次会议，省厅领导进行动员讲话，进一步明确相关工作要求，并在会上鼓励各督察组要拿出"不破楼兰终不还"的精神，不消灭雾霾绝不收兵，坚决打赢雾霾阻击战。

我担任第一督察组组长，史春同志为副组长，省厅和阜阳市抽调有关人员为组员，负责对合肥市的 13 个县（市）区进行督察。培训会结束后，我们第一督察组又召开了碰头会,分析了合肥市的大气污染防治现状及存在的问题,明确了督察重点地区和重点任务,并进行了组内分工。3月6日,第一督察组正式入驻合肥市开展督察工作。

攻坚克难不畏险,雷厉风行严督察。万事开头难,督察刚一启动便遇到了阻力。3月13日,史春副组长带队对合肥市包河区重点工程地铁5号线轨道施工工地现场进行执法检查时遭到阻挠,建设单位有关人员拒不配合,阻止环境执法人员进入施工现场,并且放出狠话:"耽误了地铁修建,你们环保部门负不起这个责。"经核实,该工地存在土方、物料未按要求覆盖,场区部分道路洒水不及时,扬尘较大,车辆冲洗设施损坏等环境违法行为。我们立即将上述情况上报给省厅,最终在生态环境部的直接督办下,建设单位阻挠执法被立案查处,相关责任人受到问责处理。这一案件成为当时轰动全国的环保执法典型之一,凤凰网等国内主流媒体也对这一案件进行了跟踪报道,为大气督察营造了良好的舆论氛围,也让我们督察组的同志信心倍增。

随后,我们认真分析合肥市的大气环境形势,有的放矢地开展了一系列扎实有效的工作。针对某国控站点 $PM_{2.5}$ 数据夜间长期偏高的情况,我们立即安排暗访夜查。不出所料,督察组发现在国控站点附近的印刷包装企业存在 VOCs 污染治理设施效果不佳等问题。时值初春,气候尚寒冷,督察组成员的头发和羽绒服上都沾满了刺鼻的 VOCs 气味,一连几天吃饭都没有胃口。

齐心协力强督察,工作突出显成效。2018 年 4 月,省大气污染督察调度会在合肥举行,我们第一督察组因为认真分析地方实际,定期研究讨论督察重点,发现的问题点位数占督察总数的 79.4%,在第一轮督察中名列前茅,受到省厅通报表扬。我和督察组的其他同志也一并被评为安徽省大气污染防治攻坚战优秀工作人员。

▲第一督察组现场督导违规小锅炉清理情况

　　一年的督察工作漫长而艰辛，督察组里发生了很多感人的故事。有的同志家里孩子即将参加高考依然坚守在工作岗位上，有的同志身体不适仍然坚持在一线督察，有的同志常年高血压依然长期驻点。习近平总书记曾在全国生态环境保护大会上提出，要建设一支生态环境保护铁军，政治强、本领高、作风硬、敢担当，特别能吃苦、特别能战斗、特别能奉献。作为环保铁军的成员，我们以行动践行了什么是真正的"人不负青山"！

　　通过一年的督导帮扶，合肥市 2018 年 $PM_{2.5}$ 浓度比 2017 年下降了 8 微克 / 立方米，远远低于全年预期目标。全省蓝天保卫战首战告捷，也圆满完成了年度工作目标。全省 PM_{10} 年均浓度为 76 微克 / 立方米，同比下降 13.6%；全省 $PM_{2.5}$ 年均浓度为 49 微克 / 立方米，同比下降 12.5%；全省空气质量优良天数比例达 72.1%，比 2017 年提高了 5.1 个百分点，实现了"两降低一提高"，PM_{10}、$PM_{2.5}$ 达到历史最好水平，蓝天白云天数同比大幅增加，受到老百姓的好评。省委副书记、省长、分管副省长均专门作出批示，对全省生态环境系统蓝天保卫战工作给予高度肯定和赞扬。

▲第一督察组在企业进行暗访夜查

  大气督察仅仅是污染防治攻坚战的一个缩影，建设美丽中国是几代环保人不懈奋斗的永恒目标。

  好山好水看不足，马蹄催趁月明归！

作者单位：安徽省生态环境厅

助力大气攻坚，守护一方蓝天

我们的低碳花园

何京洋————

我是何京洋，毕业于同济大学和法国国立公共工程大学（ENTPE）城市规划专业，研究方向为社区更新和绿色低碳设计。

2013年我从法国回来后，致力于城市及社区绿色低碳更新、社区低碳营造，聚焦于自然教育、"双保"教育等领域，尤其是城市社区低碳更新领域的规划、改造设计以及社区低碳营造的创新探索、低碳花园的营造实践、绿色友好城市环境的推广。

2016年以来，我一直投身于社区更新领域，在上海经历了不少项目。在做社区更新的过程中，我发现了低碳花园的大用处。

低碳花园创意源于口袋公园理念。口袋公园是指面向公众开放、规模较小、形状多样、具有一定游憩功能的公园绿化活动场地。社区中的很多闲置空地都可以打造成口袋公园，在更新社区闲置空地时，我们引入了生态理念，全力打造出了低碳环保的口袋公园，我们将其称为社区低碳花园，并在徐汇区汇五花园和黄浦区蒙西小区等社区做出了最初版本的低碳花园。

我们与居民、基层社区组织进行多次讨论，决定利用绿色手段促进自然（如太阳能、风能、水能等）的能量在花园中流动，同时还能为居民提供交流互动的空间和平台。我们将低碳花园整体分成八大功能区，雨水洗车区、智慧灯杆照明区、入口景观区（兼具堆肥）、绿化观赏区、鱼菜共生区、夜光墙展示区、休闲交流区（兼具雨水回收）、展示分享区。

我们和技术团队多次讨论后，决定在低碳花园里执行两大绿色低碳技术策略和一大社区策略：雨水收集、太阳能利用和互动参与。

雨水收集是如何与花园结合的呢？通过雨水收集器、透水路面和管道等途径，将雨水汇集到地下的蓄水池，通过过滤、净化装置，重新回到地面供花园使用。雨水的再利用体现在 3 个方面：鱼菜共生的供水、植物用水以及洗车。

太阳能是现在广泛使用的清洁能源。太阳能在低碳花园中的利用方式包括智慧灯杆、太阳能光伏和夜光标识。

如何让低碳可持续的理念深入社区居民中？我们在花园中设计了针对社区儿童和青少年的互动参与方式，花园内设置了几台转动装置，这些装置不仅可以起到健身的效果，也可以跟社区低碳花园的雨水系统产生互

▲ 低碳花园

动,社区儿童和青少年能够边玩边体会低碳理念。花园落成后,大家在花园里玩耍,很受社区居民欢迎。

项目完成后,我们和技术团队进行了统计:在这个低碳花园里,每年太阳能光伏可以产生 240 千瓦·时电,每年可以回收雨水 300 立方米,可以处理 5 吨的湿垃圾,总共减少 309 克的二氧化碳排放。这样的一个低碳花园相当于 30 棵柳杉树 10 年的碳汇总量。

低碳花园也可以作为自然学校的活动场地。开展诸如绿色、低碳、生态、环保的科普活动和科普教育,将其和低碳花园的设计以及后期运营维护相结合,给孩子们提供认识世界的新窗口。我们用这个案例顺利申请成为生态环境部宣传教育中心第六批"自然学校"试点单位。

2022 年,我参加了生态环境部举办的"我是生态环境讲解员"活动,介绍了我们的低碳花园实践,在这里我认识了许多志同道合、一起为低碳环保事业添砖加瓦的人,并有幸获得本次"我是生态环境讲解员"比赛的一等奖,我在这次的比赛中受益良多。我深切体会到生态环境保护宣传工作可以是多种方式的,生态环境讲解、歌曲、小品等。人人都是"生态环境讲解员",让低碳绿色流行起来,成为一种生活方式,和更多的地区、省份、行业跨界交流。同年,我获得了"上海市污染防治攻坚先进个人"称号。上海作为高密度人居环境的大都市,积极参与低碳社区创建,结合"碳达峰、碳中和"的"双碳"目标战略,探索出一条生态环境修复特色之路。

我们期望让绿色成为家门口环境的"底色",让低碳成为绿色环境品质提升的标识。社会组织可以和专注于绿色低碳的建筑环境城市规划设计机构深度融合,更好地推进生态环境保护、碳达峰碳中和。低碳花园,以小见大,撬动和推进更多低碳社区、绿色社区、低碳口袋花园的建设,把上海建设成为"生态之城"。

低碳社区花园的大力筹建，使我们离达成"近零碳"社区目标更近一步。我们不断提升技术、努力完善自然学校试点单位的自然科普教育体系，为美好的绿色低碳生态环保未来，建设发展更多低碳、"近零碳"项目，联动更多社区资源、社会力量，营造绿色生活的社会氛围。

作者单位：上海徐汇区斜土社区爱创益公益发展中心

我与北京生态环境文化周那些年

秦芳芳———

2014 年是我职业生涯中最为重要的一年，这一年我们迎来了北京生态环境文化周（以下简称文化周）。对于我们这些举办环保活动的人来说，可谓遇到了"大活儿"。以前六五环境日的宣传活动只有 1 天，而文化周则是把 1 天拓展到 7 天，以后每年的 6 月 1—7 日，都会组织十多项线上线下生态环保主题公众参与活动。

一路走来，文化周已经连续举办 9 届，每一届我都是组织者、亲历者。春华秋实，九年来，文化周累计推出活动百余项，受众近千万，已经成为首都市民感受生态环境文化魅力，参与美丽北京建设的重要平台。与之相对应的，则是北京市民生态环境意识的不断提升，全市生态环境质量尤其是空气质量的逐年改善。而文化周，也因此被生态环境部和中央文明办等部门联合评选为"2020 年十佳公众参与案例"。

风雨中见彩虹

回想 2014 年，当时的舆论环境可谓一片哗然。北京雾霾天多发，$PM_{2.5}$ 成为市民关心的话题。一些市民不了解空气污染原因，又对环境状况不满意，以至于在网上纷纷吐槽宣泄情绪。其实在此之前，北京市已于

340

2013 年开始向 PM$_{2.5}$ 宣战，推出五年清洁空气行动计划，2014 年 4 月又发布了 PM$_{2.5}$ 源解析结果。虽然治理大气污染的各项措施已经在路上，可政府的这些举措，市民不了解怎么办？治理大气污染道阻且长，不可能一蹴而就。

作为一名环保宣传工作者，面对此情此景，我认为在政府和公众之间建立桥梁和纽带，寻找最大公约数，凝聚前进的最大力量，我们宣传部门责无旁贷。当环境问题成为公众议题后，我们环保的声音必须要更响亮。此时，当听到领导要把六五环境日拓展为北京生态环境文化周时，我内心无比激动，作为环保工作者，我们有了更大的施展空间。

难，也要咬牙坚持

第一届北京生态环境文化周的场地定在了玉渊潭公园，6 月 1—7 日，十多项线下活动将在这里接力举办。虽然我举办过许多落地活动，可像如此大规模的尚属首次。这么多活动如何设计才能让市民感兴趣，这么大的场地如何布场搭建才显得不空旷，这么多现场参与的市民安全如何保障等问题都摆在面前。而且，这是第一次联合北京市委宣传部、市教委等多个政府部门共同举办文化周，其中的对接联络、现场组织、各机构协调工作千头万绪，压力可想而知。

经过同事一个多月的忙碌，时间到了 5 月 31 日文化周开幕式的前一天。当我们正在憧憬明天开幕式的盛况时，一场突如其来的大雨浇了我们一个措手不及。眼看搭建工作将被暴雨耽搁，我心急如焚，已经搭建好的场景绝不能被损坏。幸运的是，初夏的大雨来得急、走得快。经过我们努力，直到深夜两点，所有场地搭建完毕后，我终于深深地舒了口气，脸上露出了久违的笑容。

终于，我们成功了

功夫不负有心人。7 天线下活动围绕"衣、食、住、行、用"五大主题，从环保政策解读、大气治理成效展示、环保生活倡导等多个维度，向市民普及生态环保知识，凝聚"同呼吸　共责任　齐努力——为美丽北京加油"的共识，取得亮眼成绩。不仅现场吸引了 60 多万名市民参与，而且北京市属主要媒体《北京日报》《北京青年报》和北京电视台等都对文化周进行了大力报道。此外，首届文化周还留下了丰厚的历史遗产，其确定的"为美丽北京加油"主题、文化周 Logo、吉祥物等沿用至今。

有了第一次的成功，文化周越办越精彩，成为一场年年令人期待的绿色盛宴，在凝聚环保力量、架设公众沟通桥梁方面也发挥着越来越重要的作用。我们成立北京绿色传播联盟、绿色出行联盟，联合相关社会力量，共同推动绿色生活践行，传播环保正能量；曝光十大环保谣言，发布环保谣言的十张"画皮"、污染环境十大陋习，为公众厘清事实，还原真相，引导公众树立科学的环保理念，为北京大气污染治理工作营造良好的舆论氛围。

反思，宣传也要产生减排力

虽然我们收获了许多掌声和肯定，可我们对文化周的反思，以及对进步的渴望一直都没有停歇。2018 年，随着北京五年清洁空气行动计划的圆满收官，北京市空气质量取得大幅改善，我们开展环保宣传的环境也在发生变化。生活领域的污染排放对环境的影响日益凸显，使个人绿色生活的意愿和行动，成为推动空气质量持续改善的重要因素。

由此我们也认识到，宣传不能仅仅停留在倡导层面，而是要落实到具体行动上，要更加充分地发挥宣传的减排作用。为此，我们制定了一个"三年计划"，从 2018 年开始文化周从发出倡议、呼吁行动、典型引领等不同层面组织形式多样的活动，引导公众知行合一，树立绿色发展理念，践行绿色生活方式，共同建设美丽北京。

3 年间，我们举办了一个个区分受众、精准传播的精彩活动。如北京环保儿童艺术节、生态环境教育进课堂活动，让生态文明的种子在孩子们的心里生根发芽；组建大气污染防治宣传监督队、奥运冠军宣讲团，让志愿服务的力量在绿色战场发光发亮；开展环保设施向公众开放活动，积极建设生态环境教育的"社会大课堂"等。中国工程院院士贺克斌、奥运冠军高敏、演员王雷等成为北京生态环境公益大使，越来越多的人加入建设美丽北京的行列，绿色的歌声在京华大地处处传唱。

青山灼灼，星光杳杳。如今的北京，推窗见绿，出门见景，蓝天白云已经成为常态。我想，这就是对我们环保人最大的奖赏。

作者单位：北京市生态环境保护宣传中心

留住江豚的微笑

李华荣——

在长江中，有一种可爱的动物，嘴角微微翘起似笑脸迎人，呆萌中透着灵气。它们就是"长江精灵""微笑天使"，国家一级保护动物——江豚。由于其数量稀少，又被称为"水中大熊猫"。

2016年，在一次保护江豚的夏令营活动中，我与江豚结缘。当我看到20多只江豚在水中不停翻滚、点头、转向的时候，一种使命感油然而生——我要保护江豚。正是在那一天，我把自己的网名改为"人豚情未了"。

心动不如行动。2017年1月，我牵头成立了扬州市江都区江豚保护协会。六年来，协会遵循"长江大保护"理念，依托"长江三江营湿地""南水北调东线源头"等地理优势，拓展了就地江豚协助巡护、水生生物科普教育基地、渔民驿站、江豚生态研习行等品牌活动，为留住"微笑天使"尽了微薄之力。

江豚协助巡护

江豚是长江生态的"晴雨表"，江豚的数量和活跃程度直接反映长江生态系统的整体态势。听住在江边的老人说，他们经常看到长江三江营水域有小群江豚出没。

经过勘查，我们最终选择在长江扬州段三江营夹江口到五峰山夹江口这一段作为巡护区域。6 年来，志愿者奔走在三江营江都段，建立江豚观测站，联合长江生态研究专业人士，采取"沿岸督察＋水上观测"的巡护方式，协助清理沿江水域垃圾，定期邀请摄影爱好者开展活动，记录江豚活动规律和三江营水域情况，定格江豚腾跃的美好瞬间，为有关部门打击污染长江、非法捕捞等违法行为提供帮助。

▲江豚巡护中

2022 年 5 月，在三江营江面，我们多次欣喜地看到十多只江豚追风逐浪，时而飞跃水面，时而喷射水柱，时而悠闲漫步，这些"微笑天使"从"稀客"变成了"常客"。

快乐的江豚课堂

我是一名中学教师，决心用好教育资源。环保从娃娃抓起。2018 年，江豚自然教育作为特殊课程，走进区中小学生校外活动实践基地。江豚保护协会还与大桥镇中闸小学共建扬州市第一所"江豚自然学校"。中闸小学操场的围墙被我们涂上了油彩，蓝天白云下，人类与江豚嬉戏，书写着生态之美。

张艳是一名小学语文老师，也是一名志愿者。每到周末，张老师就会驱车赶到江豚教室上课。在这里，她给孩子们讲述江豚拜风的故事，诵读江豚诗歌，介绍江豚生物知识，并且教他们画江豚连环画，创作江豚超轻黏土作品。生动开放的课堂使孩子们时而屏息凝神，时而开怀大笑，时而若有所思。下课了，孩子们穿上江豚布偶服装在操场上嬉戏，童真和稚拙在那一刻相映成趣，还有什么比这一幕更美妙的呢？

水生生物科普教育基地实践多

地球提供了生命演化所必需的条件，生命群落的恢复力和人类的福祉依赖于：保护一个拥有所有生态系统、动植物种类繁多、土壤肥沃、水源纯净和空气清洁的健全的生物圈。《里约环境与发展宣言》提出，保护地球的生命力、多样性和美丽是一种神圣的职责。

协会于2018年5月与沿江重镇——大桥镇政府合力利用历史文物单位——黄冈别墅，打造了"水生生物科普教育基地"，正常周末与节假日对外开放，也接受团体预约。在这里可以参观江豚墙绘、江豚文化科普墙，展示江豚文创产品、水生生物活体及标本等；参加相关科普讲座、水生生物识别大比武活动；制作江豚储蓄罐彩绘、超轻黏土江豚雕塑，体验《万福江豚》雕版画传统印刷等。

▲志愿者卞阿根为孩子们讲解水生生物知识

渔民驿站的灯火

2021 年 1 月 1 日长江流域禁捕以来，江都区 370 多户渔民全部上岸。我在思考：怎样帮助他们从"水上漂"到"岸上飞"？多年的公益活动组织经验让我意识到，保护江豚就是保护长江，关爱渔民就是关爱长江。我们决定建起渔民驿站。

为了建驿站，在资金极其有限的情况下，我放弃休息时间，带头当义工。一批批志愿者先后驰援下，将一个原本破旧不堪的小学食堂改造成一座功能多样的渔民驿站。大家群策群力，从当地渔民那里收购了一批渔网等用于展览，大学生志愿者发挥年轻人的奇思妙想，亲手制作了竹制鱼骨灯，寓意渔民驿站的灯火永远为渔民点亮。

▲大学生志愿者参与渔民驿站的建设

扬州非遗助力江豚公益

扬州是一座古典文化与现代文明交相辉映的名城，非物质文化遗产众多。为了让扬州非遗助力江豚保护，我们邀请非遗传人开发了系列文创产品。

《万福江豚》利用扬州雕版印刷技艺，结合"廖家沟"自然环境，巧妙营造出"人与自然和谐共生"的祥和意境，寓意万福江豚，扬州万福。后来的《白鱀豚·江豚》《江豚一家亲》《百家鱼》系列作品主要用于科普宣传现场互动。当看到市民喜笑颜开地拿着自己亲自印刷的江豚作品时，我打心眼里感到幸福。

鱼拓技艺流传已久，江都非遗传人骆文兵潜心钻研，在渔民驿站有教孩子们鱼拓的课程，我也参其中，跟着学习。江河密布的扬州有多少种鱼？我正在查阅资料和沿江调查，打算将它们拓印出来，留下它们的身影，丰富扬州江河水生生物的多样性。

▲李华荣的鱼拓作品

三江潮水腾细浪，江豚结伴寻故乡。几年来，从只身一个人，到带动一群人，而今影响一座城。我们协会把"天使的微笑"留在了源头。希望有一天，一提到扬州，大家就会自然想到江豚。让"微笑天使"成为我们美丽的名片。

作者单位：江苏省扬州市江都区江豚保护协会

为生态环境维权

贺震 ———

当个人和单位的权益受到侵害时，自有人出面维权。而当公共生态环境受到了损害，应当由谁来维权呢？

随着生态环境损害赔偿制度的建立，这一问题已得到有效解决。

回顾我的环保生涯，曾参与中华人民共和国生态环境损害赔偿制度改革试点是其中一段难忘的经历。

生态环境损害赔偿制度改革破冰

在我国生态环境损害赔偿制度改革之前，生态环境受损应由谁来维权确实是一个问题。因为按照《中华人民共和国宪法》和当时的《中华人民共和国物权法》的规定，国家所有的财产，由国务院代表国家行使所有权。然而，遍布各地的水体、土地、森林、草原、滩涂等国有自然资源在受到损害后，由国务院负责索赔与维权显然不现实。

为此，我国在生态文明建设中，将生态环境损害赔偿制度改革作为一项重大任务，摆在了突出位置。2015 年，中共中央办公厅、国务院办公厅印发《生态环境损害赔偿制度改革试点方案》（以下简称《试点方案》），启动了改革试点。江苏省积极响应，申请成为试点省份。

那时，我在江苏省环境保护厅政策法规处工作，由此得以深度参与这项工作，为建立生态环境损害赔偿制度进行有益探索。

制定具有江苏特色的"1+7+1"制度体系

试点开始后，我和有关同志一起，认真学习研究《试点方案》，紧密结合江苏实际，数易其稿，形成了江苏的试点实施方案，由省政府印发实施。我和同事紧接着深入研究，提出构建具有江苏特色的生态环境损害赔偿制度体系。经过反复论证和修改，又向省政府报送7部文件，并由省政府办公厅印发实施。同时，推动省高级人民法院发布审理指南。经省政府同意，省试点实施方案和7部文件及省高级人民法院的审理指南一道，构成了独具江苏特色的生态环境损害赔偿"1+7+1"制度体系。

通过《江苏省生态环境损害事件报告办法（试行）》，规范案源报告制度，保障应赔的案件一起不漏；通过《江苏省生态环境损害鉴定评估管理办法（试行）》，规范环境损害司法鉴定，确保鉴定评估公正权威；通过《江苏省生态环境损害赔偿磋商办法（试行）》，规范赔偿磋商行为，保障磋商有序进行；通过《江苏省生态环境损害赔偿起诉规则（试行）》，规范损害赔偿起诉，为案件审理打牢基础；通过《江苏省生态环境损害赔偿资金管理办法（试行）》，规范资金管理，保障生态修复资金到位；通过《江苏省生态环境损害修复管理办法（试行）》，规范生态环境损害修复管理，确保修复切实有效；通过《江苏省生态环境损害赔偿信息公开办法（试行）》，规范信息公开，保障生态环境损害赔偿在阳光下进行；通过《江苏省高级人民法院关于生态环境损害赔偿诉讼案件的审理指南（试行）》，规范相关案件审理，确保法律审判公平公正。

独具江苏特色的生态环境损害赔偿制度体系，不仅为江苏的试点工作提供了坚实的支撑，也为其他试点省市提供了可复制可推广的经验。

积极开展案例实践

要使试点结出硕果，纸上谈兵可不行，关键要进行实战。于是，试点启动后，我就与同事对行政处罚案件和涉环境污染犯罪的刑事案件进行梳理，精心选择案源，积极开展案例实践。

试点期间，江苏省启动 6 起赔偿案例，是 7 个试点省市中最多的。其中，江苏省政府与省环保联合会诉德司达染料有限公司生态环境损害赔偿案，是全国范围内首例省级政府作为赔偿权利人提起的生态环境损害赔偿诉讼，该案被最高人民法院评为"2017 年度全国十大行政民事诉讼案件"；省政府诉海德公司生态环境损害赔偿案，是全国范围内由省级政府单独作为原告起诉的第一案，被最高人民法院评为"2018 年度人民法院十大民事行政案件""人民法院生态环境保护十大典型案例""2018 年推动法治进程十大案件"。

生态环境损害赔偿诉讼案件，是法院案件审理中遇到的一种新型案件，这两个案件的审理丰富了法院案件审理的类型，为其他同类案件的审理提供了借鉴。

2017 年 4 月 25 日，南京市中级人民法院开庭审理德司达染料有限公司生态环境损害赔偿案时，我作为原告（江苏省政府）代理人，代表省政府出庭，这是我平生第一次作为当事人坐在原告席上。尽管开庭前进行了充分的准备，但当面对庄严的审判大厅、高靠背的法官椅前端坐的法官、众多记者和观众时，不禁有些紧张，仿佛那一双双眼睛全都在盯着自己，额头不知不觉地冒出细细的汗珠。庭审开始，我稳了稳自己的情绪，向法庭介绍了国家开展生态环境损害赔偿制度改革的背景、德司达水污染案的情况等。法庭辩论结束后，我再次代表省政府陈述意见，建议判令被告赔偿生态环境损害费用人民币 2428.29 万元，承担本案的诉讼费用和鉴定费用。最后，法庭支持了原告的全部诉讼请求。

▲庭审现场

　　我和同事参与的生态环境损害赔偿制度改革试点，被评为江苏省第四届"十大法治事件"之一。被央视、人民日报、新华社等中央和省级主流媒体广泛报道，在全国产生了积极影响。

　　环境有价，损害赔偿。在波澜壮阔的生态文明建设浪潮中，生态环境损害赔偿制度改革是一朵美丽的浪花。我所做的工作是美丽浪花中的一个小水滴。水滴融入大海，将永不干涸。

作者单位：江苏省生态环境厅

倾心讲好生态环保成都故事

熊中茂 ———

我是一名军转干部,从军整整 30 年,亲历过枪林弹雨的战场洗礼、国际维和的生死考验、史无前例的生命救援、百年不遇的抢险救灾、波澜壮阔的灾后重建。在火热军营的感召下,我坚持在工作之余用手中的笔讲好军营红色故事,每年都有几十篇或上百篇稿件见诸报端。

2014 年 12 月,我脱下军装,成为一名生态环保人。在经历了一场又一场污染防治攻坚战后,我切身感到党中央、国务院,四川省委、省政府,成都市委、市政府对生态环境保护的高度重视,也亲身见证了生态环保人为改善生态环境质量而付出的艰辛、做出的奉献。那一幕幕"战斗"场景,一个个感人画面,再次激发了我拿起笔来讲述生态环保绿色故事的热忱。2016 年 3 月,根据组织决定,我任成都市环境保护宣传教育中心主任。由此,我从一名业余宣传员正式成为一名专职宣传员。为了切实把成都绿色故事讲好,上任之初,我就带领宣教中心的同志深入企业、街道、社区、学校进行广泛调研,得出一条基本思路:要把生态环境故事讲好,必须在内容上突出针对性,在方式上突出创新性,在渠道上突出多样性。事实证明,这三招很管用、很有效。

内容的针对性

我们在调研中遇到市民提问："为什么到了冬天，成都天空经常是灰蒙蒙的？灰蒙蒙的天空到底是雾还是霾？""有时候明明看到是蓝天白云，为什么还要发布重污染天气预警？""燃放烟花爆竹对空气质量究竟有多大影响？"面对市民群众的疑问，我们认真思考如何做好针对性宣传和解读。经过大家充分讨论，我们以市政府召开大气污染防治市民代表座谈会为契机，精心策划了"市长与市民面对面喝茶聊环保"活动，用四川人喜欢喝盖碗茶这一最接地气的方式与市民摆环保"龙门阵"。大家几个人围一桌，每人一碗盖碗茶，参加的不仅有环保部门的主要领导，还有市级相关部门的"一把手"，市民代表畅所欲言，提问不设限，市长和相关部门现场回答问题，解疑释惑。这个活动被媒体称为"市长茶馆"，连续五年每年上"新茶"，不仅有效传递了政府部门抓环保的信心和决心，还有效消除了市民的一些误解和疑惑，深受群众欢迎。

方式的创新性

在策划 2016 年世界地球日宣传活动时，我突然联想到环境保护的底色是绿色，军人的着装也是绿色，国家提倡环境保护，人人有责。军队参与环境保护也有义不容辞的责任，而军队本身也有环保部门，我们何不携手驻蓉部队联合开展一场声势浩大的环保宣传活动，把"军装绿"与"生态绿"结合起来？带着这个想法，我很快联系上了驻蓉部队有关领导，对方听后当即表态同意联合宣传，并派出一些人组成军人方队加入我们的现场活动方队。世界地球日那天，军人方队特别耀眼，整齐的"军装绿"

与"生态绿"交相辉映，现场旁观的市民群众也纷纷称赞这开创了军民共建"大美成都"的先河。之后，我又带领团队策划了系列创新性宣传，如协调公交公司开通了西部地区首趟环保公交车专线，让公交车在市区大街小巷穿行的过程中向市民宣传环保理念；举办"习近平生态文明思想大讲堂"，深入机关、院校、企业、街道进行巡回宣讲；开展蓉城万名中小学生环保绘画大赛、成都百万师生学环保系列活动等，均取得了很好的社会效应。

渠道的多样性

生态环境保护工作需要全社会的共同参与，生态环境宣传工作同样需要全民行动，不能由生态环境主管部门唱"独角戏"，而是要发动全社会"大合唱"。基于这个思路，我和宣传处的同志们找到成都市环境科学学会的同志，在成都市生态环境局分管领导的带领下，积极谋划如何将社会力量变为我们的宣教工作力量，将"听我说"变为"一起说"。为此，我们在 2018 年年底创新成立了全国首个环保志愿服务联合性社会组织——成都环保志愿服务联合会，联动成都市生态环境局及各派出机构志愿者，构建了总队—分队—小队模式；联动社会组织、企业、学校、公众等社会环保志愿服务力量，构建"总会＋分会"模式。为了扩大志愿服务队伍，我们推出了成都高校生态环保大联盟，纳入充满活力、朝气蓬勃的大学生力量。我们还将每年 3 月定为"成都环保志愿服务月"，将每年 3 月 1 日定为"成都环保志愿服务日"，让环保志愿者也有了属于自己的节日。我们通过环保志愿服务动员最广泛的社会力量参与，让成都绿色故事"飞入寻常百姓家"。

今天的成都，蓝天常见、雪山常现，青山映城、推窗见绿，生态文明建设和生态环境保护取得了历史性成就，为我们进一步讲好生态环保成都故事提供了沃土。作为讲述成都生态环保故事的专职宣传员，我将继续努力，求实创新，把生态环保成都故事讲得更生动、更透彻。

作者单位：四川省成都市生态环境局

生态环境应急 "铁娘子"

陈思莉————

　　我是来自生态环境部华南环境科学研究所（生态环境部生态环境应急研究所）的陈思莉，是一名生态环境应急领域的科研人员，工作使命是随时随地做好赶赴现场应急的准备。相信大家第一感觉是这种工作应该由男同志担任才行，而我作为女同志，担任全国唯一的生态环境应急研究所中心负责人，一到现场就犹如"铁娘子"一样，忘我地投入应急处置工作。

　　2013 年 6 月，因机缘巧合我开始由工程设计方向转为环境应急技术研究，加入到全国最早开展"环境风险与应急"研究的华南所应急中心。作为"新人"，听到前辈们谈起各类突发事件处置中惊心动魄的时刻，我深深感受到环境应急给他们带来的无限荣誉感、自豪感。这令我无比向往，我也一直积极储备专业知识，做好赶赴现场应急处置的准备。2016 年栾川钼污染事件是我真正意义上参与的第一起突发环境事件，独立承担了七条支沟的除钼工程设计和施工指导，出色地完成了应急现场任务。此时，华南所应急中心已成为国家生态环境应急专家队伍之一，我也逐渐承担起更多的现场应急处置任务。

　　2019 年 3 月 21 日，江苏盐城响水工业园发生爆炸，华南所专家主动请战，包括我在内的 4 位工作人员携带便携式应急试验装备赶往现场。在弥漫着有毒有害气体的危险环境下，我初步构思了处理工艺，带领现场应急专家利用烧杯、塑料桶、氧气泵搭起化学氧化和微生物实验装置，开展应急处置试验。经过 72 小时的紧张试验，我们攻克了现场 6 类废水应急处置工艺，打通了该事件水环境应急的关键环节，同时极大地降低了应急处置成本。此后，我们在现场持续一个多月指导工程实施，处理了污水处理厂多次突发状况，确保废水稳定达标排放，守住了生态环境应急安全底线。此次事件后，华南所应急中心成为国家应急队伍中重要的支撑力量。

▲ 江苏盐城响水工业园爆炸事故废水应急处理工艺开发

2020 年 3 月 28 日，黑龙江省伊春鹿鸣矿业尾矿库发生泄漏，尾矿砂水泄漏量为 250 多万立方米，污水迅速向松花江奔涌。在当地居民抢水、舆情持续发酵的情况下，我第一时间赶赴现场。依靠团队钼污染应急处置技术的经验积累和扎实的专业基础，我们仅用 12 小时就研发出泥水共治技术，为后续污染控制赢得了宝贵的时间。随后，我们顶风冒雪坚守在河滩上，指导地方部门实施开展 8 处投药工程。经过 14 个昼夜的奋战，克服了无数困难与挑战，我们最终将超标污水控制在距离松花江约 70 千米处，保障了下游 50 万亩农田灌溉水环境安全，实现了"不让超标污水进入松花江"的预定应急目标。与 2005 年松花江污染事件相比，此次事件成为突发环境事件应对的成功范例，国家环境应急管理能力、处置技术得到了较大的提升，但面临的环境风险形势依旧严峻。为更好地支撑国家生态环境应急管理工作，2020 年 11 月，经中编办批复，华南所加挂生态环境部生态环境应急研究所牌子。

历经了大大小小数十起突发环境事件的应急处置，现在的我既心有猛虎，能对大江大河、连绵几百千米河道全流域的污染指标进行研判，也能细嗅蔷薇，根据污染指标在实验室进行试验分析，确定投加的药剂种类和药剂量。同时作为女性，独特的第六感加上果敢的性格，辅以专业的技术基础，关键时刻，敢言敢行，巾帼不让须眉。我有幸成为应急所成立的亲历者和见证者，更是应急所发展的贡献者，我将继续兢兢业业，勤奋工作，不断为创新和发展国家生态环境应急管理理论与技术，提高应对突发环境事件和应急风险全过程管理水平贡献力量。

作者单位：生态环境部华南环境科学研究所
（生态环境部生态环境应急研究所）

生态环境应急「铁娘子」

高原承重任　铁军有担当

赵生文────

蜿蜒黄河，连环九曲，浩浩荡荡，奔流不息。

黄河发源于我国青藏高原巴颜喀拉山北麓海拔 4500 米的约古宗列盆地，地势西高东低，呈一个巨大的"几"字。黄河从青藏高原奔腾而下，流经 9 个省级行政区，从山东东营市汇入渤海，全长 5464 千米，流域面积 79.5 万平方千米。

青海是国家重要的生态安全屏障，既是黄河源头区，也是干流区，在黄河流域生态环境保护工作中具有不可替代的战略地位。保护好青海的生态环境、保护好地球第三极生态，承担好维护生态安全、保护三江源、保护"中华水塔"是青海省肩负的重大使命。

2020 年 8 月 23—29 日，我被选派参加了由生态环境部组织的黄河流域（青海西宁段）入河排污口第一批试点地区现场排查工作。这使我有了走近黄河，亲近黄河，亲自为黄河"问诊把脉"的机会。

这次排查我们被编入西宁市城区第 19 排查小组开展工作，我深感这次排查工作使命光荣，责任重大！同时，也深知排查过程有涉滩之险，有爬坡之艰，有闯关之难。

在湟水河畔，我们庄严宣誓"环保铁军、召之即来、来之能战、战之必胜"！"战斗的号角"激荡雪域高原，响彻黄河上游，展现了环保铁军的坚定信念和必胜决心！

▲ 青海西宁湟水国家湿地公园党建主题宣传

湟水河是黄河上游的重要支流，自西向东穿城而过，西宁因河而美，因河而盛。怒放的格桑花伴着奔腾的河水，翻滚着欢快的浪花，一路奔流穿山越岭汇入黄河……

2020 年 8 月 26 日，我们排查小组来到西宁市城北区湟水河文苑桥下。当时正值汛期，湟水河水位高、水量大、水流湍急，波浪翻滚，点位所处河道周边树木茂盛、蒿草繁密，人根本无法到达河边，看不清桥下、林下、水下有无隐蔽的直排或偷排暗管连接的排污口。现场情况异常复杂，工作无法开展，排查一时陷入了僵局。

我对排查组的同事说："根据之前排查的经验，一些重点岸段的桥下、林下和水下往往是排污口集中的地方，我们称为'三下五处二'工作方法。只有亲自到现场看，才能弄清楚有无排污口，才能掌握现场的实际情况。"

这时，有人建议去上游看看能不能发现情况，也有人提议请求部技术组的同志带无人机或无人船来现场进行排查，大家各抒己见，但都无法有效解决现场存在的实际困难和问题。

正在大家犹豫不决，一筹莫展之际，我提议："现在唯一的办法就是选择爬桥，爬上桥去，站在桥上看水里，也许能找到隐蔽在河道两岸杂草中的排污口。"

大家对我的提议纷纷表示赞同，支持"爬桥行动"，顿时紧张的气氛松弛了下来，大家脸上都露出了会心的笑容。

说干就干！我们开始了"爬桥行动"。

由于汛期的湟水河水气足，上桥前，我用脚探了探桥面，有些打滑，不借助外力作用根本上不去桥，这怎么办呢？

我突然想出一个"土"办法，在树坑里用脚踩上稀湿的泥土，土里有沙，以增加鞋底摩擦力，防止在爬桥的过程中双脚打滑溜下来。这一下就解决了爬桥难的问题。

随后，我与两位同事像蜗牛爬树一样，呈匍匐状蜷缩着身体，以后面人的手拽前面人的脚，一小步一小步……慢慢挪动着爬上了文苑桥下方近20米高的拱形桥墩。站在桥上，我们向桥下观察，向四周张望努力寻找桥下和湟水河两岸有无排污口。找了约半个小时，由于河岸树木太多，树木遮挡下根本看不清楚河道两岸的任何情况，一无所获。

▲黄河排查西宁市城区第 19 排查小组攀上文苑桥

于是，我们三人商量决定下桥再找排污口。

　　上桥容易下桥难。下桥时，身体只能后仰，如果前倾，就像汽车下坡没有刹车一样，有刹不住"车"的危险，我们只能坐在拱桥坡面上，慢慢用脚蹬着一寸一寸往下溜……好在大家都安全地下来了，站在桥下，我自己明显感觉到心仍在"砰砰"地快速跳动，两腿打怵发酸发抖，站立困难。

　　绝不甘心！我们三人下桥后，稍作休息，继续排查。在同事们的帮助下，我拿出绳索往腰上一系，绳索另一端系在岸边护栏杆上，其他人紧紧地抓着绳索的另一端，把我慢慢从岸上往桥下吊，吊到桥下我拨开杂草，避开树枝，近距离寻找排污口，前后找了近半个小时，仍然什么也未发现。最终确认，这座桥下没有排污口，只有文苑桥桥面通往桥下的雨水排水管道。

▲黄河排查西宁市城区第 19 排查小组下桥排查

　　"排查组多次强调排查时务必要注意安全，但时间紧、任务重，当时我们没有多想就上去了。"事后回想，我才感到有点后怕。

临危不惧方显环保本色，团结拼搏展现铁军担当！

黄河排查，困难与挑战同在，奉献和担当并存。经过 5 天时间的排查，我们西宁市城区第 19 排查小组，涉及排查岸线长度约为 60 千米。此次分配排查任务共 96 个，其中疑似排口 54 个，敏感点位 37 处，历史排口 5 个。经过现场核查，共排查点位 138 个，最终确认排口数量为 90 个，非排口数量为 48 个。另外，新增排口 42 个，新增率达到 44%。我们圆满完成了黄河流域（青海西宁段）入河排污口第一批试点地区现场排查工作任务。

▲黄河排查西宁市城区第 19 排查小组下河排查

"黄河落尽走东海，万里写入胸怀间"。黄河排查，环保铁军发扬的是缺氧不缺精神的豪迈斗志！发扬的是特别能吃苦、特别能战斗、特别能奉献的优良传统！这是对黄河精神的凝聚，也是对黄河价值的沉淀。激励环保人前行的是家国的情怀，是忘我的境界！

作者单位：甘肃省武威市生态环境局天祝分局

我与大气污染垂直监测的故事

杨帆———

　　我是上海中心大厦大气污染物垂直观测平台项目的负责人，也是上海市浦东新区环境监测站的一名普通环保人。今天，我想为大家讲一讲我与大气污染垂直监测的故事。

　　记得到浦东之初，我就被浦东日新月异的改革开放创新成就深深震撼，繁华的陆家嘴商业中心、以科技为引领的张江高新区、航班起降和航运吞吐量均名列世界前茅的浦东国际机场和小洋山深水港等无不诉说着这片热土的活力。也从那时起，我就开始思索，作为一名浦东环保人，如何运用自己的专业知识及已有的条件在这片土地上做一些创新大胆的探索，用实际行动为浦东乃至上海的环保工作尽一份绵薄之力。大气污染治理早在 21 世纪初就已成为我国环保工作的重中之重，对于上海这样的超大城市更具有举足轻重的社会意义，是社会经济可持续发展和人民健康生活的重要保障。然而，长久以来仅靠传统的地面观测方式无法真实反映近地面大气污染物的变化规律和进行来源分析，因此也就无法给环境管理部门提供准确可靠的数据支撑。同时，大气污染的数值预报预警工作也无法仅仅通过地面的观测数据进行，这对于重大公共活动的环境预警和应急保障等工作都提出了更高的要求。因此，我有了一个大胆的想法：抬头仰望坐落于陆家嘴金融核心区的上海中心大厦，要是我们能把相关的大气环境监测设备搬到这上面，将其变成长期固定的原位大气垂直监测平台，岂不美哉？

上海中心大厦总高 632 米，塔冠层常年处于上海市的大气边界层外，且地理位置几乎在上海市中心，是极为难得和理想的大气污染物垂直观测平台，其条件超越了世界上很多国家已有的观测平台，一旦设立，将达到国际领先水平。幸运的是，这个大胆的想法得到了浦东新区区政府、陆家嘴金融贸易区管委会、浦东新区生态环境局和上海中心大厦建设发展有限公司等多方单位部门的支持和协助，在 2019 年的春天顺利实现了。

通过前期资料查阅和现场踏勘，我们把相关监测设备分别安装在了距离地面 25～623 米的 9 个垂直梯度层，实现了绝对高度和相对梯度的双重垂直监测功能。在此期间，我冒严寒、顶烈日，一次次登上户外的监测平台开展设备选型比对、安装调试、校核检查等工作。由于高空环境与地面差别巨大，且受工作场地条件局限，监测设备试运行过程中遇到了很多意想不到且棘手的难题，如在设备进样口安装加热棒以去除 500 米以上高空云层水滴对颗粒物计数的影响；通过专项电缆的重新架设消除塔冠层夜间断电的问题；通过每层双机备份和升级无线数据传输信号解决设备突发故障和长距离无线传输时间滞后等问题。一次次面对复杂问题并及时找到相应的解决办法，锻炼了我的心智和专业能力，失败后推倒重来，磨炼了我的意志品质。功夫不负有心人，让我欣喜的是，经过近一年时间的调试和试运行分析，到 2020 年 5 月，该垂直监测平台上的所有设备均已运行稳定、状态良好，数据传输有效率超过 90%，且实现了远程可视化操作。

此后更多的喜讯传来，自上海中心大厦大气垂直观测平台建成以来，结合浦东新区大气污染观测超级站陆基垂直探空设备等在线监测手段，我

▲作者在上海中心大厦塔冠（625米）对设备进行检查校验

▲排查塔冠气象五参数异常问题

团队已开展并完成了多项市区两级的科研课题，撰写并发表了多篇高水平论文及高质量研究报告，为上海市各级生态环境部门及相关单位提供了丰富翔实、准确可靠的第一手资料，填补了上海市乃至长三角地区大气垂直监测相关领域的多项空白。后续的计划是继续开展中长时间尺度的大气污染物垂直观测，根据国家环保政策要求和地方环保管理需求并结合实际条件不断完善监测因子，提升监测数据质量，进一步开展包括温室气体在内的碳污协同观测，相关成果必将为城市大气污染治理、试点城市温室气体通量调查、大气污染物同源性研究和相关管理措施的制定提供有力支撑。

▲项目组人员调研大厦塔冠设备运行情况

上海中心大厦不但是上海城市地标建筑和著名旅游打卡景点，它在我们千千万万上海环保人的努力下成为典型超大城市大气污染物垂直观测的一把利剑。我的故事正体现了上海环保人敢为人先、创新务实的工作精神，体现了上海环境监测技术水平的新高度，更是上海城市精细化管理水平的真实写照。我愿与每一个心怀热爱的环保人一起努力，不忘初心，砥砺奋进，把我们的故事传承下去，越写越精彩！

作者单位：上海市浦东新区环境监测站

用艺术守护自然

王琳 ———

我叫王琳，大家都喜欢叫我"王小猫"，因为我是创作了"歹猫"IP形象的插图作者。2016年，我成为新疆的野生动物保护公益组织的志愿者，从此与公益结下不解之缘。

助人为乐、热心公益的爱心

我自幼喜欢绘画，读初中时便与同学一起开办了动漫社团，从此就没有停止过绘画这件事。大学期间，我曾为电视台创作过公益广告，并获得当年公益广告银奖。那是我第一次与公益接触，从此便萌发了想要持续参与公益的想法。踏入社会后，我不断参与各种人文关怀方向的公益活动，曾经为白血病患儿捐款、为遭遇煤气闪爆的一家人义卖筹款、为儿子身患白血病的插画师进行玉器义卖筹款。

2016年，一次偶然的机会，我接触到了新疆的野生动物保护公益组织，随后便加入其中成了一名志愿者。此后我便积极地参与到白鸟湖白头硬尾鸭和新疆雪豹的保护工作中，并发挥我的特长，用画笔设计出了白鸟湖 Logo、荒野追兽 Logo 和雪豹冰冰的卡通形象。

守护白头硬尾鸭的缘分

在白头硬尾鸭的保护工作中，巡护队的成员多次在白鸟湖察看情况，为了保护白头硬尾鸭，志愿者在鸟类的活动区域拉防护网，为白头硬尾鸭创造安全的生存环境。但由于种种条件限制，防护网用时几个月才拉好。巡护队的成员曾经从不法分子手中解救白头硬尾鸭的蛋，经过志愿者小伙伴的悉心照顾，终于孵化成功。志愿者将其放归到湖中，却在几天后，在湖边的污水处发现了它的尸体。这件事深深地触动了我，决定将亲身经历的这些事，用长漫画的方式表现出来。我与小伙伴一起花费了近两个月的时间完成了从写故事脚本到画成稿的全部工作。故事包含了巡鸟护卫队、湿地水源保护，孵化鸟蛋等内容。

随着公益组织和社会媒体对白头硬尾鸭的宣传，人们开始重视和保护它们。现在白头硬尾鸭被列为自治区一级保护动物，白鸟湖湿地已经由政府来保护，为白头硬尾鸭创造了更好的生存环境，每年夏季来这里繁衍的白头硬尾鸭越来越多。在这件事中，我得到了很多人的帮助，大家凭着对公益的热情参与其中，有问题一起解决，不计较个人得失，这让我非常感动。我找到了学生时代那种最纯粹、真心付出的感觉。

用技能助力公益传播

在宣传保护白头硬尾鸭的过程中，我发现其实大部分的人都是有保护野生动植物、保护自然环境意识的，但是他们不认识这些保护物种，我所做的工作就是通过一些现代潮流的文化传播的方式，让更多的人认识和了解这些需要保护的动植物。深入野外做自然保护工作和在市内做宣传是双线工作，都非常重要。当认知发生改变时，人们会主动参与到保护自然生态中。

从 2020 年开始，志愿者团队开始着力打造新疆生态名片——"雪豹之城"。作为活动组织者，我与伙伴们一起制作保护雪豹展板、设计宣传册、海报等道具，在时代广场、经开万达广场、二道桥大巴扎等地做雪豹保护传播工作，用最低的成本，起到了最好的宣传效果。全年共做了十一场"雪豹之城"宣传活动。举行小型活动时，我便与家人一起搬物料、搭台子、摆展板，活动结束后，为了省钱，在需要搬运的物料又比较大的

▲ 2021 年 3 月 15 日，雪豹之城·攒劲新疆公益文化展在乌鲁木齐经开区（头屯河区）万达广场举行。作者和同事展示相关文创作品

情况下，也都是用自家的轿车运回所需材料；举办大型活动时，我和几位志愿者负责全场统筹安排。有时，也会组织"雪豹青年"高中生志愿者社团在活动现场做调查问卷、讲解保护雪豹的重要意义等。

▲作者和同事正在现场布设第三场"雪豹之城"公益展

现在，我们将更多的精力放在自然生态保护及野生动植物的展览上，这种形式能让更多的人近距离了解野生动植物。在这种思路的指引下，我们于 2021 年 8 月开启了一家线下的公益传播中心——博物试验室，运营近一年以来，先后举办过"缘来是郁金香"公益展、"雪豹之城"劲草嘉年华、"自然的记录者"公益展、爱鸟周系列活动、自然科普＋手作活动、钢笔淡彩自然笔记课程等活动，都取得了很好的效果。博物试验室也被评选为乌鲁木齐市级生态环境教育基地。

▲作者正在布设环保公益展品

用艺术的方式守护自然

从事公益活动后，我最大的转变是思想上的改变，画画一般是表现个人主观的内容，做志愿者后，我画的内容转变为具有普世性、利他性，以服务感染他人，让人能通过我的画作了解生态保护的重要性。首先可爱的绘画以及文创产品可以更轻松地联结人与自然的关系。其次，视觉艺术更易传播、更易被理解。公益传播需要多考虑公众想听什么内容，想看到什么传播方式，如何用故事去讲保护知识。

在从事公益活动 7 年时间中，我作为一名插画师，从开始对生态环境保护的浅浅接触，转变为到现在将工作与公益完全融合，全身心投入公益活动。因此，我也于 2022 年成功入选"'美丽中国，我是行动者'提升公民生态文明意识行动计划"百名最美生态环境志愿者之一。未来，我也会继续参与保护自然生态的各种公益活动，为保护新疆生态环境尽微薄之力。

作者单位：乌鲁木齐市生态环境教育基地——博物试验室

见证执法力度与温度的变迁

弥艳————

十年，我们见证了奋进，我们见证了变革，我们见证了发展，我们见证了新疆环保人未曾改变的初心，我们是生态环境执法的见证者！

我叫弥艳，现任新疆维吾尔自治区生态环境保护综合行政执法局稽查科科长。2010 年正式参与环境执法检查工作，至今已有 12 个年头。作为一名普通的新疆环境执法人员，我亲身经历并见证了新疆环境执法力度与温度的变迁。

新疆位于我国西北地区，经济欠发达，整体实力较弱。长期以来，经济增长在很大程度上依赖资源开发，因此造成了不同程度的生态破坏和环境污染，同时也增加了环境监管压力。企业环境违法问题也引发社会关注。对此，我们不断加大环境执法力度，在深入开展整治违法排污企业保障群众健康环保专项行动中，通过采取挂牌督办、限期治理、跟踪督办、高限处罚等方式，集中打击了一批群众反映强烈的环境违法行为。

在出重拳、用重典整治环境违法的同时，我们也在积极探索环境监管新机制。2012 年 10 月，新疆首次启动生态环保约谈机制，环保、监察、银监等多部门联合集体约谈环境违法企业负责人。次年，经新疆维吾尔自治区人民政府批准同意，颁布实施了《新疆维吾尔自治区环境保护厅环境保护约谈办法（试行）》。开展环保集体约谈工作，就是把环境保护的责任与地方发展、企业发展的实际利益结合起来，不断增强环保监管的威慑力与执行力。

2015年，我区将环境监察移动执法系统运用到现场执法检查中，打破了环境监察人员时间、空间的限制，优化了日常监管手段，也保证了执法的透明度。有了这套执法设备，我们可以通过电子化表单现场记录检查情况，随时查询企业基本信息、环保档案，调取历次检查人员发现的问题和提出的要求，执法工作更加方便快捷。在现场执法检查过程中，我们只需根据系统提示的"七步法"即"定位签到、亮证告知、信息核实、执法证录、笔录制作、打印签字、结束任务"使检查流程更顺畅、效率更高，避免了手工填写检查记录可能造成的数据遗漏。检查结果上传到系统后不能更改，执法过程全程留痕，提高了执法检查结果处理的准确性和透明度，这大大提升了环境执法水平，也使环境执法廉洁高效。

2015年，生态环境执法工作变化最大的是修订后的《中华人民共和国环境保护法》的实施，生态环境部门的执法工作更加严厉，处罚力度更大，措施更有力，对违规企业的威慑力进一步强化。

在《中华人民共和国环境保护法》修订实施之前我们对违法企业只能采取行政处罚，罚款金额与企业的违法获益相比违法成本极低，所以很多企业对此违法行为并没有认真对待。遇到这种情况，我们执法人员也总很无奈。在修订后的环境保护法实施后，我们执法有据，可以运用按日连续处罚、查封扣押、限产停产以及移送行政拘留等手段，对企业环境违法行为进行严厉处罚；对重犯、屡犯和有主观故意的违法者，要加倍甚至惩罚性处罚，并要追究企业法人和排污直接责任人的刑事责任。

2018年的一次执法中，对一家化工企业的环境违法行为实施了30万元的行政处罚。虽然罚金在企业承受范围内，但是，由于行政处罚造成的免税优惠和资格被取消，贷款受到影响等一系列损失对企业产生了很大的震慑作用。

2020年，新疆开始推行生态环境保护综合行政执法改革。我所在的环境监察总队更名为生态环境保护综合行政执法局，我们的名称也从原来的"环境监察人员"更名为"生态环境执法人员"。这些不仅仅是名称的改变，更重要的是执法职责的改变。将环境保护和国土、农业、水利等部门相关污染防治和生态保护执法职责进行整合，统一实行生态环境保护执法。在改革过程中，我们的执法方式也在不断创新。在执法检查中，我们既是执法者又是宣传员，当遇到一些企业法律意识欠缺、对法律法规不了解时，我们将有针对性地对其进行普法宣传；企业在环评过程中遇到疑问时，我们便会耐心为其答疑解惑，同时督促企业积极履行环境保护主体责任。

新疆地域辽阔，有些地方交通不便，尤其是偏远地区，点多、线长、面广的特点更加突出，执法工作很难向这些偏远地方延伸，一些不法分子往往将废水、废渣偷排、倾倒至戈壁滩、沙漠腹地，我和同事们每一次执法都要走上百千米开展现场执法检查，一个点一个点排查。

科技的发展为我们执法工作带来了新的变化，2020年，我们开始在专项行动中使用无人机飞检和卫星遥感影像排查热点网格，现代化技术手段可以精准锁定有问题的地方，这大大提高了工作效率。无人机的使用如虎添翼，不仅大大方便了我们的工作，也使执法更精准，效率更高。

随着生态文明建设的深入推进，对生态环境执法队伍执法能力要求越来越高。为此，我们采取培训、竞赛等多种形式，提升生态环境执法队伍素质，提高生态环境执法的规范性和执法效能。我们结合新疆实际，每年联合新疆生产建设兵团生态环境局组织开展多轮次重点区域大气污染源兵地联合指导帮扶暨联合实战比武，进一步树牢"兵地一盘棋"思想，强化兵地同防同治，有效应对采暖期重点区域空气污染，引导企业守法生产经营。

"我们代表的是新疆环保铁军的形象，谁都不能掉链子。"这是我在每次外出执行环境执法工作任务时经常给身边同事叮嘱最多的一句话。2021年11月，我和我的同事代表新疆生态环境厅参加了生态环境部2021—2022年重点区域空气质量改善督察帮扶工作，并在全国实战比武的赛场上取得了优异成绩。

近几年，新疆出台了一系列关于生态环境保护执法的制度性和规范性文件，我们的执法也越来越倾向于"服务式执法"和"柔性执法"。我希望通过我们的努力，使生态环境执法工作既有力度，更有温度，能让新疆的大美山川永葆"靓丽容颜"。

▲ 2021年11月，参加全国监督帮扶期间，作者爬上山西省晋城市某企业高90米的烟囱，检查烟气在线监测采样口探头连接情况

▲ 2020年，作者在油田专项执法检查中，现场对照环评批复文件检查企业落实情况

作者单位：新疆维吾尔自治区生态环境保护综合行政执法局

保障核与辐射安全，守护绿水青山画卷

孔令丰 ————

　　自习近平生态文明思想及核安全观提出以来，广东省认真贯彻落实，高度重视生态环境保护以及核与辐射安全，以改善环境质量为主线，守正创新，统筹污染治理、环境风险防控等，以高水平保护推动高质量发展，以生态环保之笔绘就绿水青山新画卷。

　　作为广东省生态环境厅核与辐射安全管理处处长，我深知核与辐射安全是生态文明建设的重要保障，是领袖嘱托、人民期盼和社会发展的需要，我们誓要保障核与辐射安全，守住眼前这片绿水青山。

核电安全，就是国家安全

　　从大亚湾核电站顺利并网发电，再到陆丰核电站浇筑第一罐混凝土，广东省经过 30 余年发展为中国核电第一大省，为推动国家低碳、绿色、清洁能源发展做出了巨大贡献。与此同时，核电安全也成为省厅核安全处的重要工作之一。

　　"处长，阳江核电厂 4 台机组发生非计划停机停堆事件！" 2020 年 3 月 25 日傍晚，突如其来的消息如同春日惊雷在办公室内炸响——4 台机组同时非计划停机停堆尚属国内首次！

"立刻核实原因，即报告厅领导并报省委、省政府、生态环境部（国家核安全局）和国家核应急办。"接到消息后，我第一时间做出反应，经彻夜调度于次日凌晨便陪同厅长奔赴现场。

我迅速协调相关部门，成立省级核应急前后方工作组，组织核电负责人及现场相关技术人员，对事件原因进行分析排查。据了解，此次事件是因气候与水生态变化，导致核电厂附近海域毛虾爆发性生长，从而使大量毛虾涌入阳江核电厂取水明渠和循环水泵站，阻塞冷却循环水入口滤网。

"找到了问题源头，直接按照应急预案处理！"我毫不犹豫，配合核电厂工作人员对现场进行处理。"孔处长，问题已经在逐步处理了，你们可以先回去休息。"现场有人劝我，我深知事关重大，直接拒绝："核电安全，就是国家安全。我们必须驻守在现场，直到问题全部解决。"随后，我与应急工作人员一起驻扎现场，做好在核电现场与省及国家相关部门的沟通协调，强化环境应急监测，并做好事件舆情监测、管控及应对。

经过所有人员夜以继日的努力，在短短17天内，顺利实现阳江核电厂6台机组全部重新启动并依序并网运行，广东省核电安全与环境安全得到了保障。

核与辐射安全，就是生态安全

广东省是核技术利用大省。核技术利用单位超过5000家，在用放射源超过1.5万枚，射线装置近2万台，伴生放射性矿生产企业50多家，核与辐射监管难度非常大。"核与辐射安全，就是生态安全。"作为辐射监管的主要责任人，我深知责任重大。

"在重要时段、敏感时节，我们必须积极认真做好核与辐射安全监管工作，保障在安全上不出问题。"我对每一位核与辐射监管的工作人员提出了要求。

在庆祝建党 100 周年活动及党的二十大召开期间等重要时间节点，为确保核与辐射安全，我处在全省范围内全面彻查辐射安全隐患和薄弱环节，实施"零报告"制度，认真做好核安全应急准备和涉核突发事件防范应对。

此外，为加强伴生放射性废渣处理处置，最大限度地保护公众及环境安全，我们勇于开拓进取，研究制定了"集中处置、年产年送、停产全清"的伴生放射性固体废物处置原则。想方设法、强力推进茂名某稀土有限公司超 5300 吨伴生放射性固体废物搬迁，最大限度地保障了省内核与辐射环境的安全。

岸堤新草，春湖微皱，迎春花一路蔓延，跃进碧水青山，激起春意无限，为每一位广东人民送去生态文明建设的果实。

我们相信，推动核与辐射事业发展，便是推动环境高质量发展；确保核与辐射安全，就是确保生态文明建设环境安全。人不负青山，青山定不负人！

作者单位：广东省生态环境厅

分级管控，为了更精准

展先辉 ————

"从 2020 年开始，我们企业的评级一直是 C1，生产计划安排更顺了，订单也能保障了，后期我们还要继续加大环保投入。"天津某线材制品公司副总经理高兴地说。这里企业所说的 C1 级，来自天津市生态环境监测中心构建的涉气企业精准减排分级管控体系，该体系在天津市静海区实施应用，在该区企业间引发了积极反响。

3 年前则是另一番场景，某钢管制造公司的副总经理在我们前去调研时说道："我们企业不管在生产经营上，还是在污染治理上都算得上行业标杆，可远超同行的环保投入换来的却是一样的停产比例。"这并不是个例。在当时的重污染天气应急减排措施制定中，仅针对 39 个重点行业做了分级，数量占七成的非重点行业企业并未被区别对待，执行统一的减排比例。

污染防治与经济发展局部脱钩，"减污"与"增长"的关系未能有效统筹，既损害了污染治理的有效性和市场主体的公平性，更不利于生产方式的绿色转型。面对这一新发展阶段的新命题，2019 年年底起，天津市生态环境监测中心抽调技术骨干组成专班工作组对此开展专项研究，而我有幸作为其中一员全程参与。在充分深入企业调研实际情况和系统梳理相关法律法规、制度文件的基础上，我们以科学治污、精准治污思想为指导，开展了差异化管控道路的探索。

如何客观、公允地评价企业的绿色发展水平，一方面，绩效评价要依据客观数据，既要考虑经济产出也要考虑污染排放，不能顾此失彼；另一方面，评价指标的设计要符合高质量发展的引领方向，要充分衔接相关绩效评价制度。我和工作组的同事集思广益，在深入研究探讨后，确定了将废气污染物排放量和经济数据挂钩建立污染排放强度指标的评价路线。废气污染物排放量的计算对我们这些环境监测工作者来说自然熟稔于心，但经济数据选哪个、税收产值数据用什么口径等对我们来说就是全新的领域了。习近平总书记教导广大青年要在学习中增长知识、锤炼品格，在工作中增长才干、练就本领。不懂不要紧，翻政策文件、查文献书籍、问专业人士，财会报表、工业产销总值统计表、完税证明……样样都得研究学习。慢慢地，同事开始打趣我是"财会小百科"。在完成核心评价指标设计的基础上，我们又完成了包括评价单元、评价方法、分级标准、差异化措施制定等制度设计，形成了"一揽子"技术方法体系。

2020年3月，分级管控体系进入征求意见阶段，全新的管控理念必然增加了企业的理解难度，为确保广泛征求意见，并得到第一手的企业信息反馈，尽管时间紧、任务重，我们毅然选择了最"笨"也最有效的方式，对园区内近200家涉气企业逐家上门宣贯讲解、征求意见。

初春的天气仍有料峭寒意，我的同事赵薇却忙得额头冒汗，来不及去办公室，汽车发动机盖就是临时的办公桌，把管控体系的思路做法一条一条传达，把企业的反馈意见一字一字记录。一天的奔波走访下来，尽管有润喉糖"加持"，大家的嗓子仍不出意外地集体"沦陷"，唯有手中一摞摞的反馈意见能带来丝丝清凉。"生产和销售是由子公司分开承担的，建议把数据合并计算""出口退税的部分建议纳入实缴税额"……除了企业对制度体系的赞许之声，这些基于实际情况的反馈意见被收集整理进来，分级管控体系的实操性更强了，技术体系也更完整了。

自 2020 年 7 月起，涉气企业精准减排分级管控体系在天津市静海区实施应用。一项新制度的实施应用"绝不是轻轻松松、敲锣打鼓就能实现的"，推进的每一步都需要迎着困难与挑战勇毅前行。企业数据可能填报错误，就一家一家地审；数字化平

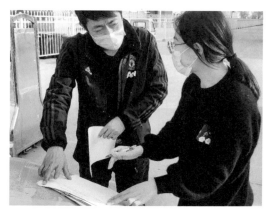

▲在企业走访征求意见

台还没建设完善，就一个行业一个行业地手工分级；具体的减排措施容不得半点马虎，就一条一条生产线地沟通核实。既要保质保量又要确保进度，已记不清熬过多少个通宵，大家着魔似的"死抠"数据，因为大家心里都清楚，对我们来说疏忽一条可能的数据错误，对企业来说便是生产权的不合理分配。自 2022 年起，为贯彻落实减污降碳协同增效新要求，我们又着手对分级管控体系进行了升级，引入能源消费排放评价，结合碳排放和污染排放更新评价指标体系，并在前期平台建设基础上开展智慧化改造，最终在 2022 年 10 月，修订后的制度得以顺利发布实施。

基于绩效评价对企业实施差异化管控，精细化定制企业分级管控措施，确保一大批环保水平高、生产经营好、绿色绩效优的企业优先生产，更进一步激励了该区企业提质增效、科学治污。

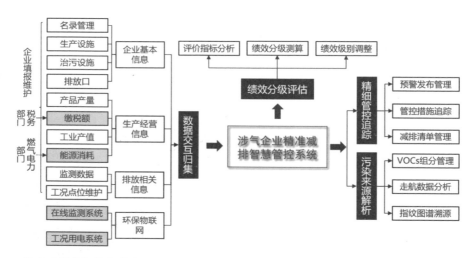

▲精准减排分级管控数字化平台建设路线

　　2020 年下半年，静海区涉气企业主要大气污染物排放总量较上年同期下降了 14.6%；2021 年，全区涉气企业税收同比增长，单位税收污染物排放强度下降 17.0%。精准减排分级管控率先探索重污染天气差异化管控的新路子，实现了减排增效和经济发展有机统一、环境效益和经济效益统筹兼顾，助力区域协同推进减污、降碳、扩绿、增长，推进生态优先、节约集约、绿色低碳发展。

作者单位：天津市生态环境监测中心

我与"一带一路"绿色发展 国际联盟的故事

田舫————

2013 年，我进入中国—东盟环境保护合作中心工作，承担西北太平洋海岸和沿岸地区环境保护、管理和开发行动计划（简称西北太平洋行动计划，NOWPAP）的相关工作，后来逐渐了解和接触到中国—东盟、中日韩等生态环境保护合作机制，这些都是生态环保国际合作的重要内容。2014 年下半年，我从中国—东盟环境保护合作中心借调到环境保护部国际合作司亚洲处学习锻炼，参与推进"一带一路"建设相关工作，亲历了"一带一路"绿色发展国际联盟从倡议成为现实。

明确思路：共建绿色"丝绸之路"

2013 年习近平主席提出"一带一路"倡议后，各行各业都积极研究怎么参与"一带一路"的新命题中。2014 年，党中央、国务院发布了几份重要文件，将生态环保合作列为"一带一路"的八大重点合作领域之一。为落实党中央、国务院决策部署，我们也抓紧围绕"共商共建共享"以及"政策沟通、设施联通、贸易畅通、资金融通、民心相通"开展研究，创新工作思路，力争打开新局面。

2016 年，习近平主席访问乌兹别克斯坦，提出要着力深化环保合作，践行绿色发展理念，加大生态环境保护力度，携手打造"绿色丝绸之路"，首次对外提出"绿色丝绸之路"的概念，我们也明确了工作思路。

为统筹推进"绿色丝绸之路"建设，环境保护部于 2017 年印发《"一带一路"生态环境保护合作规划》，确定了六个方面的重点工作，提出 2025 年和 2030 年的目标，还就各领域的重点项目和保障措施做了详细部署。共建绿色"一带一路"，成为生态环保国际合作的重头戏。

习近平主席提出成立"一带一路"绿色发展
国际联盟的倡议

2017 年 5 月 14 日上午，首届"一带一路"国际合作高峰论坛在北京国家会议中心开幕。这是一次举世瞩目的盛会，共有 29 个国家的元首和政府首脑出席会议，达成 270 多项具体成果。我受组织委派，担任重要外宾联络员，有幸现场参加了开幕式和高级别会议。

在恢宏的音乐声中，习近平主席及各国元首入场落座。这是我第一次现场见到习近平主席，也是至今唯一一次。怀着激动的心情，我聚精会神地听着习近平主席的每一句讲话。

"我们要践行绿色发展的新理念，倡导绿色、低碳、循环、可持续的生产生活方式，加强生态环保合作，建设生态文明，共同实现 2030 年可持续发展目标。"

"我们将设立生态环保大数据服务平台，倡议建立'一带一路'绿色发展国际联盟，并为相关国家应对气候变化提供援助。"

习近平主席在开幕式上的讲话令我们欢欣鼓舞、十分振奋。同时环境保护部有 4 项工作被纳入高峰论坛成果清单，说明我们的工作得到党中央的认可，也为下一步工作指明了方向。

"一带一路"绿色发展国际联盟建设
进入"快车道"

为落实习近平主席的重要讲话精神，借着"一带一路"国际合作高峰论坛的热度，我们开始谋划如何建设"一带一路"绿色发展国际联盟。经过多次讨论，明确了联盟的定位：一个开放、包容、自愿、致力于推进"一带一路"绿色发展的多边合作平台。联盟的目标是助力共建国家实现"2030 年可持续发展目标"，这正是习近平主席讲话中的指示。联盟的主要任务包括打造政策对话和沟通平台、环境知识和信息平台、绿色技术交流与转让平台。

据此，我们起草了联盟的概念文件，并广泛邀请全球合作伙伴。其实邀请函发出后，我们心里也很忐忑，毕竟这是中国首次在环境发展领域牵头建平台，万一没人搭理我们怎么办？但没过多久，国际上的积极响应就像雪花一样传来，上个月还是 15 家，这个月就变成 30 家，再过一个月又增加到 58 家，就这样持续了半年多，增加到了 80 多家。那段时间我们跟打了"鸡血"一样，心中的疑虑也都一扫而空。事实证明，推动绿色和可持续发展是大势所趋、民心所向，中国在环境领域的全球领导力也逐渐得到认可。

"一带一路"绿色发展国际联盟正式启动

时间很快来到 2019 年，第二届"一带一路"国际合作高峰论坛进入筹备阶段。此时联盟的基础工作已经到位，具备了正式启动的条件。一个好消息是，第二届"一带一路"国际合作高峰论坛设置了"绿色之路"分论坛，由生态环境部和国家发展改革委联合承办，我们决定就在"绿色之路"分论坛上举办启动仪式。

思想统一之后，最重要的就是把细节做好。为了这个启动仪式，大家没少花工夫，提前半年就开始设计和忙碌。第一个要解决的问题就是联盟的"脸面"问题，要设计一个标识（Logo）。当时采用了面向全国公开征集的方式，收到了100多个方案，经过专家评选和投票，又吸纳了业内人士的意见，确定了现在的Logo。第二个问题是如何向大家介绍联盟，经过多次讨论，还是播放宣传片的效果最好。由于在会上播放，片长必须控制在3分钟以内，要把联盟的背景、宗旨、目标、任务等表达清楚，并且还要搭配上合适的画面，难度不小。制作方的前几稿我们都不太满意，为了提高效率，我在制

▲ 联盟 Logo

作方的办公室常驻了整整一周，一帧一帧地和制作人沟通。功夫不负有心人，最终的成片效果非常惊艳，到今天还经常使用。

在连续加了一个月的班，将一切准备工作妥当后，终于到了万众瞩目的时刻。4月25日上午，在国家会议中心举办的"绿色之路"分论坛上，数百名中外嘉宾齐聚一堂，见证联盟正式启动。伴随气势磅礴的音乐，启动嘉宾合力一推，一幅画卷缓缓展开，现场掌声雷动，"一带一路"绿色发展国际联盟以这种方式登上了历史舞台。

值得一提的是，习近平主席在第二届"一带一路"国际合作高峰论坛开幕式的主旨演讲中，再次提出同各方共建"一带一路"绿色发展国际

联盟。同时，生态环境部与中外合作伙伴共同启动"一带一路"绿色发展国际联盟也被纳入了成果清单。我们备受鼓舞，同时也觉得肩上的担子更重了。

"一带一路"绿色发展国际联盟不断完善

联盟建设从提上日程开始，就被确定为生态环境国际合作任务的重中之重。生态环境部对外合作与交流中心设立了联盟秘书处，安排近20人的团队专门支持联盟和绿色丝绸之路相关工作。在联盟秘书处的努力下，联盟建设工作迈上了新台阶。3年多来，联盟举办了"一带一路"绿色发展圆桌论坛、政策研究专题发布活动、"一带一路"绿色创新大会等50余场主题活动，持续扩大联盟影响力；发布《"一带一路"项目绿色发展指南》《"一带一路"绿色发展案例报告》等10余份研究报告，以及生物多样性、绿色供应链、绿色能源、碳市场等专题研究报告，展示"一带一路"绿色发展实践。成立"一带一路"绿色发展国际研究院，打造"一带一路"绿色发展领域高端国际智库，为联盟提供全方位支撑。

截至2022年12月，已有40多个国家的150多家机构成为联盟合作伙伴，其中既有共建国家政府部门，也有相关国际组织和非政府组织，还有科研机构和智库，充分体现了包容性和多元性。

2022年12月，习近平主席在《生物多样性公约》第十五次缔约方大会（COP15）第二阶段会议上发表视频讲话，提出依托"一带一路"绿色发展国际联盟，发挥好昆明生物多样性基金作用，向发展中国家提供力所能及的支持和帮助，推动全球生物多样性治理迈上新台阶。

我认为，在环境发展领域，联盟已经成了一块"金字招牌"。这给了我们不小的压力，毕竟要让这块招牌时时刻刻都拿得出手，还有很多艰巨的工作要做。无论如何，这都是我们推动生态环保国际合作的一次突破性尝试，我们也将踔厉奋发，把联盟办好。

作者单位：生态环境部对外合作与交流中心

自豪了，我们的渝河！

李相保————

六盘儿女，治理小流域，矢志不渝。

我叫李相保，是固原市生态环境局隆德分局一名工程师，多年来职业赋予我的荣光是一条来自蜿蜒流淌在家乡县城里的河——渝河。我是渝河变迁的创造者和见证者，亲眼见证了渝河从"臭水河"转变为集休闲、景观于一体的绿色长廊，渝河的变化使我感到深深的震撼与自豪。

渝河有南北两源，南源发源于月牙山东北麓，名清凉河；北源发源于古六盘关砦西，名清流河，两条支流汇入三里店水库，终成渝河。渝河自东向西流经隆德县后，进入甘肃省静宁县，汇入葫芦河，最终流入黄河。

一座城市会因水而兴，也会因水而衰。

曾经由于生活污水和工业污水未经处理直排入河、河道非法采砂等原因，造成渝河水体污染严重，水土流失严重，生态环境恶劣，渝河成了一条让百姓苦不堪言的"臭水河"，不仅严重影响了河岸附近居民生活，甚至影响下游甘肃省一些市县群众的生产生活。2015 年，渝河水质从Ⅲ类水质恶化至劣Ⅴ类水质，并出现了跨界污染纠纷，该事件先后被国务院、中央环保督察组督办整改。

▲渝河治理前

　　渝河的重生启于 2016 年，当年起隆德县把渝河小流域治理作为民生工作的头等要务。"要治理必须源头至末端贯通，不能治标不治本。"接到挂牌督办令，隆德县立即与相关部门及区内外专家进行沟通。经过数十次的思想碰撞，最终达成统一认识，决定用多部门联动和全流域共治的思路治理渝河，并为渝河流域水体治理制定了三次"手术"方案。

　　三次"手术"为控源截污、清淤疏浚、生态修复和河库共治。在控源截污方面实施源头治理，整治了渝河乱排污现象；在清淤疏浚方面实施水库清淤，完成了库底清淤、库坝砌护等治理项目；在生态修复和河库共治方面实施了分期分段建设渝河综合治理，提升渝河自净能力。而我正是负责"操刀"第三次"手术"的牵头人。

▲渝河治理后

　　当我接到任务时，心里不免忐忑，但更多的是想让渝河重焕光彩，我便暗下决心一定要让渝河的水质好起来。在做了大量的资料收集和分析工作之后，我和同事开始沿着渝河岸边逐步实地考察。随着对渝河整体情况的掌握越来越多，渝河综合治理工程的规划也越来越清晰，最终，在治理规划获得相关部门的批准后我们便付诸行动，分期分段在沿线河道建设壅水坝1座、混凝土溢流堰32道，柳谷坊土堰54道，沿河建成蓄滞净化池12座，建设人工湿地550亩，并种植了香蒲、水葱、鸢尾等水生植物。

　　通过治理规划的实施，渝河自净能力得到显著提升。

　　2018年，渝河联财出境断面水质稳定达到Ⅲ类以上，昔日弥漫着臭味的河已经变得绿树成荫、清流潺潺，实现了凤凰涅槃、浴火重生，渝河也成为全国第一批示范河湖之一，治理成效被国务院通报表扬，治理模式和治理经验在全区推广，《人民日报》头版头条报道了渝河治理先进经验，治理成果入选改革开放40周年成就展。

　　如今的渝河，水清了、岸绿了，保障流域内5万亩基本农田的灌溉，

自豪了，我们的渝河！

带动沿岸产业的发展。对它的治理，更是成为宁夏创新河湖治理模式的缩影。

▲治理后的渝河保障农田灌溉

作者单位：宁夏回族自治区固原市生态环境局隆德分局

幸福账单

隆重 ———

大气污染曾经是北京的心肺之患、心腹之痛。党的十八大以来，北京市陆续实施清洁空气行动计划，开展蓝天保卫战攻坚。

我曾在北京市丰台区环境保护局任职。丰台区大气污染防治指挥部办公室（以下简称大气办）设在环境保护局，承担着全区的大气污染防治组织协调工作，"无煤化""煤改电"则是重中之重。那时，丰台城乡接合部及农村地区还有7万平房户，多年来，冬天取暖主要靠烧煤。烧散煤，污染大，当地空气污染相当严重，煤气中毒事件也时有发生。2015—2017年，丰台区全面实施平房区冬季取暖"煤改电"，创建"无煤区"，努力提升群众生活品质。

当时的"煤改电"主要是用空气源热泵或者蓄能式电暖器代替煤炉取暖。实施"煤改电"后，由于用电量激增，需要改造户内线路，建设变电站、开闭站，架设高压线塔、铺设输变线路，这便牵涉到了拆迁。

"煤改电"是个新生事物，取暖设备好不好用，冬天暖不暖和，坏了能不能维修，成本高不高，是不是划算，这些全都是问题。各个村的老百姓都在观望。此时，我们大气办组成小分队，走村串户，深入群众，宣传北京市"煤改电"补贴政策，给群众算好各种"账"，并打造"样板间"，组织居民、村民参观，让群众亲身体验"煤改电"的"温度"。通过各方

▲ 2015 年 11 月，丰台区大气办工作人员深入长辛店镇村民家中了解空气源热泵运行及采暖情况

努力，逐步打消他们的疑虑；群众逐渐理解了"煤改电"工作，在取得群众大力支持下，顺利实施了冬季清洁取暖"煤改电"工作。

经过 3 年的不懈努力，3 万平房户实现拆迁上楼，4 万平房户实施了"煤改电"，丰台区实现了"无煤化"目标。在此期间，我们集中建设了7 个变电站、7 个开闭站，除了满足"煤改电"用电需求，还为区域经济社会发展奠定了坚实的基础。全区细颗粒物（$PM_{2.5}$）浓度从 2012 年的 93 微克 / 立方米下降至 2017 年的 62 微克 / 立方米，下降了 33%，年均超过6%，辖区空气质量得到持续改善。

"煤改电"后，群众的供暖条件改善了，房间也敞亮了，屋子面积大的用上了空气源热泵，面积小的用上了蓄能式电暖器，冬天取暖变烧煤为用电了。大多数群众还将家里的暖气管线改造成了地暖，屋里整天都是暖暖和和的。

我曾拜访过一户实施"煤改电"的村民大叔，问他"煤改电"好不好啊？用得习惯吗？他说："现在让我们再回到烧煤的年代，说什么也不回去啦，感谢党和政府'煤改电'这个好政策啊！"

说着说着，他掰着手指头跟我们自豪地算起了账。先算算经济账。他们家户内线路改造，花了 5000 元，都是政府拿的钱；置办了 1 套空气源热泵，28000 元左右，他自己拿了 7%，大约 2000 元，剩下的由政府补贴；平时的电费，每年冬季从 11 月 1 日开始，至翌年 3 月 31 日，每天晚上 8 点到第二天早上 8 点，实行谷电价格，3 角钱一度电，国家补贴 1 角，属地政府补贴 1 角，自己只掏 1 角，一个冬天下来，取暖成本也就是 2500 元左右。以前冬季取暖用煤，每年需要用煤 3 吨以上，1 吨好煤 1000 多元，需要 3000 元以上，现在"煤改电"了比用煤的时候还省钱。

再算算劳动账。以前冬天烧煤取暖，白天拉煤、半夜添煤、早晨清炉渣，灰头土脸，一股子煤烟味儿，浑身上下不得劲，现在好了，通过自动设置温度，一个冬天下来就开关电源一次，到了设定的温度，空气源热泵就自动关机，温度降下来了又可以自动开机，非常省事，屋里一天都能保持暖和，不用老盯着。

最后算算环境账、安全账和发展账。以前烧煤，村里每年都会有煤气中毒的，严重的还造成人员伤亡，采暖季整个村子浓烟滚滚、气味刺鼻、乌烟瘴气，现在不一样了，整个村子没有了煤渣、没有了炉灰、没有了煤烟味儿，屋里干干净净、利利索索，村容环境整洁了，空气更加清新了，可以说，现在村民改了旧习惯、提了精神气、换了新面貌。现在家里既清洁、温暖，又安全、舒适，村里的环境变好了，经济发展了，村民心情舒畅了，精神面貌也改观了。现在天也蓝了、水也清了、地也绿了、空气也清新了，我们村民不仅享受了各类补贴，还生活在山清水秀、天蓝地绿、村美人和的美丽家园，我们生活多幸福啊！

环境就是民生，青山就是美丽，蓝天也是幸福。中国共产党领导人民打江山、守江山，守的是人民的心。老百姓人人心里都有一本账，只要一心为了群众，群众就会理解你、支持你、拥护你，就会买你的账。人民满意始终是最幸福的账单。

作者单位：生态环境部环境工程评估中心
新疆维吾尔自治区生态环境厅（援疆）

"典"清土壤家底 守护"齐鲁净土"

刘凯————

凌晨 1 点，山东省土壤污染防治中心一楼会议室仍灯火通明，会议桌上挤满了电脑和打印机，墙角堆放着方便面和折叠床。大家你一言我一语："我们要把握住地块内调查结果、边界外和周边调查结果、地块内外关联性三个分析方向，评价技术路线还需要在国家基础上体现山东省特色"，激荡的讨论和清脆的键盘敲击声回荡在寂静的深夜，紧张的气氛与认真的工作的氛围充满整个空间，这是山东省典型行业企业用地及周边土壤污染状况调查的日常工作一幕。功夫不负有心人，2022 年年底，山东省在全国率先高质量完成了国家试点调查任务，为山东省"十四五"时期土壤环境管理工作开好局打下坚实基础。

万物土中生，有土斯有粮。土壤是大自然送给人类最珍贵的资源，时至今日，建立在土地基础上的种植和建筑活动仍是人类解决"吃、住"的最重要手段。小时候我也曾好奇，为什么把种子埋到土里，就能长出茂盛的作物。郁郁葱葱的平原，满眼丰收的喜悦，一度是童年最美好的回忆。参加工作后，从事土壤污染防治工作的我逐渐深刻认识到，土壤是大气、水、固体废物等污染的最终受体，土壤污染具有隐蔽性、渐进式、持久性及治理难等诸多特点，土壤污染不仅会使农产品产量降低、品质下降、地力降低，甚至严重危害人的身体健康。随着城镇化、工业化进程加快，大量工业企业用地被开发成住宅、公共管理与公共服务类用地。与此同时，土壤污染事件频发，对人民生命财产安全造成了重大损失。作为全国唯一一个省级层面的专业土壤污染防治技术支撑单位，省土壤污染防治中心深耕专业领域，以摸清土壤家底为突破口，圆满完成全国重点行业企业用地土壤污染状况调查和典型行业企业用地及周边土壤污染状况调查，扎实深入推进净土保卫战，山东省土壤污染加重趋势得到初步遏制，土壤环境风险得到基本控制。

正确把握"扬"和"创"，"典"亮
全面摸清土壤家底之路

作为亲历者，我见证了山东省土壤环境管理工作从落后全国到引领全国的艰辛历程。"十三五"期间，为摸清全国土壤环境质量家底，国家开展了重点行业企业用地土壤污染状况调查。山东省开局阶段工作状况位于全国倒数，省土壤污染防治中心一班人边学边探索边总结，采取"极限工作法"，截至调查结束，山东省后来居上，整体工作进度和质量位居全国第一，打了个漂亮的"翻身仗"。重点行业企业用地调查初步摸清了全省土壤家底，可谓扭转山东省土壤环境管理工作落后局面。2021年，为持续深入了解省内重点行业以外工业企业用地污染现状，山东省积极争取，成功入围国家典型行业企业用地及周边土壤污染状况试点调查省份。在充分总结重点行业企业用地调查经验的基础上，我们科学研判、周密部署，不同于重点行业企业用地调查"面广量大"，我们深刻把握典型行业企业用地调查"小专特精"的特点，在布点采样、质量控制、总结分析等方面提高标准、严控质量，针对不同行业特点分类施策、精准调查。历时13

个月，在全国率先高质量完成了 85 家典型行业企业和 20 个设施农业集中区土壤污染状况调查，为进一步摸清土壤污染底数，强化土壤污染管控和修复，加强农业面源污染防治提供了有力技术支撑。

技术引领，质量优先，建功新时代
"齐鲁净土"保卫战

回忆起试点调查工作，凌晨伏案、烈日骄阳野外考察、日夜兼程赶路……一幕幕画面在脑海中萦绕，大家用实实在在的攻坚成效交上了一份满意答卷。中心抽调技术骨干成立工作专班，组建高水平调查团队。累计组织培训 67 次，参加人数超过 1190 人，针对薄弱环节点对点帮扶 6 次，开展实验室现场帮扶 3 轮次。我们坚持"试点先行、逐步推进"，将问题和困难在试点中解决，及时总结试点经验，研究制定 7 项地方技术细则。2022 年我们克服各种不利影响，建立周例会、日调度、24 小时微信交流群和"云质控、云指导"等工作机制，实时解决调查技术难点，提前制订实验室"削峰平谷"应急预案。坚持创新引领，率先在全国开展设施农业集中区调查，在调查对象筛选、点位布设、检测指标设定等方面严格要求，有效解决了"布、采、测"技术衔接等重大问题。秉持严谨细致的科学态度，视调查质量如生命。"始终将省级质控前移至每一个工作环节的第一道关口，确保调查质量合格率达到 100%"，这是专班工作例会上强调最多的一句话。不论是在寒风刺骨的基础信息收集现场，还是在酷暑暴晒的采样现场、闷热难耐的蔬菜大棚，专班成员始终坚守在技术指导和质控检查的第一线。调查获取的 1.5 万个样品和 14.6 万个数据中，都浸透着大家的心血与汗水。

拓宽思路，集中攻坚，奋力书写土壤生态保护新篇章

典型行业企业用地调查成果集成，是山东省土壤污染防治工作技术层面的又一次探索与突破，对完善土壤污染状况调查技术路线，健全土壤和地下水污染评价标准体系、指导行业企业监管具有重要意义。成果集成历时 2 个月，我们与生态环境部土壤中心建立了定期会商制度，实行日例会制度，压实工作责任，做到每日数据清、任务毕、结论明。先后 2 次征求专家意见，形成 213 张图件、195 份表格、24 万余字的"一图、一表、一报告"调查技术成果。2022 年 6 月，在全国典型行业企业及周边土壤污染状况调查培训班上作经验介绍；2022 年 7 月，在第十届全国污染地块土壤与地下水风险管控与修复技术论坛上作典型发言；2022 年 8 月，《中国环境报》刊发《山东典型行业企业用地调查快马加鞭》；2022 年 11 月 20 日，组织调查成果专家论证会，邀请中国科学院朱永官院士等 5 位业内顶尖专家把脉问诊、提供指导建议，调查成果获专家组一致肯定，认为在全国具备较强的技术引领及试点示范作用。

保护好珍贵的土壤资源是功在当代、利在千秋的大事。习近平总书记让老百姓"吃得放心、住得安心"、加强土壤污染源头防控等一系列重要指示为土壤生态环境保护工作指明了方向，为土壤污染防治提供了根本遵循和行动指南。在省土壤污染防治中心的艰苦努力下，典型行业企业用地调查圆满收官，打造了可复制、可借鉴的"山东经验"，持续深入打好净土保卫战取得了阶段性进展。如今山东省土壤生态环境质量逐步稳中向好，作为生态环境人的自豪感油然而生。接下来，我们将始终牢记习近平总书记的殷殷嘱托，继续在土壤污染试点调查、源头防控等方面勇挑重任，用心守护好"齐鲁净土"。

▲对典型行业企业周边土壤样品采集的现场质控检查

▲对设施农业集中区土壤样品采集的现场质控检查

作者单位：山东省土壤污染防治中心

开会也能碳中和

姜艳华 ————

2022 年 6 月 5 日，生态环境部、中央文明办、辽宁省人民政府在沈阳市 k11 博览馆举办了 2022 年六五环境日国家主场活动。我有幸作为"百名最美生态环境志愿者"的代表参加了这次盛会，并代表"百名最美生态环境志愿者"在会上发言。

参加这次活动给我最深的印象是开会也能做到碳中和。六五环境日国家主场活动通过"减一点、种一点、捐一点、买一点"实现了会议碳中和，做到了绿色低碳办会。之前我们从没听说过开会还要计算碳排放，开会也能碳中和我更是第一次听说。我想大家也很期待能了解一下。下面就将我亲身经历的新鲜事讲给大家听。

首先科普一下什么是碳中和。所谓碳中和，就是指区域、组织、产品、活动或个人在一定时间内的二氧化碳或温室气体排放总量，通过植树造林、节能减排等形式被抵消，达到相对"零排放"的过程。此次六五环境日国家主场活动是由辽宁省人民政府承办的。经测算，此次活动共产生 251 吨二氧化碳当量，如何把 251 吨二氧化碳排放量进行碳中和呢？主要采用了"减一点""种一点""捐一点""买一点" 4 项措施。

第 1 项措施就是"减一点"。会务组提前向参会嘉宾发出了碳中和行动倡议书，号召嘉宾们从身边小事做起。如参会期间，自带生活用品，践行光盘行动，从而减少碳排放。如发瓶装水和用一次性纸杯是以往开会和举办活动时各主办单位准备的"标配"，但这次活动就打破惯例没有提供塑料瓶装饮用水和一次性纸杯，而是为大家发了环保包，包内装有农作物秸秆制成的环保水杯。我进入会场时看到几位参会嘉宾正使用环保水杯接水。这个环保水杯生产全程无污染，如废弃后，在土壤中3个月即可自然降解。会议全程使用电子版会议材料，这还是我第一次遇到开会不发纸质

材料及文件袋。就连会场内桌子上摆放的嘉宾桌牌都是由再生纸制作而成的，桌牌上印有参会嘉宾姓名，同时在右下角还印有一行小字："再生纸制作"，我急忙用手机拍照留念。

▲ 再生纸桌牌

▲ 2022 年六五环境日国家主场活动环保包

　　与会嘉宾和记者参加活动都是集体乘坐会务组准备的新能源接驳车到

会场。靠"减一点"，此次活动共实现减排 11.72 吨二氧化碳当量。

第 2 项措施就是"种一点"。2022 年 3 月，辽宁省第一片碳中和林在阜新市彰武县种下。这片林地主要树种为彰武松、油松等 15 种针阔叶乔灌树种，共栽植良种壮苗 1 万余株，占地面积约为 200 亩。作为 2022 年六五环境日国家主场活动碳中和公益行动植树造林项目，这片林地累计可中和二氧化碳排放量超过 6000 吨，将完全抵消本次活动产生的碳排放量。

第 3 项措施就是"捐一点"。辽宁一能源公司相关负责人表示，该公司自愿注销 60 吨全国碳排放配额，用于抵消本次活动的部分碳排放。这为全国碳市场助力地方大型活动实现碳中和形成了一个很好的模式，2022 年六五环境日国家主场活动成为迄今为止第一个使用全国碳排放配额联动的会议。

第 4 项措施就是"买一点"。此次参会嘉宾往返会场乘坐的新能源接驳车所用的充电电量，是由某车企出资购买的"绿电"。所谓"绿电"，就是在其生产过程中二氧化碳排放量为零或趋近于零，主要来源为风力发电、光伏发电等。通过"买一点"的方式，此次国家主场活动使用的新能源车充上了清洁的"绿电"，基本实现"零排放"，减排 1.63 吨二氧化碳当量。

这次的六五环境日国家主场活动采取的各项措施为实现碳中和做出了贡献，这次活动也为全国"打了样"。我作为一名"最美生态环境志愿者"，更要努力在全社会宣传碳中和知识，在社区讲环保故事时把这些生动的小故事讲给公众听，把枯燥的文字变成大家爱听的故事去启发和教育大家，进一步提高公众的环保意识，使人们积极主动参与到环保的各项活动中，让环保志愿者的队伍不断壮大。

作者单位：辽宁省沈阳市沈河区妇联

守护 "微笑天使" 的长江汉子

方盼亮 ——

　　一个冬日清晨，长江铜陵段和悦洲与铁板洲之间的夹江上雾气氤氲。58岁的张八斤一如往常穿上蓝布工作服，朝着铜陵淡水豚国家自然保护区走去。"江豚听到我的脚步声就知道我来了。"十六年来，为了饲养江豚，他的脚步几乎没有离开过这座江心洲。

　　记录天气，给饵料鱼清洗、消毒、称重……张八斤麻利地完成这一系列动作后，天才微亮。当他带着大半桶精挑细选的饵料鱼快步来到喂食台时，几头江豚雀跃而至。"这头叫小雌，已经二十多岁了，七八年前掉光了牙齿，没有自主捕食能力，几乎每次都是第一个到。那头最小的是2018年5月出生的，也快3周岁了。"张八斤指着水中争食的江豚介绍说。在外人看来，水中的这些江豚除了体型略有不同外，其他几乎没有区别，但张八斤却能从皮肤颜色的深浅、身体上的斑点痕迹等细微差别将它们分辨得清清楚楚，对它们的性情更是了如指掌。

　　长江江豚目前种群数量仅有1000多头，分布于长江中下游干流及与之相连的洞庭湖、鄱阳湖地区，被称为"水中大熊猫"，它们的种群状况是长江水生态系统健康状况最客观和最敏感的"显示器"。张八斤从小在和悦洲长大，年轻时长期在江面上从事航运工作，不仅常常看到成群结队在江面捕食嬉戏的江豚，还看到过白鱀豚。渐渐地，他发现长江的水变浑了，白鱀豚也失去了踪迹，就连看到江豚的次数也越来越少。

"白鱀豚功能性灭绝，成为第一个受人类活动影响而走向灭亡的鲸类动物。"2007年，当这样一条消息传来，张八斤十分震惊。此时，他刚受聘成为铜陵淡水豚国家级自然保护区江豚饲养员不久。难过、愤怒、愧疚……各种情绪夹杂在一起涌上心头。"绝不能让江豚重蹈覆辙！"张八斤暗下决定。此后，他便一心扑在江豚守护工作上，喂养一天四次，一丝不苟；沿夹江巡逻，不分昼夜。多年来，他的脚步几乎没有离开过和悦洲，对岸城镇的热闹喧哗从此与他无关。

守护江豚的生活是单调的，但张八斤却知道自己从事的这项工作意义重大，而且他从不孤单。

2018年，铜陵淡水豚国家级自然保护区实行全面禁捕，保护区内所有渔民全面退捕转产。这些退捕转产的渔民中，很多是从小和张八斤一起在江边长大的亲友。"他们大半辈子都漂在江上，现在回到岸上重新开始生活，肯定有人会不适应。"张八斤说，自己很佩服这些渔民，因为他们也是在用自己的方式保护长江、守护江豚，而且付出得更多。

2021年1月1日，长江流域重点水域"十年禁渔"全面启动。"国家这些年真的是花大力气在保护江豚、保护长江，特别是今年，对江豚的保护政策特别多。"张八斤告诉记者，自从当上了江豚饲养员，他千方百计地收集一切和江豚有关的信息。除了"十年禁渔"，长江江豚从国家二级保护野生动物升为一级，《中华人民共和国长江保护法》从2021年3月1日起正式实施等信息他都掌握得清清楚楚。

"以前喂食一次需要二三十斤，现在只要十来斤了。"当看到桶里还有几条饵料鱼没投喂出去，江豚就都已饱食而去时，张八斤的脸上露出了欣慰的笑容。"现在长江水质变好了，鱼类丰富起来，它们靠自己捕食基本上就能吃饱了，不需要喂太多。"

听说现在长江上又能经常看到野生江豚，58 岁的张八斤看着眼前渐渐游向远方的江豚，也有了自己的期待。"将来长江生态环境一定能恢复得更好，到时候再也不用担心江豚会捕不到鱼或受到人类的伤害，这些保护区内的江豚也不再需要专门的保护，可以跟那些野生江豚一起在长江里遨游了。"张八斤说，到那时保护区或许不再需要江豚饲养员了，他可以跟着江豚一起去看一看外面的世界。

作者单位：安徽省铜陵日报社

甘当一颗"螺丝钉"

李灿良 ——

我叫李灿良，1989年9月出生于湖南省岳阳市临湘市的一个农村家庭。2012年6月毕业于济南大学环境工程专业，同年8月作为大学生村官选派到临湘市忠防镇邱坪村担任村主任助理。2013年10月考入衡阳市生态环境局，现担任衡阳市生态环境保护综合行政执法支队执法指导二科科长。

作为一名基层环保工作者，我亲身经历和切身感受了党的十八大以来祖国生态环境事业的巨大转变。10年来，我先后参加了4次部级监督帮扶检查、3次省级生态环保督察及"回头看"专项、20余次省级交叉执法检查，多次受到部、省、市级表扬表彰，获三等功一次。作为一线执法骨干，我每年赴现场检查达170天，参与或指导办理了70多宗环境违法案件，其中没有出现一起行政复议案件。

不惧酷暑，耐心查找疑难点位

2019年7月，生态环境部启动第二批入海排污口排查，我被抽调参与山东省滨州市黄河入海口现场排查。当时卫星地图App推送的一个点位因受潮汐影响，一直未能找到。正值三伏天，又是在沿海滩涂，现场排查环境异常恶劣。"较起真"的我，硬是顶着近 40 摄氏度的高温，在泥泞中徒步找寻了将近 2 个小时。找到这个点位的那一刻，我无比兴奋，却全然不知面颊、手臂早已被晒得通红……

经过 10 多天的高强度工作，我所在的小组对 129 个疑似入海排污口全部进行了实地现场核查，没有出现一个错报问题。

▲作者在环渤海入海排污口排查

闻令而动，冲锋在省级督察一线

2020 年 10 月，我被抽调参加对永州市的湖南省生态环境保护督察"回头看"。入驻第一天，督察组接到的第一个群众投诉电话反映"某某县某选矿场洗矿废水直排，导致当地地下水受到影响"。接报后，督察组领导第一时间安排我和另外两名组员赶往现场调查核实。匆匆吃过午饭，我们 3 人便紧急驱车近两小时赶赴现场。几经周折，在无人机的帮助下，我们终于在一处极为隐蔽的山旮旯里找到了被投诉的问题企业。3 个人不敢耽搁，立即分头进行查勘、取证，不落下任何一个产污环节，迅速查明了该企业的环境违法行为。集合返程前，有位组员颇为诧异地调侃说，"李灿良，你这小伙子怎么这么'贼溜'。刚还在说着话，一转眼就蹿到几十米高的矿渣堆上去了！"

第二天早上，这个群众投诉举报问题成了督察组向永州市交办的第一个问题。当地党委政府和相关部门迅速行动，查处到位，数天后，这个案例也成为督察组进驻后的第一件"立行立改"典型案例。

▲在调查某非法采选矿企业时爬上几十米高的矿渣堆现场取证

闻令而行，攻坚克难不辱使命

2022年11月24日，江西省宜春市某河流特征因子出现异常。为迅速查明原因，11月27日晚，在生态环境部协调下，湖南省连夜调派精干力量前往参与调查，我又一次被选中。疫情肆虐，家中怀孕待产的妻子需要照顾，怎么办？耐心做好妻子的工作后，我与另外一位同事立即踏上了前往现场的路程。到达目的地后，顾不上舟车劳顿，我们迅速投入工作。

根据当地前期排查掌握的情况、污染因子特性及当地行业特点，我们决定缩小排查范围，不放过企业生产工艺、设施设备运行、药剂使用、废水处理等任何一个环节。经过 5 个昼夜的连续作战，我们帮助当地迅速查明了涉事企业的违法行为。江西省相关部门为此专门发来感谢信，表扬我们高度的政治责任感和强烈的使命担当，以及能打硬仗、善打硬仗的工作作风。

用心用情，执法也要带着温度

2022 年 7 月 10 日，衡阳市生态环境局接到群众举报，有人驾驶非法改装的车辆在某汽车维修店违法收购废机油。接报后，我带着科里同事第一时间赶往现场，并将该线索通报案件辖区公安分局，公安、生态环境部门联合对该涉案车辆进行了查扣，并对涉案当事人进行了控制，并于当晚在公安询问室对当事人展开调查询问。询问中得知，当事人患有严重的哮喘病，我于是向办案民警建议，从当事人随身物品中将药物找出来以备突发情况，并提醒其如有不适要及时提出来，在整个询问过程中尽可能给他营造一种轻松的氛围。到了饭点，还给他准备好盒饭，让他先吃饭，再继续询问。经过调查询问和法律教育后，当事人终于认识到问题的严重性，深感悔恨，积极配合，表示绝不再从事这类违法业务。

当好"螺丝钉"，在优秀的集体中发光

十年光阴，我从一个稚嫩的大学毕业生，逐渐成长为一名生态环境保护执法队伍的骨干。在这十年间，我市的生态环境保护工作也发生了翻天覆地的变化，生态环境质量显著改善，人民群众的获得感、幸福感不断提升。2022 年，我市环境空气质量连续 3 年达到国家二级标准，首次实

现全域达标，PM$_{2.5}$ 年平均浓度为 32 微克 / 立方米，较 2018 年下降 20%，PM$_{10}$ 年平均浓度为 49 微克 / 立方米，较 2018 年下降 20%，全市 44 个国省地表水考核监测断面水质优良率达到 100%，较 2013 年提升 7.7 个百分点（27 个监测断面），年度水环境质量改善幅度居全省第一，全国前 30 名。

生态环境保护工作没有最好只有更好，在环保执法这条赛道上，我将继续发扬"特别能吃苦、特别能战斗、特别能奉献"的环保铁军精神，甘当一颗"螺丝钉"。

作者单位：湖南省衡阳市生态环境保护综合行政执法支队

我的环保"武功秘籍"

张建伟————

我叫张建伟，是湖南省绿色卫士捞刀河大队的队长、长沙县春泥志愿服务中心的主要负责人，我的主要工作是监督举报环境污染问题。

就像金庸笔下的武林高手立志惩奸除恶、匡扶正义一样，我也想要尽一份力量来保护生态环境。"水中漂"与"天上飞"就是我的环保"武功秘籍"。

我的环保之旅从"水中漂"开始。2000年正月，由于送水公司没来送水，急需用水的我带着水壶回到了许久未归的老家打算取点水。记忆里家中的井水干净、甘甜，不用处理，打上来即可饮用。但是哥哥告诉我，现在的井水不能直接饮用了。我看到井水上面泛着点点油星，留存在记忆中的井水也在工业化进程中被污染了。我的内心大为震动，也就是从此时开始我密切关注水污染问题。2013年，得知正在招募湘江绿色卫士，我立即报名并成为其中一员。经过培训，我有了清晰的思路，漂流骑行过程中，进行监督，与环保部门进行联动，更好地保护湘江。

2011年，我参与了湘江全流域环保漂流与调研；2012年，我参与执行赞助"爱的小棉衣"活动；2013—2016年我连续4年参与策划和执行"微孝大爱"活动；我还参与策划执行湘江全流域环保漂流、浏阳河全流域环保漂流、捞刀河全流域环保漂流与调研。2017年，为推进湖南省水资源保护教育，我开展了"鸟瞰一湖四水"——湖南省绿色卫士记录者行动，参与捞刀河全流域环保漂流、调研、宣讲、航拍，让更多市民成为水资源保护的宣传者、实践者和推动者。

▲作者在"水中漂"

漂流是我环保行动的开始，但绝不是结束。很快我就学会了"天上飞"。从 2012 年开始，我将无人机运用到记录湘江的活动中来。同时，利用无人机巡查工地的扬尘污染和秸秆焚烧、垃圾焚烧、企业偷排等情况，第一时间进行反馈、举报给相关部门，该活动至今仍在进行中。无人机在环保工作中的使用可以大大减少人力，提高工作效率，也可以解决人类囿于能力不足而到达不了的地方，无人机的视野可以看到 5 千米范围内的情况，效果很明显，可以实时定位，及时发现问题。

▲ "天上飞"团队

从 2017 年开始，我们又建立了网络环保工作群，以 3 人为一个小组，进行巡查，将被污染的地方拍摄记录，第一时间上传到群内，各级领导会立即赶到污染地点，进行处理。我们与政府部门形成了联动机制，利用网络群组这一平台进行协商与对话，加快了处理突发环境问题的上报与解决流程。我曾经拍摄到长沙市黄兴大道旁边有垃圾焚烧现象，立即将图片和地址上传至微信群，并在群里报告政府部门负责人，政府部门根据这条线索，当天就采取了行动，将违法行为消灭于萌芽中。

2019 年 7 月，上海开始进行垃圾分类试点。我们也关注到了这个热门环保话题，于是从 2019 年至今，我们一直在长沙县各商场、村镇街道、学校等地开展了垃圾分类入万家的宣传活动。通过海报巡展、免费宣讲和发放宣传册，活动颇有成效，长沙县的居民更加关注垃圾分类，也更加关爱环境了。

▲开展宣讲活动

这些年的环保工作已经渗透进了我的生活乃至生命。自从开展环保工作以来，我自费购买了无人飞机、水上无人摄影船等设备，只为更有效快捷地记录污染事件，为监督举报提供证据，设备的购入使我的环保工作进行得更加得心应手。

我曾经志愿开展湘江漂流骑行环保宣传活动，经过永州、衡阳、株洲、湘潭，一路抵达长沙，整整 26 天；也曾多次参加过长株潭"绿心"

地区、澧水流域等环保调查行动，跋山涉水，风雨兼程，经常为了采集一个样本、分析到真实的数据，忙到凌晨才回家。也有朋友不能理解，觉得老老实实地挣钱养家不好吗？为什么要花钱去做环保？但是还好我的家人很支持我，让我的环保之路走得比较顺利，真的很感谢他们。

端木蕻良曾经这样写道："为了她，我愿付出一切。我必须看见一个更美丽的故乡出现在我的面前。"我也是这样，愿意为了保护家乡环境竭尽全力。但是环保工作不能只靠个人努力，全国人民环保意识的觉醒、环保行动的推进，才会让环保工作进行得更加顺利。期待有一天，我还会喝到老家清澈甘甜的井水。

作者单位：湖南省长沙县春泥志愿服务中心

我的环保「武功秘籍」

我是"白马雪山守护人"

李琴 ——————

我是白马雪山国家级自然保护区生态监测项目负责人,一名立志用"天空地"一体化监测技术守护云南绿水青山和生物多样性的普通工作者。

2015年,我离开有机分析岗位,来到生态监测室,开始从事自己的老本行。我一直认为进行生态学研究的人都要耐得住寂寞,学会打持久战,因为只有大空间范围和长时间尺度的生态监测数据才具有分析价值。众所周知,西南生态安全屏障的生态保护地位极其重要。但长久以来,云南的监测基础条件相对薄弱,在生态重要区域和敏感区域的生态监测还有许多空白需要填补。从2016年开始,在单位的支持与鼓励下,我一直向有经验的植物学家和监测前辈取经,投身于高黎贡山、白马雪山等生物多样性保护重点区域监测台站的建设研究。

很幸运,几年的谋划与筹备没有白费。2019年我有幸成为中国环境监测总站"西南山地典型高山植被垂直带生态地面监测"项目负责人,总算得到机会,以项目为依托,开始描绘自己构想的多部门合作、多手段融合、多要素并行的"天空地"一体化生态监测蓝图。权衡生态保护地位、依托台站现状和实地踏勘结果,最终,我把监测试点确定在了白马雪山国家级自然保护区。一方面,该保护区地处全球36个生物多样性热点地区之一，3479 米的海拔高差造就了完美的垂直带谱和低纬度高海拔生物多样性保存比较完整的原始高山针叶林；另一方面，保护区地跨迪庆藏族自治州德钦、维西两个国家重点生态功能区县域，高海拔的藏区通达性不好，监测基础条件非常薄弱，保护区内的曲宗贡生态定位站在项目开展之前实为"三无"站点，即无电、无网、无设备，迫切需要更多的技术支持与帮扶。

▲ 在寒温性针叶林带大果红杉样地开展群落样方监测

▲ 监测团队在保护区与护林员一起用餐

2019 年的春节刚过，我便顶着寒风冒着大雪进入白马雪山进行样地踏勘，这让我第一次切身体验了剧烈头疼、呕吐等急性高反症状。然而高原反应并没有阻止我前行的脚步，这项监测工作至今已持续 4 年。中国环境监测总站和云南省生态环境监测中心领导曾多次亲赴样地参与监测，大家的鼓励和"天空地"一体化的庞大梦想，在每次遇到困难时都成为支持我前行的最大动力。

一路走来，我从不孤独。由云南省生态环境监测中心牵头，白马雪山国家级自然保护区管护局、中科院昆明植物研究所、云南大学和云南省气象台共同组成的生态监测团队让"白马雪山守护人"社群得以诞生。这是一个数据共享、技术互通、多民族融合、团结协作的大家庭，是个"痛并快乐着"的集体。

每年 6—10 月的监测季经常多雨，样地通达性和生活工作条件非常艰苦，设备和驻地物资运送要靠人背马驮。作为大家戏称的"李首席"，我和团队与当地护林员同吃同住，克服高原反应不适，冒雨穿行于密林之间开展工作已成为常态。但同时我也体会到了亲自安装的设备测试成功后的喜悦，在驻地利用休息时间缝制样地凋落物收集网时大家唠叨家长里短时的温馨。我和团队同进退，在 4 年的坚持与合作中体验到了不一样的幸福，对这片美丽土地的依恋与责任造就了我们的雪山情怀，几年来团队没有一人因难而退。在各单位的共同努力下，曲宗贡生态定位站在 2022 年摆脱"三无"状态，项目组在白马雪山 6 个垂直植被带建了 10 块固定监测样地、2 条动物样线和 2 条红外相机样线。各部门技术优势在持续的监测实践中得到了充分发挥，几年来我们不断尝试新技术在生态监测中的应用，顺利开展了遥感、无人机与地面监测相结合的"天空地"一体化生态监测，为保护区生态系统健康与风险评价、水源涵养评价、生物量和碳汇测算积累了大量的基础数据。

我们的执着坚持与单位的不懈努力也感召了许多业界同人，包括越来越多的专家学者为项目组提供无偿技术支持，这也不断激励我本着守正创新的热情在西南生态安全屏障生态监测的道路上勇毅前行。相信在云南省生态环境厅和我们这一代基层环保人的坚守和努力下，云南的山水和家园会更加壮丽。

作者单位：云南省生态环境监测中心